WHY
TRUST SCIENCE?

為何信任科學

科學的歷史、哲學、政治與社會學觀點

娜歐蜜‧歐蕾斯柯斯 Naomi Oreskes —— 著

李宛儒 —— 譯

相信，但要驗證。

　　——雷根

中文版導讀

陳瑞麟

中正大學哲學系講座教授

　　為什麼要信任（trust）科學？因為科學值得信任。但為什麼科學值得信任？如果科學的研究成果充滿不確定、如果昨天的非變成今天的是、今天的真變成明天的假，這樣的科學為什麼仍然值得我們信任？這些問題都是今日生活在科技社會中的人們，必須面對的大哉問！

　　長久以來，身為一般民眾的我們不只是信賴科學，還接受科學的權威性。然而，隨著科學愈來愈深入並左右我們的生活，許許多多事件正一點一滴地在腐蝕我們對科學的信任，例如科學作出錯誤的引導、科學產品產生巨大的風險、科學家濫用科學權威以牟取私利、科學對社會造成重大傷害等等。在這些案例層出不窮的情況下，我們仍然要信任科學嗎？科學史家歐蕾斯柯斯的答案依舊是：對。在本書中，她直面這個難題並為自己的答案提出滔滔雄辯。

　　看到歐蕾斯柯斯的大名，許多人會想到《販賣懷疑的人》。在那本書中，歐蕾斯柯斯與合著者康威以詳實的調查和歷史故事的寫法，揭露美國一小撮科學家為了私利而打擊美國民眾對科學的信任，使他們懷疑某些科學真相和由之而來的建議（如菸草為害與禁菸政策、全球暖化的成因與減碳政策）。在本書裡，歐蕾斯柯斯轉而採用哲學分析並佐以科學案例的方式，論證為什麼科學仍然值得信賴、我們仍然應該信任科學整體。重點是「這種值得信任的科學本質是什麼？」或者說，「科學要具備什麼條件才值得信任？」這個問題長久以來，是科學哲學的核心問題。也就是說，歐蕾斯柯斯在本書中扮演著科學哲學家的角色。

　　不像其他多數學院派的科學哲學家從正面的案例論證科學的偉大榮光，歐蕾斯柯斯的策略反其道而行。她爭論即使科學常常出錯，但是我們仍然應該信任科學，而不是追隨那些「販賣懷疑的人」甚至科學的否認論者。*《販賣懷疑的人》揭露的是牟求私利的一小撮科學家，本書第二章「當科學誤入歧途」則探討真誠也具公益心的科學家卻仍作出重大誤判，這種案例引發的問題特別具挑戰性：「如果知道主張在未來可能會被翻轉，為何我們應該接受任何當代的主張？」「如果知識會全面翻轉……我們在作決策時，能否相信現行的科學知識？」

　　科學哲學長久以來即針對這種問題進行大量探討與爭辯，從卡爾波柏對否證與駁斥方法的強調，孔恩的「科學革命」與「典範轉移」的觀念，†到當代科學實在論爭辯中所謂的「悲觀歸納論證」（pessimistic induction argument），都對科學是否能掌握真相（truth）拋出重大的懷疑和挑戰。所以，歐蕾斯柯斯也在第一章「相信科學？」討論科學史與科學哲學，爬梳歷史上各種科學本質觀，企圖從各種針對科學活動的研究（科學哲學、科學史、科學社會學）建立關於「科學本質」的共同觀點。

值得注意的是，多數學院派的科學哲學家討論的科學理論著重在建立我們的「世界觀」（如孔恩所謂「革命是世界觀的轉變」）。世界觀的改變或者說對世界終極真相的理論改變不會影響我們日常的生活。問題是，那些可能形成生活指引的科學（例如醫學、氣候科學、遺傳學等等），它們建立的科學主張當然有可能改變而且事實上不斷地改變，在這種情況下，我們如何回應「為什麼要信任當前的科學」這個攸關重大的問題？

歐蕾斯柯斯從第一章和第二章的討論中，歸納出一個結論：我們應該信任科學社群在開放狀態並充分批判檢視之下達成的共識。為什麼這樣的共識值得信任是因為「第一，科學長期在探索這個世界；第二，科學活動是社會活動。」

＊　另一本相似策略的著作是麥金泰爾的《科學態度》（*The Scientific Attitude*）（新竹：交大出版）一書。

†　參看陳瑞麟（2010），《科學哲學：理論與歷史》（台北：群學）第三章到第六章。又陳瑞麟（2018），〈科學革命與典範轉移〉，在王一奇編，線上《華文哲學百科》，網址：https://mephilosophy.ccu.edu.tw/。

第一點使得科學在它所探索的議題上，儘管可能出錯，但仍然朝著真相前進，而且掌握真相的機率比起其他人類活動更高；第二點主要是指科學的制度如同儕審查和公開批判檢視，它們是社會性的活動，是科學主張的客觀性來源。更詳細地說，如果科學家想要使科學知識值得信任，他們必須做到下列的幾項條件：重視科學共識、容許多元方法、充分檢視證據、保持多元的價值觀、檢視自身可能的人性缺陷如偏見和過度自信等（這是科學錯誤的來源）。

即使我們應該信任科學，仍然面對實踐上的問題：如果一個科學主張對社會、政治和人們造成影響，萬一錯了怎麼辦？歐蕾斯柯斯建議我們可以先問帕斯卡式的問題：「如果這項科學主張最後證明是對的，忽視它會有什麼風險？相較之下，因應這項主張而行動，但最後發現它是錯的，代價又是什麼？」人類可能冒的風險和付出的代價顯然因科學主張的不同而有別，我們可能會因應議題而有不同的判斷，然而，有些忽視風險的代價是人類付不起的。

儘管本書在回答信任科學整體的問題，歐蕾斯柯斯仍然十分關心氣候變遷，她認為如果我們對氣候變遷的科學證據視而不見，代價太高昂了。也就是說，就算科學界今天對於氣候變遷是人為因素的科學共識最後是錯的，人類根據這個科學主張，擬定管制碳排放、努力阻止全球均溫上升的政策並執行到底，也不會有什麼損失；反之，萬一這主張是對的，而我們卻輕忽之，人類將會犯下不可挽回的錯誤。我想，這個帕斯卡賭注的論證十分有說服力。

　　第一、二章呈現歐蕾斯柯斯的論證，是本書的重心。接下來的四章則分別由其他科學社會學家、科學哲學家、科技倫理與政策學家和心理學家針對歐蕾斯柯斯的觀點提出評論，再由她一一回應。換言之，本書可以說「後設地」實現歐蕾斯柯斯對科學的觀點：回答「科學是否值得信任」的觀點本身，也應該受到其他多元專家和觀點的批判檢視，並尋求專家間的共識。

　　最後，讓我簡略地談談個人閱讀本書的心得以及本書可能對台灣帶來的啟發。閱讀本書不只是知識收獲豐富，心情還很愉快，因為我發現歐蕾斯柯斯對科學本質的觀點與我十分接近，很多論點不謀而合。例如我們都十分推崇女性主義科學哲學家蘭吉諾的觀點，我們也都強調價值在科學研究和科技政策中的重要角色；* 我們一致主張科學家和研究者（包括研究科學活動的人）應該公開自己的價值觀。†

　　歐蕾斯柯斯強調我們應該遵循科學共識，即使它未來有

＊　我在 2005 年時即已討論蘭吉諾的理論並據以發展出我對科學與價值的觀點，參看陳瑞麟（2005），〈論科學評價與其在科技政策中的涵意〉，《台灣科技法律與政策論叢》第 2 卷第 4 期，頁 37-71。

†　參看陳瑞麟（2019），〈一個另類的 STS 方法論〉，《科技、醫療與社會》第 28 期，頁 9-49，我主張研究者不可能有價值中立，而且應該反思自己所背負的價值。

可能是錯的。我也十分同意這一點。然而，我想提醒讀者的是，這裡的共識是經過科學社群對於證據的公開討論和批判性檢視所得的結果，而不是某些 STS 學家所謂基於利益和協商之後的社會共識。很多讀者可能會以為科學或科技政策也應該受到公眾的監督並與社會協商，沒錯。但是我們也應該注意很多政治力量、民粹意見或非理性的恐慌會扭曲科學的主張，把大眾帶往錯誤的方向，卻讓科學家背黑鍋。儘管科學與社會密切相關，卻不是如某些 STS 學者主張般一體難分，歐蕾斯柯斯強調我們還是應該試著去區分科學與社會的常規面向，並避免利益政治干擾科學對真相的揭露。*

　　科學的信任受到嚴重腐蝕是今日美國社會和知識分子面對的一大問題，特別是美國的政治人物如前總統川普公開表達對科學共識的輕視（本書正是成書於川普擔任美國總統期間）。然而，家家有本難念的經，台灣其實有自己面對科學的問題。整體看來，台灣社會並沒有不信任自然科學，相反地，十分推崇自然科學的權威，而且推崇的理由往往基於科學的實用力量（例如台積電的晶圓技術），而不是科學的求真目標。這樣看來，台灣社會信任的「科學（或實用技術？）」，真的是科學嗎？

＊ 她強調：「即使很難做得完全，我們還是可以分辨許多問題中的科學和社會的常規面向，而且應該這麼做。」（本書頁……）。

　　政治干預科學在台灣也常常發生，只是情況與美國不太相同。台灣的政治人物往往利用大眾對科學的信任去謀取政治利益，把科學成果推向黨派政治鬥爭的第一線，長期下來可能摧毀科學的公信力。另一方面，在信任科學的同時，台灣社會也有一個長久潛在的問題：輕視社會科學與人文科學。我們教育和文化系統長久以來有一個「人文－理工」、「社會－自然」的二分法，提到「科學」彷彿就只是指自然科學，而把社會與人文排除在外，這些問題都反映出台灣社會很少去思索科學本質的問題。因此，本書的重大啟示不在於提醒我們應該信任科學，而在於提醒我們：信任科學？沒錯，但是永遠要反思值得我們信任的是什麼樣的科學。

目次

作者簡介

娜歐密・歐蕾斯柯斯

哈佛大學科學史教授、地球與行星科學兼任教授。她是國際知名的地質學家、科學歷史學家及作家，對於人為氣候變遷議題上科學應該在社會中扮演什麼角色，想法十分有影響力。著作包含學術發表與大眾書籍及文章，包括《拒絕大陸漂移》（暫譯）、《板塊構造理論：科學家眼中的當代地球理論發展史》（暫譯）、《販賣懷疑的人：從吸菸、DDT到全球暖化，一小群科學家如何掩蓋真相》、《西方文明的崩毀：來自未來的看法》（暫譯）。

約翰・A・克勞斯尼克

史丹佛大學費德列克葛洛佛人文與社會科學教授、傳播學、政治科學與心理學禮任教授，擔任史丹佛政治心理學研究小組主任、美國人口普查局研究心理學家。他也是美國文理學院及美國科學促進會會士。

蘇珊・林蒂

賓州大學珍妮絲與朱利安伯斯科學史與科學社會學教授，最近的著作有《遺傳醫學的關鍵時刻》（暫譯）。

馬克・藍格

北卡羅萊納大學教堂山分校的塞達波都哲學特聘教授，最近的著作是《沒有原因的原因：科學與數學中的非因果解釋》（暫譯）。

歐特馬・伊登霍弗

波茲坦氣候衝擊研究所所長、柏林工業大學經濟與氣候變遷教授。他也是麥卡托全球公域與氣候變遷研究所主任、世界銀行顧問。

馬汀・郭瓦須

麥卡托研究所科學評估、倫理與公共政策小組組長。他的研究聚焦科學、政治與社會的互動，以及全面環境評估中的價值與倫理問題。

史蒂芬・馬塞多（Stephen Macedo）

普林斯頓大學勞倫斯洛克斐勒政治學教授，曾任人類價值中心主任。他的著作包括《自由美德：自由憲政主義中的公民、美德與社會》（暫譯）、《差異與不信任：多元文化民主社會中的公民教育》（暫譯），共同著作有《民主陷入危機：政治選擇如何削弱公民參與，我們又該怎麼做》（暫譯）、《新婚誌喜：同性伴侶、一夫一妻制及婚姻的未來》（普林斯頓大學出版社）。他也是美國文理學院院士。

前言

　　新冠肺炎。學術理論很少能從現實世界得到證據，可以用簡單一個詞彙來驗證的就更罕見了。但事情就這樣發生了，生與死，新冠肺炎用最極端的方式，證明了當我們不相信科學、違反科學家的建議，會發生什麼事。

　　當我在寫這篇文章時，美國的新冠肺炎疫情正領先全球，確診病例和死亡數都是。新冠肺炎的病原體是二〇一九年新出現的一種冠狀病毒，可能有人會認為死亡率最高的是中國，病毒最開始是在這裡出現，醫生們措手不及。但並非如此。根據全球首屈一指的醫學期刊《刺胳針》，二〇二〇年十月初中國新冠肺炎共確診 90,604 例，死亡人數為 4,739 人；美國登記確診則有 7,382,194 例，209,382 人死亡。[1] 中國人口總數是美國的四倍，如果美國疫情與中國相似，確診人數應該是 22,500 例，死亡 1,128 人。

　　新冠肺炎在全球都造成死亡，美國的死亡率卻遠高於其他富裕國家，例如德國、冰島、南韓、紐西蘭和台灣，也高於一些比較貧窮的國家，例如越南。[2] 約翰霍普金斯大學醫學院估計美國的死亡率是每十萬人中 65.5 人[3]，德國 11.6

人，冰島 2.83 人，南韓 0.89 人，紐西蘭 0.51 人，中國 0.34
人，台灣和越南呢？分別是 0.03 和 0.04 人。如果美國的死
亡率與紐西蘭相近，疫情開始的頭十個月裡死亡人數就不會
是 20 萬，而是少於 2,000。如果與越南相近，死亡人數就會
是 100 出頭。[4]

死亡率並不是評估流行疾病的最佳指標，因為會受到很
多其他因素影響，包括人口結構、能否取得健康照護，以及
國民本身的健康情況。回報和檢測情況也會影響死亡率，像
中國這樣的國家透明度很低，可能不會精準回報所有事情；
像紐約這樣的大都會，面臨突然爆發的疫情，可能因為早期
檢測能量不足而低估確診人數，從而高估死亡率（這可以解
釋為何紐約的死亡率比美國其他地方高很多。）而且因為新
冠肺炎對長者而言十分危險，死亡率在年齡層較高的國家可
能也會比其他國家高，但如果要這樣算，德國的數字應該比
美國更難看，而事實上德國做得比美國好多了。[5] 最有說服
力的統計可能是：美國人口占全世界的 4%，疫情死亡人數
卻是全球的 20%。

不管怎麼算，美國的反應都是一場災難。與其要問為什
麼那麼慘，比較有建設性的問法會是：防疫成功的國家有何
共通點？答案很簡單：死亡率較低的國家都成功控制了病毒
散播，方法是信任科學。

二〇一九年十二月，當新冠肺炎開始出現，公共衛生
專家警告我們正在見證一種新的病毒，一種「未知的病原

體」，可能會造成大流行。[6] 到了二〇二〇年一月，世界衛生組織宣布冠狀病毒爆發是 PHEIC，也就是「國際公共衛生緊急事件」。[7] PHEIC 的法源根據是在二〇〇五年制定的，至今世界衛生組織只宣布過六次 PHEIC。

公共衛生專家馬上提出建議，指出該怎麼讓疾病傳播降至最低。做法包括常洗手，而且要用肥皂和熱水仔細洗乾淨；避免大型聚會；一出現症狀就要待在家。必須承認，專家提出的建議並非百分之百一致，畢竟這是一種**新型**疾病，很多事情都還未知。而且世界衛生組織針對口罩的建議也與此矛盾，不過這不是因為他們認為戴口罩沒有根據，而是因為害怕人們會囤積口罩，讓醫療人員和必要工作者口罩短缺的問題雪上加霜。[8]（世界衛生組織一開始的口罩指引著實令人摸不著頭緒，後來修改了。這並非科學知識的失敗，而是科學傳播的失敗，原因出自一般人對專家的不信任。然而這種不信任或者說是「擔心」，恐怕也是合理的，因為事實上的確有許多人囤積了衛生紙、消毒劑和其他必需物資。）有些科學家則認為，如果沒有足夠的科學證據證明戴口罩能有效防止**此種特定的病毒**，他們就不該建議大眾戴口罩。[9] 不過整體而言，大部分公共衛生建議都是一致的，其基礎是呼吸道病毒傳播方式的既有科學證據。[10]

在美國，大家很強調個人防疫，例如勤洗手、待在家裡、戴口罩，但公共衛生機關也提出一些先前在其他流行疾病中被證實有效的建議：檢測、和病人保持距離、追蹤足

跡，必要的時候必須隔離。這些手段在過去的大流行中發揮
作用，因此起碼可以說這次也有機會發揮作用（畢竟，英文
中的隔離 quarantine 是個年代久遠的詞彙，起源自十四世紀
的義大利，進港船隻被要求在港口停留四十天，義大利文中
的四十天是 *quaranta giorni*。）

更重要的是，大規模的測試、隔離和足跡追蹤從科學來
看都是常識，因為病毒不是透過魔法傳播的，是透過生病的
人傳給健康的人的。如果可以快速找出病人，把他們和健康
的人隔離開來，就很有機會可以防止疾病散播。如今成功維
持低確診率和死亡率的國家，全都有認真看待這些科學經驗
和專業。

越南就是最好的例子[11]，疫情剛爆發，越南政府就執行
嚴格的規範，檢測每個有症狀的人，如果是陽性就會進一步
追蹤、檢測並隔離其接觸者。政府也推廣手機應用程式，讓
民眾可以記錄症狀，需要時能迅速篩檢。入境乘客需要隔
離，在幾個個案中政府下令封城，例如一名男子從馬來西亞
宗教慶典回國，他到過的胡志明市清真寺和家鄉整個省都被
封了。[12]政府也限制旅行和公共集會，並下令關閉許多非必
要的商家。找出與感染者接觸的人，把他們隔離起來，越南
幾乎藉此成功阻止了所有病例繼續傳播。

不可否認，越南是個獨裁國家，比起民主國家更容易執
行強制性手段，外界也會懷疑政府提供的疫情數據。事實
上，越南的成功並沒有得到獨立媒體來源的證實，無論政治

上右傾或左傾的媒體都宣傳防疫成績[13]，諷刺的是有些人還把該國的成功部分歸因於即時、有效、透明的資訊與宣導，讓大眾可以即時獲得資訊。[14]

越南經驗還需要更多研究才能分析，但已經知道它和中國、德國、冰島、紐西蘭、南韓和台灣有許多共同點。這些國家的政治領袖對疫情嚴肅以待，採用科學專業人士的建議，根據這些建議發展出公共衛生手法。他們相信科學，科學則以拯救生命回報這份信任。

當然，不只有新冠肺炎讓我們看到掌握和善用科學知識的重要性。新冠肺炎蔓延的同時，氣候也持續變遷，二〇二〇年大西洋颶風季是有史以來最嚴峻的一次，發展到需要命名的颶風多到不但用完了英文字母的 A 到 Z，連希臘字母也全都用上了。[15]颶風不只會帶來不便，不是人們單純去「適應」就可以解決的事。颶風會帶來傷亡，毀壞民宅，在最壞的情況下對社會、心理、經濟和環境帶來永久的傷害。同時，當墨西哥灣沿岸地區的居民受困於過剩的雨水時，加州和太平洋西北地區則遭到致命野火的破壞肆虐。

早在數十年前，科學家就已經知道氣候變遷可能會讓颶風和野火變得更嚴重，這幾年來我們已然看到這種情況**正在發生**。過去許多年，氣候變遷只是「理論」，但政治領袖不斷拖延，一味搪塞，甚至徹底否認科學事實。專家研究這些問題，把研究公開讓其他科學家批評，而政治領袖不但不聽他們，反而聽信那些「反專家」，這些人不講真相，只說他們想聽的。[16]

結果就是人們受難,家破人亡。

相信科學沒有辦法阻止所有的死亡,畢竟一直以來都有颶風和流行病,未來應該也是如此。公共政策從來就不會也不應只考慮科學,許多因素都會影響我們對個人生活和公共政策的決策,這是應該的。所有選擇都是妥協,所有公共政策都有利弊得失,但如果我們忽略相關的科學資訊(或者更糟,刻意否定),就不能判斷妥協得值不值得,不能精確計算利弊。

積極來說,當我們了解科學知識並妥善運用,就能免去很多苦難和折磨。科學家是掌握知識的人,而這些知識能幫助我們。科學家知道我們需要的知識,而新冠肺炎的悲劇證明了,當我們忽略科學家所知,便會造成自己的危難。

導論

馬塞多

　　科學正面臨公眾信任危機，無論是在華盛頓的美國總統辦公室，或在世界各地的新聞媒體上，氣候變遷、疫苗效力及許多科學家已達成共識的重要議題都不斷遭到挑戰與曲解。菸草公司、化石燃料產業、自由市場智庫和其他權勢組織的經濟利益或意識形態與科學發現背道而馳，這些人在人們心中種下懷疑科學的種子。[1]

　　然而我們知道，科學家有時會犯錯，如今廣為接受的一項發現，到頭來可能是錯的。那為何我們應該相信科學？該在什麼情境下相信？又該相信到什麼程度？

　　可能沒有其他年代比現在更需要重視這些問題了。隨著極端天氣事件變得頻繁、海平面上升、氣候問題造成國際移民潮，世界各國為此付出的代價不斷增加，更面臨人道危機。但所謂的專家意見並不總是相同，可能某個地方電視台氣象員在報導二〇一九年一月底重創美國上中西部與東北部的極地渦漩時，會說全球暖化只是「科學家的懷疑」，不確定它是不是極端天氣事件的原因；同時在另一個頻道上，來自著名研究機構的科學家則堅稱：「我們知道原因……這全是因為人類活動使大氣中的溫室氣體增加，把更多熱能保留在地球表面。」²

氣候科學對人類的未來生死攸關，然而它只是冰山一角。疫苗有效嗎？避孕藥會不會造成憂鬱？用牙線清潔牙齒有益嗎？……在這些問題上科學家都已取得共識，然而懷疑聲浪仍不斷出現。我們應該相信哪一方？為什麼？

在《為何信任科學？》一書中，歐蕾斯柯斯教授針對我們為何以及應該在什麼情境下相信科學，提出了清楚有力的解答。她以簡明易讀的筆調解釋了相信科學的基礎，並以生動的例子加以佐證，說明在面對關乎人類生命的課題時，科學研究應該（及不該）如何進行。讀者會在書中看到作者強悍的辯論，說明科學共識之所以值得信賴，並不是基於任何特定方法或科學家的人品，科學具有集體事業的特色才是效力所在。

歐蕾斯柯斯教授是傑出的科學家和科學史學家，她對科學在社會中扮演的角色以及人類造成氣候變遷的事實，都有清晰有力的見解，對世界非常有影響力。

本書內容由歐蕾斯柯斯教授二〇一六年十一月底於普林斯頓大學坦納講座發表的演講發展而成。在這場盛會上，歐蕾斯柯斯教授發表了兩場演說，並由四位來自不同領域的傑出評論者從各自觀點給予回饋。本書收錄了這兩場演講、四個評論，以及歐蕾斯柯斯教授的延伸回覆。所有文章都修訂過並有所補充。[3]

　　讀者會在書中讀到哲學家針對科學理解、科學方法、科學社群角色的本質的重要辯論。歐蕾斯柯斯認為價值觀在科學中扮演了重要角色，也討論到科學和宗教的關係，並說明做為一位科學家與科學的捍衛者，她自己的信念是什麼。四位評論者從各自觀點出發，討論這些議題。最後歐蕾斯柯斯評論了當代科學的困境與希望。接下來我們進一步概述各章內容。

　　為什麼要相信科學？歐蕾斯柯斯教授一開始就乾淨俐落地給了一個明確的答案：科學知識「基本上是共識」。而好好了解科學，可以幫助我們「面對今日的信任危機」。

　　第一章記述了針對科學本質與科學方法的哲學辯論，以此為背景來說明信任問題。一直到十八、十九世紀，對科學的信任基本上都來自「偉人」，也就是科學家有多可靠，科學就有多可靠。後來有另一種想法逐漸發展出來，認為仔細觀察並嚴守科學方法才是進步的基礎。歐蕾斯柯斯概述在二十世紀前半主導科學哲學的幾個經驗主義流派，以及波柏提出的挑戰。波柏認為，科學的精神不在於檢證，而在於對錯誤保持開放，也就是「可錯論」。

　　歐蕾斯柯斯又寫道，更重要的是有一種把科學視為集體事業的想法慢慢形成了。弗萊克在一九三〇年代首先從「社會學觀點」來看科學，他認為「研究者是不可能完全孤立的……思考是集體活動」。科學的進步來自科學研究機構中的集體活動，「像是同儕審查期刊、科學學會，科學家在這些活動中分享數據、獲得證據，受到批評時為自己辯護或是修正觀點。」歐蕾斯柯斯十分欣賞這種觀點。

在歐蕾斯柯斯教授的想法中，科學社群、他們的世界觀及活動至為重要。如果我們仔細觀察科學家的活動，會發現他們富有創意和彈性地用上了各式各樣的方法。她探討了杜恩、蒯因、孔恩等人的著述中有關科學哲學的辯論。她也記述了女性主義哲學家和科學史家發展出的社會知識論，像是蘭吉諾。歐蕾斯柯斯這樣說明由蘭吉諾協力發展出的想法：「客觀性在以下情況中可以最大化……社群夠多元，廣博的異見觀點可以得到發展、傾聽、認真考慮。」就像她接下來說的：「在多元化中誕生的知識力量。」

歐蕾斯柯斯支持我們要從「社會面向」來了解科學，同時她也指出，社會建構出科學真實的這種想法會讓有些人感到威脅。她建議我們銘記一點：科學家長期以來謹慎地研究自然世界。科學以實驗為依據，這個面向很重要，但科學專業也是由人共同組織起來的。客觀是在批判與糾正等社會活動之中產生的，而多元化、「不要有戒心」、能自我批判的科學社群最能做到客觀。

歐蕾斯柯斯教授指出，我們可以安心地對「科學社群透過批判達成的共識」保持「知情信任」。一位科學家可能會犯錯，特別是「在討論主題遠離他們專業領域的時候。」歐蕾斯柯斯舉了幾個顯而易見的錯誤。科學對自然世界的洞察也不是專一獨斷的。儘管如此,科學社群的行事及章程,的確讓科學共識變得比較可靠。

討論氣候變遷時,我們應該相信來自科學社群的結論,而非石化產業,因為石化產業有利益衝突。他們的目標是透過發現、開採和販售化石燃料資源來獲利,基本上也都很成功地完成這項任務,但這些目標和追求氣候變遷的真相彼此矛盾。當利益目標導向或堅守意識形態的組織提出科學主張,我們應該保持懷疑,這是個基本原則。好科學的前提是「參與者都想要學習,對真理有共同愛好。這預設了參與者不會為了利益衝突而在知識上讓步。」

然而科學家有時也會犯錯,因此在第二章中,歐蕾斯柯斯教授問:要怎麼知道他們現在錯了沒?如果我們的知識會變遷而且不完整,「仰賴當前的知識來做決定是合理的嗎?特別是有時候牽涉到的議題可能關乎社會或政治,會造成經濟衝擊,或者非常私人。」

為了探討這些重要問題,歐蕾斯柯斯檢視了五個科學出錯的案例,探問它們有何共同點,看看我們能否從中學到教訓。

首先是十九世紀末流行的「能量有限理論」。此理論認為女性不該接受高等教育,原因是讀書會消耗能量,對女性生殖能力有負面影響。雅可比醫師嚴厲地批評了這個理論,但讀者將會發現當年的男性科學家幾乎沒有因此改變想法。

下一個案例是拒絕大陸漂移,美國科學家對這個理論特

別有敵意，他們認為該理論是以有缺陷的「歐式」方法發展
出來的。

案例三是優生學，今日優生學通常被跟納粹聯想在一
起，但其實過去美國及其他西方國家也都有非常多人倡導或
參與優生學計畫。歐蕾斯柯斯精彩地記述了美國與歐洲複雜
的優生學政治活動。

歐蕾斯柯斯舉的第四個例子，是關於避孕藥可能會導致
憂鬱的證據。許多女性在服用某種配方的避孕藥之後變得憂
鬱，歐蕾斯柯斯教授也講了她自己的經驗。然而數以百萬計
女性的自我回報，長期以來被醫學科學視為不足採信。

歐蕾斯柯斯提出的最後一個案例是牙線，有一波新聞報
導堅稱用牙線潔牙對口腔有益一事並非證據確鑿。歐蕾斯柯
斯深入挖掘，指出沒有隨機試驗可以驗證牙線功效並不能上
綱成沒有證據。

從這些各自不同的案例中，歐蕾斯柯斯教授找出了幾個
共同點，可以讓我們引以為戒。分為以下幾個主題：共識、
方法、證據、價值和人性。

科學共識並不容易達成，可以當作可信度的指標，這在
五個案例中都說得通。歐蕾斯柯斯也討論了一個有趣又艱難
的問題：科學家該如何回應非專業人士的意見？**這對民主社
會中科學扮演的角色十分關鍵**。很多不是科學家的人也可以
掌握科學知識與證據，並以此來做決定，像是護士、助產
士、農人、漁民都是，病人也十分了解自己的症狀。然而

「單純因為一個人對某議題接觸較多，不代表他就比較懂。對客觀性的傳統理解認為研究者應該和研究對象保持距離，就是出於這個原因。」這些案例能幫助我們釐清和分辨值得信賴的科學權威與基於意識形態的偽科學異見，我們在氣候變遷、演化和疫苗問題上都常遇到這種情況。

　　從五個案例出發，歐蕾斯柯斯提醒我們要提防「方法迷戀」。有些科學家可能會因為某個研究的方法不符合他們預定的方法學，而忽視有價值的證據。證據可以有很多不同形式。

　　價值觀會形塑科學，歐蕾斯柯斯認為這是無法避免的。回顧優生學，科學家可能會說這是科學被價值觀扭曲了，但價值觀在反對優生學的力量中也有一席之地；在能量有限理論中也是。價值觀帶來的影響無法避免，因此多元的科學社群比較有可能辨識出未經檢驗的假定、盲點和代代相傳的偏見。「一個擁有多樣價值的社群比較有可能看見科學理論中的偏見，以及偏差信念偽裝的科學理論，然後挑戰它們。」她也同意政策不只關乎科學，也會涉及特定的價值觀，此時來自非科學專業人士的反對意見也有可能是合理的，包括基於宗教和道德的價值而提出的反對。

　　人性也很重要，科學社群的多樣性可以矯正傲慢科學家的盲點，但科學史告訴我們人性也很重要。最偉大的科學家也可能對方法執迷、從證據中得出錯誤結論、受到時代的偏見影響。（有人會說哲學家也是。）[4] 就算是最優秀的科學家都應該謹記，我們並不能掌握所有真相。

那麼，在什麼情況下應該相信科學呢？在第二章的結論中，歐蕾斯柯斯如此做結：科學社群要夠多元、有充足的機會進行同儕審查、對批評保持開放。當一個這樣的社群得出專家共識時，我們應該相信科學。當然，任何科學主張都有可能是錯的，因此她也提醒我們可以用帕斯卡的賭注來考慮犯錯的代價。用牙線到底對牙齒好不好？可能並不確定，但牙線既便宜又方便。人類展開行動和改變政策能否扭轉嚴峻的氣候變遷？這也不能確定，但想想如果目前的科學預測是對的而我們卻忽視它，那我們的子孫將面臨什麼樣的災難？

在兩場演講的結語中，歐蕾斯柯斯回頭談科學家的價值。理論上，科學發現是一回事，該怎麼回應科學發現是另一回事。因此有人可能會假設，儘管「要怎麼做」必然會牽涉到價值觀，也不代表科學證據就與價值觀有關。理想上，科學應該不需要顧及政治或道德上的爭議。

但事情沒那麼簡單，歐蕾斯柯斯教授指出人們會把科學與科學帶來的影響視為同一件事。從布萊安到桑托榮，基本教義派和福音派基督徒一直擔心演化論對人類起源的描述會有損人類的尊嚴與道德，以桑托榮的話來說是：讓人類變成「自然的錯誤」。另一方面，氣候變遷懷疑論者一再聽到一種講法：環保人士的目的是傷害豪車、遊艇、高消費的「美式生活」。

歐蕾斯柯斯認為，面對這樣的懷疑，如果科學家退守回價值中立的堡壘，那可是大錯特錯。為什麼一般人應該相信科學、認真看待科學？要面對這個問題，有效的答案並非說科學家沒有價值觀！這才是一般人擔心的。更何況科學家就是會有價值觀，每個人都會有，這是顯而易見的事情，而且價值觀會影響到他們的研究工作。歐蕾斯柯斯指出，隱瞞你的價值觀等於是在隱瞞你的人性。

因此科學家應該坦承其價值觀，他們的價值觀可能跟很多人都一樣，而這是建立信任的基礎。歐蕾斯柯斯說基督徒尊崇的創造論，正是科學家珍愛的生物多樣性，而現在有海量證據顯示生物多樣性受到嚴重威脅。

最後，歐蕾斯柯斯教授侃侃而談她自己的信念，以及指引她做為一位科學家與環保主義者的價值：「如果我們沒有依據科學知識行動，而最終發現科學知識是正確的，人們會為此受苦，世界會變得貧乏。」

在這本書後續章節，四位傑出的評論者針對歐蕾斯柯斯教授的核心論點提出延伸、申論或批評。

林蒂教授是賓州大學珍妮絲與朱利安伯斯科學史與科學社會學教授，她於該校的職務範圍十分廣泛。林蒂的論點是，要回應科學懷疑論者，我們應該把大眾的注意力拉回日常生活中常常會遇到、用到的科學，我們應該「從吐司機談起」，還有冷凍豌豆、智慧型手機，以及其他種種帶來便利生活的神奇現代科學與科技。

當然，科學的貢獻並不總是正面的，林蒂教授帶我們回顧二十世紀科技武器的殘酷歷史。她指出過去的科學史家試圖讓純科學與科技應用保持距離，因為科技帶來的影響好壞不一。原子科學家想要在道德上讓自己保持純潔，把設計原子彈一事全撇給了工程師。

藍格是北卡羅萊納大學教堂山分校的塞達波都哲學特聘教授，專攻科學哲學。藍格指出，我們為什麼應該相信科學這個問題，似乎很容易陷入無解的循環論證中，同儕審查看起來好像只是一些專家在為其他專家背書。

藍格教授認為，把所有科學視為一個整體，尋求可以證明這個整體的外在證據，是不合理的。科學會自我修正，是因為任何特定的科學主張都可以受到批判性檢驗，「然而理性上，**不可能所有**科學理論都**同時**陷入危機。」

藍格也提到，孔恩說革命會挑戰整體世界觀，也就是典範，而在典範中方法和理論彼此「滲透」。他以伽利略為例，說明在典範轉移時，典範之間往往還是能找到「稀薄的共同基礎」，科學家可以藉此論述為何某個理論優於其他理論。在本章最後，藍格鼓勵哲學家及其他學者不要再過度強調「不可共量性、不充分決定論」，轉而多思考該如何肯定「科學推理背後蘊含的邏輯。」

伊登霍弗是波茲坦氣候衝擊研究所所長、柏林工業大學教授，他在普林斯頓的演講上提出評論。收錄於本書的評論則與郭瓦須合寫，郭瓦須是麥卡托研究所科學評估、倫理與公共政策小組組長。文章一開始就指出，川普政府是接受氣候科學的，只是反對大力推行能減緩氣候變遷的政策，部分原因是他們不太在乎氣候變遷會對美國以外的世界造成什麼損失。這樣說來，科學共識並不等於政策共識，因此他們提出，歐蕾斯柯斯對科學可信度的描述可能需要延伸或修改，變成也適用於以科學為基礎的政策評估。他們建議要試著以漸進的方式，理解各種備選政策路徑，並指出由於沒有意識到備選政策有多複雜，已經導致了很多嚴重錯誤。

伊登霍弗和郭瓦須同意歐蕾斯柯斯說的價值不可能中立，他們以杜威的實用主義為基礎，提議應該把所有社會看中的價值，像是「平等、自由、純粹、民族主義等等」，都納入政策評估，這種做法可能開創出創新的政策提案。

最後是克勞斯尼克在聽了歐蕾斯柯斯教授的演講後，發表他對科學現況與未來的想法。克勞斯尼克是史丹佛大學費德列克葛洛佛人文與社會科學教授、傳播學、政治科學與心理學教授，並擔任史丹佛政治心理學研究小組主任。

克勞斯尼克教授提到幾個知名（現在變成臭名了）且有影響力的科學發現，跨越生物醫學、心理學和其他領域。這些發現的結果無法再現，有些數據是捏造的，其他則是研究者坦承他們一再重複實驗，直到想要的結果出現。

克勞斯尼克指出，糟糕的研究結果部分來自錯誤的方法，部分則來自科學家渴望事業發展。學術單位、學術專業比較看重出人意表、違反直覺的發現，如此一來，進一步檢視後發現很多研究是捕風捉影，也就不那麼意外了。期刊很少發表負面的研究成果，因此反駁壞研究的進度很慢。他表示，科學家必須面對這些問題，現在有太多原因都鼓勵科學家做出不理想的行為，必須加以解決。

歐蕾斯柯斯教授旁徵博引地回覆以上批評，並深入補充了她的論點。

她十分欣賞林蒂對科學家試圖把自己的研究和科技應用分開來的精彩歷史記述，但是懷疑讓大眾清楚知道科學就體現在冷凍豌豆和智慧型手機中，能否影響人們對氣候變遷的態度。美國民眾並未普遍反對科學，而是「當特定的科學主張或結論與他們的經濟利益或愛護的信仰衝突時」才會反對。

在對藍格的回覆中，歐蕾斯柯斯教授表示她不太相信對科學專業人士的信任真的會落入無止盡的循環。她指出：「我們很容易透過社會身分來區分專家與非專家。」我們很容易就可以看出否認氣候科學的人是非專業人士，並了解美國企業研究所有預設的政治目的。專家共識還是比較可信的。

伊登霍弗和郭瓦須指出需要進一步研究如何從科學過渡到政策，歐蕾斯柯斯教授在回覆中表示她同意這點。但她還是堅持，許多掌握權力的人或組織正在刻意削弱大眾對科學的信任，驅動這些懷疑論的**根本**原因不見得是不信任科學，反而比較可能是為了自己的經濟利益或意識形態。她再次強調，如果科學家能像她提倡的那樣，開誠布公自己的價值觀，就很有機會找到對氣候政策分歧意見背後的共同點，有助於建立信任。

最後來到克勞斯尼克的論點，他聲稱科學面臨「再現性危機」。歐蕾斯柯斯教授同意這些事件很值得留意，但它們通常牽涉到統計誤用。她也指出，論文發表後遭到撤銷的機率其實很小，撤銷率可能小於 0.01%。就算撤銷率增加，也不一定是因為壞研究變多，可能是反映出我們現在會更嚴格地檢驗科學發現，這是件好事。也可能是新聞媒體為了譁眾取寵，錯誤引用單一論文的結果，這特別容易出現在心理學或生醫領域中。

歐蕾斯柯斯不同意克勞斯尼克用泛指的方法聲稱科學出現危機，他所舉的例子無法證實詐欺在科學中比其他領域更嚴重。更何況在克勞斯尼克舉的一些例子裡，詐欺很快就被揭穿並受到懲罰，而反駁和撤銷正是科學進步的過程。歐蕾斯柯斯提醒我們，她的論點是我們應該相信科學**共識**，而非相信單一研究，克勞斯尼克聚焦的都是單一研究。她並且重申，產業界出於獲利動機而贊助科學研究，是必須嚴肅面對的問題。

在本書付梓之前，歐蕾斯柯斯教授寫下後記，指出從二〇一六年秋天她在普林斯頓大學坦納講座發表演說以來，科學信任的問題變得更加嚴峻了，現在甚至對新聞和資訊的信任也成了問題。相信氣候變遷正在發生的美國人比以往多，但現在美國有一位拒絕相信科學與事實的領導者*，想要推翻好不容易才取得進展的氣候政策。對科學的懷疑大部分來自刻意操作，有些人基於經濟利益或意識形態而設法阻撓以科學為基礎的政策，她與康威在《販賣懷疑的人》一書中所描繪的情形，今日依然如此。

歐蕾斯柯斯最後再次強調，當多元且能夠自我批判的科學社群針對科學結果達成共識，這樣的科學值得我們信賴。最後她又舉了一個例子來說明本書的核心理念：防曬乳爭議。

所有的好書都會解決一些問題、提出另一些問題，這本書也一樣。歐蕾斯柯斯教授說服我們，科學的進步和可信度來自優質的科學社群，而與個別科學家的素質比較不相關。同時她也表示，科學家一定會有自己的價值觀，應該坦承面對。難道科學社群運作良好，不是因為其中的科學家有好的價值觀嗎？像是誠實面對知識、追求真理。還有，如果說多元化對科學社群很重要，是哪些科學領域呢？女性、不同種族、族裔、宗教和其他弱勢群體成員的加入，當然整體上對科學與學術非常有益。有哪些社會科學（或其他學術領域）可以得益於思想體系的多元化呢？

讀者在讀完這本書後，會更了解科學這個在當代舉足輕重的事業，以及我們應該相信科學共識的原因。在這個脆弱的地球上，人類未來該何去何從？所有關心這個問題的人都會希望在一切太遲之前，有更多人能讀到這本重要的書。

＊ 譯注：本書原文出版於二〇一九年，此指川普。

第一部分

為何信任科學

第一章
信任科學？
科學史與科學哲學的觀點

問題所在 [1]

許多人對接種疫苗的風險、氣候變遷的原因、保持健康的方法等問題心存疑惑，這些問題隸屬科學領域：免疫學家告訴我們，對大多數人而言疫苗基本上是安全的，疫苗已使數百萬人免於致死或導致殘疾的疾病，而且不會造成自閉症；大氣物理學家告訴我們，大氣中累積的溫室氣體讓行星暖化，使海平面上升，並導致極端天氣事件；牙醫要我們用牙線清潔牙齒。科學家如何得知這些？我們怎麼知道他們說得沒有錯？以上每一個論點都在大眾媒體及網路上遭到反駁，有些反駁的人自稱是科學家，我們該如何理解這些相互衝突的說法？

想想近年的三個例子。

第一：川普在二〇一六年美國總統大選的一場辯論中表

示他不相信疫苗安全，他的立場與醫學專業人士相左，包括另一位候選人卡森醫師＊不同。川普講了一位員工的經驗，員工的孩子在接種疫苗後被診斷罹患自閉症，川普藉此表示應該減少疫苗施打劑數，並延長接種間隔時間。很少醫學專業人士會同意這種想法[2]，專業人士認為，延後接種疫苗會增加嬰兒與兒童罹患危險疾病的風險，包括麻疹、腮腺炎、白喉、破傷風、百日咳，這些疾病原本都是可以預防的。罹患這些疾病的兒童可能會病重或死亡，即使倖存下來也可能把疾病傳染給其他兒童。然而並不只有川普這麼說，一些具影響力的名人也提出類似的警告。很多家長現在不顧醫生的建議，延後孩子接種疫苗的時間，甚至完全不接種，結果就是這些原本可預防的疾病發病率與致死率都在上升。[3]

第二：美國副總統彭斯信奉年輕地球創造論，他相信神在距今一萬年內創造了地球及其上所有生命。科學家一致主張地球年齡為 45 億年，人屬物種起源於 200 萬至 300 萬年前，解剖學上的現代人則出現在 20 萬年前。科學無法回答生命的發展過程是否由神（或任何超自然的存在或力量）引導，不過多數科學家相信在地球歷史上，生命大致上是透過天擇而演化，人類與黑猩猩及其他靈長類擁有共同的祖先，而智人的存在不需要神的干預就能解釋。[4]

美國人比較相信科學家或彭斯呢？答案多少受提問方式

＊ 譯注：二○一六年美國總統大選共和黨初選候選人之一。

影響，但如果你是個信仰虔誠、固定上教堂的美國人，那麼你很有可能同意彭斯。67% 的教友相信神在過去一萬年之內創造了人類，且形貌與今日人類相同。可能有人認為會這麼想的都是共和黨人，但並非如此。根據蓋洛普民調，58% 的共和黨支持者同意「神在過去一萬年之內以今日之面貌創造了人類」，39% 的中間選民與 41% 的民主黨支持者也這樣相信。[5] 創造論受到如此廣泛的支持，二〇一二年田納西州頒布法案，准許教師在科學課上教授創造論，也就不足為奇了（有些人稱之為「二十一世紀的猴子法案」[6]）。儘管美國法院在此之前已多次駁回，許多州仍不斷嘗試制定類似法案。[7]

第三：美國企業研究所（AEI）是位在華盛頓特區的智庫，它成立多年、財力雄厚，相信自由放任的經濟原則、以市場機制來面對社會問題、有限（聯邦）政府與低稅率。此機構長久以來大力質疑氣候變遷是人為造成的科學證據，詆毀科學社群的結論，聯合國政府間氣候變遷專門委員會也是他們抨擊的對象。[8] AEI 的學者暗示氣候科學家從內部打壓異議，還一度提供獎金鼓勵民眾尋找 IPCC 報告中的錯誤。薩克斯在二〇〇二至二〇一六年擔任哥倫比亞大學地球研究所所長，也是聯合國祕書長古特瑞斯在千禧年發展目標上的特別顧問，他曾指出一位知名的 AEI 學者「曲解、誤導或乾脆忽略」相關科學證據。[9] 二〇一六年，這位學者把科學家社群稱為「利益團體」，質問「由政府單位執行或資助的科學分析，領導者是政客任命的，會承受政治壓力……相較於石油公司之類的產業資助的研究，為何預設前者更具權威？」[10]

我不喜歡 AEI。我曾與同事康威合作，論述 AEI（與其他宣揚要對社會及經濟議題採自由放任策略的智庫）一直以來是怎樣誤導、曲解關於氣候變遷的科學發現，且對公共健康、環境相關的諸多問題亦如此。（他們也不喜歡我，這些機構的學者攻擊我對科學共識的研究。）[11] 然而他們提出的問題言之成理。我們可以預設科學分析具有權威嗎？認為在科學議題上，科學社群通常值得信賴，而石油公司不能輕信（套用那位學者的舉例），這樣預設立場合理嗎？

在北美的大學與研究機構中，科學學科通常不乏資金且備受尊敬，與藝術或人文學科相比起來更是如此。但在科學聖殿之外，開始出現了一些不同的想法。科學是我們理解經驗（也就是事實）的主要權威性來源，這個觀念自啟蒙運動之後便在西方國家盛行，但如果不加以辯證，恐怕難以持續。[12] 我們**應該**相信科學嗎？如果應該，是基於什麼原因、該相信到什麼程度？如果相信科學具有合理基礎，這個基礎是什麼？

這是個學術問題，但也對社會影響深遠。如果我們不能回答為何該相信科學，甚至是該不該相信科學的問題，那就不太可能說服民眾讓孩子接種疫苗、用牙線潔牙、採取行動來防止氣候變遷，更不用說說服政治領袖了。

　　學者對這些問題的答案，在過去一個世紀中不只一次大幅變更，尤有甚者，有些來自科學家的答案顯然和歷史證據背道而馳。舉例而言，科學家一再堅持理論正確是因為理論**有用**，辯稱如果理論錯誤，飛機怎能上天、疾病如何得治？[13] 但實用並不等同於真理，科學史上有許多有用的理論最後被發現是錯的。托勒密的天文系統、熱質說、古典力學、地球冷縮說，都能解釋觀察到的現象，也都成功預測了一些現象，現在卻被扔進歷史的廢墟。不過近來，許多科學史、科學哲學及科學活動研究（science studies）＊學者的想法逐漸趨於一致，認同一個經得起詳細檢驗的新觀點：科學知識的基礎在於取得**共識**。科學是關乎共識，這個看法能幫助我們面對今日的信任危機。

實證知識之夢

　　從十八世紀到十九世紀早期，多數學者認為科學的權威在於「科學之人」的權威[14]，從事科學調查的人有多值得信賴，得到成果就有多可靠。這是科學榮譽協會創立的原因之一，像是英國皇家學會、法國科學院，都是為了認可和找出

＊　譯注：通常譯為「科學研究」，指的是對科學這一門專業活動的研究。唯本書亦大量提到氣候科學、生物醫學等科學領域的研究，為避免混淆，science studies 皆譯為「科學活動研究」。

「值得的人」，我們應該徵求、信賴並關注這些人對科學事務的看法。[15] 有些人的研究成果應該得到接納，而協會的任務就是找出這些人。在美國，體現這種理想的是美國國家科學院，它在南北戰爭期間成立，成為林肯總統的顧問團。找出了這些科學「偉人」，總統在需要可靠建議時就知道可以問誰。

然而到了十九世紀中期，這種理解發生了本質上的改變，孔德的學說對此尤其影響深遠。許多人認為孔德開創了社會學、科學哲學的現代樣貌，以及實證主義（positivism）這個哲學學派。[16] 他的作品既豐富又複雜，也得到非常多樣的討論、復議、反駁和平反。不過對本書而言最重要的面向，是他對**實證知識**這個概念的貢獻。孔德相信唯有科學能成為實證知識，也就是**可信賴**的知識。「實證知識」這個詞如今在學術界以外已經很少使用了，而且學術界也不再相信這個概念，然而它仍持續存在我們的語言傳統中。我們仍然認為某些事物是「絕對、確切真實」的，在英語中一個人可以問：「你確定嗎？」（Are you positive?），然後答以：「我確定。」（Yes, I'm positive.）

對孔德而言，實證知識這個概念有個關鍵元素：**方法**。他比較了方法與**教條**，包括宗教的、迷信的，或是形上學的教條，認為宗教和形上學的教條是種偏見，會導致視野狹隘，阻礙智力與社會進步；相對地，科學方法可以促成進步。科學是透過方法來追求知識，有機會把人們從宗教與迷信的束縛中解放出來。

　　孔德的哲學理論和十九世紀其他許多思想流派（包括著名的馬克思主義）一樣是目的論導向。他認為人類歷史可以分為三個階段：神學而虛無、形上而抽象、科學和實證。這三階段不一定依序而至，可能同時存在於一個社會，甚至一個人的信念中，但大致上前進方向是從神學到科學，形上學則是中間必經的過渡。[17]當人類發展到「實證階段」，科學推理會取代神學和形上學，而科學推理都是從觀察開始的。

　　有人認為孔德的目標是用一種新的科學宗教來代替傳統宗教，這種說法不無道理。目的論正是許多宗教的共同特徵。孔德同意人們需要道德原則，但他認為這些原則在人文主義理想的真善美以及對他人的責任中就能找到。他也相信人們需要儀式，並提議以崇敬實證主義的名人來取代基督教聖人。他自己在生活中撥出時間冥想，實踐他的中心價值。[18]無論他的觀點是否近似於宗教，我們這裡要討論的是，對孔德、歷代孔德追隨者及無意間受其思想影響的人而言，科學是因為追求方法所以可靠。因此我們得問：什麼是方法？

　　孔德對當時正在發展的幾個科學學門都敏於觀察，他沒有斷言這些學門使用的工作方法是相同的，但他相信它們皆具備人類發展的「實證」階段的基本特徵。他寫道：

在實證階段，人類心靈認識到不可能獲得絕對真

實，放棄追尋宇宙的起源與背後原因，或一種關於
現象終極起因的知識。現在它只善用推理和觀察，
試圖發現現象的實際法則，也就是現象間恆常不變
的相繼或相似關係。自此開始，事實一詞被化約為
字面上的意思，對事實的解釋只關乎特定不同現象
之間的連結或一些普遍事實，其數量隨著科學進展
而減少。[19]

孔德強調經驗具有規律性，在此他的論證與英國經驗主
義者相似，尤其是休姆。[20] 孔德自言受到英國經驗主義者影
響，特別是培根的作品，他寫道：「所有稱職的思想家都同
意培根所言：除了仰賴觀察得到的事實，真實知識並不存
在。」[21] 不過他也不像一些後世評論者批評的，是「天真的
實證論者」，他老練地認識到，如同觀察構築了理論，理論
也構築了觀察：

想想知識的起源，十分確定的是……所有實證理論
都必須在觀察中產生；但另一方面為了要觀察，我
們的心智需要某些理論，這也再正確不過了。如果
在仔細研究現象時，不立即把它們連結到某些原
理，那我們不但不可能組織起彼此獨立的觀察，進
而從中獲益，我們甚至完全無法記憶這些事實，它
們大部分都無法引起我們注意。[22]

　　因此我們可以了解為什麼遠古人類需要宗教、迷信和形上學，這些早期概念幫助我們初步理解周遭世界。我們不需輕視或貶抑人類發展的早期階段，只需認識並接受思想必須以觀察為基礎才能前進，找到宰制自然的真實法則。他這麼寫道：「有時候我們必須從事實前進到原理，有些時候則需從原理前進到事實。」但最終我們將發展出「一套邏輯論題，我們的所有知識都必須建構在觀察上。」[23]

　　孔德也同意可錯論，他認知到我們的觀點會成長、變化，而他自己的想法有朝一日也會被修正。（確實，如果他的基本概念正確，那麼知識的進步必然會改變我們的觀點。宗教至今仍然存在，這也否證了孔德目的論中的一個要點。）不過必須要說，孔德堅信未來的思想變遷會透過觀察產生，在這點上他始終如一。

　　此外，孔德也把他的思想套用到他自己身上。他認知到觀察活動本身也必須受到觀察，因此若要改善我們對實證方法的理解，就必須仔細觀察，而非將之**理論化**；為了了解科學，我們必須觀察科學。這麼說來，拉圖以人類學方法來研究實驗室科學，可說是在孔德預料之中，他在超過一個世紀之前就已寫道：「如果我們不只想知道實證方法是什麼，還希望對它有清楚深刻的了解，並且有效運用它，那就必須注意它**如何運作**。」[24]

　　孔德的關鍵影響在於強調科學之所以可信，不是因為從事科學之人的秉性，而是因為它在實踐上本身具有優點。[25]

要了解科學實踐，必須實際研究它。如果要照孔德所說的去做，最重要的問題會是：科學實際上是怎麼進行的？真的有一種科學方法存在嗎？

幾種經驗主義

二十世紀的經驗主義者（empiricist）又稱為邏輯實證論者或邏輯經驗論者，對他們而言，要回答什麼是科學方法，關鍵在於檢證（verification）原則。[26] 此概念主要由一群德語區哲學家大力發展，也就是「維也納學圈」。以英語譯介檢證論最知名的則是牛津哲學家艾爾，他於一九三六年出版的作品《語言、真理與邏輯》至今還在印行，書中用意義問題來總結檢證原則：一句陳述要被視為有意義，若且唯若它可以透過觀察來檢證。換句話說，「有某些可行的觀察，能恰當地決定（這句陳述）是真是假。」[27] 科學實際上是在系統化地提出有意義的陳述，並利用觀察來判斷這些有意義的陳述是否正確。

檢證提供了基礎，讓我們衡量什麼是有理據的真信念。如果一項主張能透過觀察來檢證，而且也確實得到了驗證，那我們就有理由相信它，也就是說有理由接受它是真的。如果一項主張不能如此檢證，那它就沒有意義，不需要我們再費心。如此一來，艾爾一下子就擺脫了宗教、迷信、政治中的各種意識形態及不能檢證的理論。檢證原則提供了一種手段，用來區分科學知識與非科學知識：科學主張能透過觀察來檢證；不能檢證的主張是不科學的。

如同孔德，艾爾十分大膽但不至天真，他知道實際上任何觀察都必定牽涉到一些背景假定。不過他和維也納學圈的卡納普、紐拉特一樣，特別強調讓一句陳述具有意義的關鍵是要能透過觀察來檢證，他們因此被稱為**檢證論者**。要測試一句陳述，必須能夠從它推論出一個可觀察的結果，這個推論本身能以**陳述**來表達，而且必須專屬於那個我們正在研究的陳述，這樣檢證才具有決定性。艾爾寫道：「如果一句陳述聯合其他前提，可以推導出一些觀察陳述，而且是僅透過其他前提推導不出來。那麼這句陳述就是可檢證的，且因此具有意義。」**28**

艾爾等人認識到，如果要強調觀察的必要性，就必須面對歸納法問題：需要多少觀察才能確認這句陳述為真？跟隨休姆，他的答案是由歸納得到的知識必定是機率性的，並指出我們必須接受檢證有強形式與弱形式，這取決於能取得多少相關觀察、觀察的品質如何。這些問題很快發展成各式各樣複雜的討論，探索科學觀察的性質，包括如何有系統地提出觀察陳述、措辭的意義、一個或一組特定觀察精確來說可以檢證什麼？

許多邏輯經驗論者一生都在探討這些問題。韓培爾致力探討在產生可測試的觀察陳述的過程中，假設扮演什麼角色。卡納普則專注研究觀察陳述，以及表達它們的語言，他和蒯因的著名辯論主題是：觀察是否真的能證實或駁斥信念？（蒯因認為不行，稍後我們會講到這點。）他們的辯論沒有解決這個問題。[29] 對本書而言重要的是，邏輯經驗論者延續了孔德的中心想法，也就是科學方法的核心，是透過經驗、觀察、實驗來檢證。

對經驗主義的挑戰

許多人攻擊邏輯經驗論，認為它是統治二十世紀科學哲學的教條，但邏輯經驗論的影響力其實沒有那麼大。在它的全盛時期，一些重要的反對意見就已經開始出現。[30]

波柏和批判理性主義

對邏輯經驗論最著名的批評來自波柏，他拒絕接受邏輯實證論的幾個關鍵原則。首先，他不認同所謂的科學方法就是歸納法。接著他論證到，科學與其他種種人類活動最重要的差別並非其行動，而是態度。對偉大的科學家來說，最重要的是他們對自己的工作抱持批判態度，也就是保持懷疑，不輕易相信。第三，他堅信科學的目標並非證實理論，因為這不可能做到，科學的目標應是推翻理論。他提出了如今十分著名的**否證**（falsifiability）觀念，指出讓科學與眾不同的，並非有某些觀察可以檢證一項主張，而是有某些觀察可以反駁它。

　　這三個想法是這樣連結的：執行歸納法的時候，可能會用到一些習慣甚至原則，但沒有理性上的規則。歸納推論沒辦法單純基於任何邏輯規則而被證成，因此不能確定是邏輯上的必然。現在認為這個說法就是黑天鵝問題的起源：我可能觀察過一百隻天鵝，甚至上千上萬隻，牠們全是白色的，而且其他科學家也都觀察到同樣的事情，我們因此得出結論認為所有天鵝都是白色的（顯然沒有堅實的緣由）。然而，有一天我來到澳洲的伯斯，看到一隻黑天鵝。

　　由此可見，無論觀察做得多廣泛、多完整，都不能證明一個理論為真，反駁（或反例）隨時可能出現。科學如果要做一門理性事業，便不能用歸納當作它的方法。

　　光憑觀察而來的歸納概括沒有**邏輯**根據，因此不能把檢證當作科學方法的基礎。然而，觀察到黑天鵝一事的確證明了我的歸納概括是錯的，因此**反駁**合乎邏輯。檢證和否證在邏輯上並不對稱，檢證必然有所侷限，但（波柏相信）否證可以具有決定性。既然如此，我做為一名科學家，該追求的並非那些能證實我的理論的觀察，而是有機會反駁它的。波柏由此總結到，透過觀察所要做的，既不是概括也不是檢證，而是**否證**。換句話說，科學的關鍵活動並非蒐集觀察，而是提出一系列推測，並追求有機會反駁這些推測的觀察。他著名的論文演講合輯以此為標題：《推測與駁斥》。

　　波柏比他那個時代的邏輯實證論者更堅信科學是理性的模範，他主張，批判理性思考不只是探尋知識的基礎，也是政治和文明社會的基石，可以賦予人們力量來對抗無論是左派或右派的極權統治。因此他把自己這種態度稱作**批判理性主義**，他的思想既是知識論也是政治，他追求的知識論不只能夠成就科學理性，也要能以民主治理來成就政治理性。波柏特別致力於推翻馬克思主義，他想證明「科學社會主義」一詞自相矛盾，因為馬克思主義的理論出錯時，不會被視為遭到反駁，而只是有待解釋，或可以用某種方法來說明的狀況。[31]

波柏厭惡懷疑論者，但諷刺的是，他的批判理性替一種激進的懷疑論打開了大門。波柏堅決認為反駁不只是科學必然出現的特徵，更是科學的目標，透過反駁科學才能進步。就此而言，他比前代哲學家更深刻地討論了科學可能出錯這件事。然而如果科學觀點不只是將要受到反駁，還**應該**反駁，那何必相信它？[32] 對此，波柏認為可以發展「認可」的概念：如果理論通過嚴格的考驗，我們就有好理由去相信它，像是以光線的偏折來測試廣義相對論。成功的實驗測試雖然沒辦法證實理論，但能鞏固理論。波柏提出這點來解釋理論測試為何在科學實作中舉足輕重，但這也徹底削弱他理論中的另一項要旨：我們現在只能用主觀來判斷什麼是「嚴格」的測試、必須做多少測試。

弗萊克與思想集團

從十九世紀中至二十世紀中，實證主義發展出了幾種不

同形式，但關注的都是方法，對於追求方法的人和他們工作
的組織結構則少有留意。波柏強調批判的研究態度，可說是
注意到了個別科學家的特質，然而波柏的知識論（如同他的
政治理論）強調個人，他認為是個人的行動推動著科學進
步，這些單獨的個體大膽質疑既存的主張，找到反駁的方式。
波柏較少關注科學研究機構，而且十分敵視集體主義，那讓
他聯想到他所痛恨的馬克思主義哲學和共產主義政治。[33]

　　在此情況下，把科學視為集體活動，可說是大大挑戰了
人們對科學的普遍看法。這種想法一直要到二十世紀下半葉
才得到蓬勃發展。一個人無論有沒有讀過孔德、艾爾或波
柏，都能想像科學家像笛卡兒一樣，在房間裡盯著融化的蜜
蠟，一個人生活、工作、思考。然而如果要像孔德教導我
們的那樣研究科學如何運作，就會知道實際上不是那麼一回
事，參與科學研究的人也都明白。不知為何，學術研究長期
未注意到這點。

　　微生物學家弗萊克改變了這點，他的分析著重討論科學
家的社會互動。現在看來，他是近代首先嘗試用社會學來解
釋科學方法的人。弗萊克在一九三五年發表《一個科學事實
的發生與發展：思維樣式與思維集體學說導論》一書，把焦
點從個別科學家轉移到科學社群，並指出科學事實是科學社
群的集體成就。他在這些研究中分析了產出科學事實的社會
活動，成為該領域的先行者。

　　弗萊克有注意到邏輯實證論者的作品，他把自己的作品

56

寄給維也納的實證論者石里克，希望石里克能幫他發表。[34]他也和當時在波蘭研究醫學和數學的哲學家與歷史學家有所聯繫。但學者大多認為，影響弗萊克思想最深的主要還是他的研究經驗，以及他對科學發展的關注，尤其是當時在物理領域方興未艾的量子力學。（弗萊克相信）量子力學促成了新的思考模式出現。

弗萊克點出一個關鍵：科學家是在群體中一同工作，群體的思想型態會成為未來研究的共同資產，包括解釋與觀察。他把這種社群稱為「思想集團」（thought collective），由受同樣訓練（生物、物理、地質）的一群科學家組成。這些人具有同樣的思考方式，因此能夠合作、分享資訊、以有意義的方式解釋資訊。沒有思想集團，科學就不會存在。他寫道：

> 研究者是不可能完全孤立的……思考是集體活動……其產物是一幅圖像，只有參與這個社會活動的人能看到；或是一個想法，只有集團成員能明瞭。我們所思所見，都取決於我們所從屬的思想集團。[35]

「思想集團」這個詞可能讓人聯想到思想審查，從而產生疑慮，弗萊克也認識到有些集團可能很保守，甚至反動，他認為宗教思想集團就是這樣。不過思想集團也可以民主且進步，而這正是了解科學的關鍵。科學具有民主的性質（與大多數歐洲宗教不同）：所有研究者都能公平參與，透過彼此互動，他們的觀點可以一同精進或改變。

　　觀點改變的程度可以有多大？對此，弗萊克的想法很激進。他強調隨著時間積累，詞彙的意義可能變動，過去認為是核心的問題可能變得無關緊要甚至不切實際，過去沒有認識到的新問題會浮現。思考模式的改變比較像演化，而非革命，即使每次帶來的進步很微小，最終卻可能變得截然不同，甚至會讓舊觀點顯得難以理解。

> 思想由一個人傳給另一個人，每次都變化一點點，
> 因為每個人對它都有一些不同的聯想。嚴格說來，
> 接收者對思想的了解，不可能與傳達者希望他所了
> 解的完全相同。經過一系列這樣的接觸，原本的內
> 容幾乎一點不剩。[36]

　　科學想法可能隨著時間而劇烈轉變，演化論本身就是一例，但這個過程是透過微小的轉化、分歧的解釋逐漸累積而達成。

　　弗萊克問：「誰的思想能持續流傳？」他的答案是：「顯然不是屬於任何個人的思想，而是集團的思想。」[37] 蘭吉諾後續在不太一樣的脈絡下指出：「當然，伽利略、牛頓、達爾文和愛因斯坦都聰明過人，不過他們那些厲害的想

法之所以能成為**知識**，要先經過批判接納的過程。」用弗萊克的話說，是接納和轉化的過程。[38] 牛頓力學與《自然哲學的數學原理》內容不盡相同，演化生物學與《物種源始》也不完全一致。牛頓與達爾文的研究隨著時間得到不同的詮釋、調整與修正，最後才成為我們現在看到的結果。

由此看來，科學進展必然和科學研究的制度密不可分，像是研討會、工作坊、書籍、同儕審查期刊、科學學會，科學家在這些活動中分享數據、獲得證據，受到批評時為自己辯護或是修正觀點。科學研究是有組織的，透過合作和互動來完成，創造共同的世界觀，詮釋觀察結果的方式需符合這些世界觀。弗萊克相信所謂的進步，是以社群認可的方式調整或修改世界觀，隨著時間過去，修改幅度愈來愈大，直到形成新的世界觀或是新的思考方式，甚至是新的真實。[39] 思想集團原先所認定的物理真實可能被推翻，在這點上弗萊克是個不折不扣的反實在論者，他認為集團成員所宣稱的真，只不過是集團目前所認定的觀點。弗萊克也明確反對個體主義和方法論，他認為科學進步的動力來自群體而非個人，科學的核心也不在於特定的方法，而在一群人的多元互動。

不完全決定論：杜恩

弗萊克的作品剛發表時有得到一些關注，不過要等他被視為影響孔恩思想的先驅之後，才變得更加知名。類似的事也發生在杜恩身上，他的作品雖受維也納學圈認可，但經過美國哲學家蒯因的吸納後，才發揮其影響力。

　　科學家所認識的杜恩是化學熱力學的奠基者，不過他同時也是一位勤勉的歷史學家和敏銳的科學哲學家。[40] 對今日的科學哲學家、科學史家而言，杜恩最著名的是其一九〇六年的著作《物理理論的目標與結構》，在書中他駁斥了決斷實驗的想法並提出另一個原則，後來被稱為不充分決定論（under-determination）。[41]

　　杜恩的核心論點很簡單：培根對決斷實驗（crucial experiment）的想法搞錯了，因為一項實驗失敗可能有很多原因，我們不一定知道是哪裡出了錯；相對地，就算一個理論成功通過了某項實驗測試，由該理論推導出的其他結果還是可能被證明是錯誤的。原則上，要支持一個理論，應該要包含所有可能的測試，要反駁一個理論也應該事先考慮實驗裡必然會用到的所有可能元素。如同物理學家德布羅意於一九五三年該書英文版前言所說：

　　　根據杜恩，並沒有真正的決斷實驗存在，因為理論形成了一個整體，實驗要跟這個整體比較。實驗可以證實理論的其中一個推論，但就算找出最特殊的推論，也不能證明理論絕對正確，因為⋯⋯我們無法確定其他根據此理論而來的推論在未來不會被實驗否定，或是其他尚未想出的理論對觀察到的事實解釋力都不如目前這個理論那麼好。[42]

簡言之，任何對假說的測試，都同時是在測試該假說、實驗設置、輔助假設、背景假定。一項實驗失敗，並不能說明錯在何處，而就算實驗成功，也不能排除在不同的實驗設置或輔助假設之下可能出現不同結果。杜恩寫道：「（在物理中）任何實驗測試都運用了物理極不同的部分，並訴諸無數的假設；從來不是把一個假設獨立出來然後測試它。」[43]

實驗證據也無法排除諸多可能的理論選項，杜恩明確指出假設並不單純是由歸納觀察結果得到的，他毫不猶疑地斷言，不可能「純粹透過歸納方法來建構一個理論」。[44] 對科學而言，理論和實驗都很重要，認為實驗比理論更重要的想法是錯的，把實驗當作理論的來源也是錯的，把實驗當作理論的最終仲裁更是大錯特錯。

杜恩並非否定實驗，相反地，他論證「物理理論的唯一目的，是表述和分類根據實驗得到的定律。」[45] 在一開始發現定律的階段，以及測試能解釋定律的基礎物理理論時，實驗都至關重要。「唯一能讓我們判斷物理理論是好是壞的測試，就是把它和它所描述或納入旗下的、根據實驗而得的定律拿來比較。」此種想法本質上講的是機率，一項實驗不能證實理論，也不能推翻它，只能告訴我們「事實是符合或削弱了這項理論」。[46]

德布羅意指出，杜恩思想最重要的在於他對傅柯知名實驗的詮釋。傅柯證實了光速在水中較真空中慢，許多人認為這是證明光是波（而非粒子）的決斷實驗，杜恩並不同意。

就算傅柯的實驗與牛頓的光微粒說牴觸，還是有可能符合其他形式的光子理論。[47]

杜恩後來被視為整體論者，然而他其實沒有全盤採納激進整體論（整體論是說，理論要嘛完全成立，要嘛完全失敗，挑戰其中任何組成元素，可能就是在挑戰整個知識結構）。他的一些話看起來很接近激進整體論，例如他說：「根本不可能（分離）物理理論與適合測試該理論的實驗步驟」，以及「物理實驗從來不會宣告一個孤立的假設不適當，它講的永遠是一整群理論。」[48] 不過杜恩在其他地方也清楚表示，他相信我們信念架構中的某些元素十分牢靠，很難去提出質疑，並且這也合情合理。可能是研究中的一些元素已經由其他資訊來源確認，或是與某些原理密切關聯而我們不太去質疑這些原理的正確性。舉例來說，我們不太可能懷疑溫度計、壓力計這些基礎儀器，溫度與壓力等相伴而來的觀念也很少受到質疑。確實，杜恩堅決認為要測試一個論點正確與否，物理學家必須動用一整群理論，他必須毫無懸念地接受這些理論，否則將會動彈不得，無法前進（杜恩可能正想著熱力學中的基本原理，像是質量、能量守恆）。同樣地，一項實驗測試失敗，並不能告訴我們是哪裡失敗，只能說系統中的某處「至少有一個錯誤」。[49]

　　總而言之，物理學家不能把一個孤立的假設拿來當作實驗測試的目標，而是一整群假設。當實驗與他

的預測不符，他所知道的是在這群假設中，至少有
一個不該接受、需要修正，但是實驗沒辦法說明是
哪裡需要改。[50]

　　杜恩並不認為基於以上原因我們就應該當個徹底的懷疑
論者，他反而認為我們在投入知識工作時，應該合理地接受
人性。他跟隨伯納的想法，提醒我們要反對教條，對於理論
可能需要修訂抱持開放的態度，而且一定要保持「心靈的自
由」。[51]假設、理論、觀念通常可以促進我們的工作，而且
非常必要，但我們不該對它們「過度有信心」。[52]我們不該
對自己的成就太過自滿，以當時美國人的話來說，我們不該
「自我陶醉」。[53]

　　既然理論、儀器、實驗設置、輔助假設都牽扯在一起，
面對明確的反駁時，科學家該怎麼知道哪裡需要修正？對
此，杜恩的解釋並不完全令人信服，他援引帕斯卡的話：
「有些原因是理性沒辦法解釋的。」他的結論是這些事情終
究得仰賴「好的判斷力」。[54]杜恩透過歷史來強調這點：

　　我們必須警惕，不要期待那些已經成為公約、得到
大部分人接受的假設會永遠受到認可；也不要誤信
那些自信滿滿的人，有些人自稱化解了實驗中的
矛盾，實際上卻是用更可疑的假定來解釋實驗。
物理學的歷史顯示，即使有些原理在幾個世紀以來

都被當作神聖不可侵犯的常識，人類心靈還是好幾
次推翻了它們，然後再用新的假設重新打造物理理
論。**55**

不過同時杜恩也明確指出，根據歷史，他相信只要我們
沒有變得固執己見，就可以對科學探索的進展保持信心，他
繼續寫道：

光憑科學史，就能使（科學家）免於武斷的瘋狂野
心或是絕望的……懷疑論。回顧每個原理發現前的
一長串錯誤與猶疑，能讓他避免被謊言誤導；回想
宇宙學學派的變遷、挖掘曾盛極一時如今卻已遭遺
忘的學說，便提醒著他即使是最有吸引力的系統，
也不過是暫時的描述，而非最終的解釋。另一方
面，只要向他展示一直以來各個時代的科學是如何
從前幾個世紀的思想體系得到滋養……便增強了他
的信念，相信物理理論不僅只是一個適用於今朝、
明日即被棄的人造系統，而是一種日益自然的分類
體系，即使真實無法直接透過實驗方法來窺知，理
論還是能夠愈來愈清晰地反映真實。**56**

蒯因與杜恩－蒯因論題

美國讀者主要是透過哈佛哲學家蒯因來認識杜恩的觀點，而蒯因對杜恩觀點的描述使它顯得比原本更激進。蒯因重新表述了反駁的問題，這種說法後來稱為不充分決定論：如果我們測試的不是獨立的理論，而是整個理論群組，那當錯誤出現時，怎麼知道是群組的哪一部分需要修正？杜恩說要仰賴判斷，蒯因則說我們**無從**得知。他主張知識是一張信念之網，當知識受到駁斥，我們能做的調整有一籮筐，拉緊或放鬆任何一個線頭，都有可能織密這張網或讓它整個散掉。蒯因如此說道：「我們對外在世界的陳述，並非對感官經驗逐一判斷，而只能把它們視為一個整體。」[57]

杜恩應該同意這個說法，但他也相信證據有能力引導我們做出部分調整，讓整體運作順暢。他認為實驗有兩個關鍵目的，其中之一就是強化或削弱支持物理理論的特定元素。如果觀察到某些現象與我們強烈相信的某個觀念牴觸，例如能量守恆，我們可能不願意揚棄這個觀念，而會認為實驗結果顯示的是有其他地方出錯，或是儀器有問題。對杜恩來說，整個理論群組中的不同部分本來就不是平等的，也不能一概而論，但蒯因卻認為可以，對此他有句名言：「無論是怎樣的陳述，只要大幅調整系統中的其他陳述，都可以讓它變成對的。」[58]

蒯因的激進整體論後來被稱作杜恩－蒯因論題，許多學者拿它來削弱證據對理論的掌控，因為如果實驗不能充分決定理論，而且當實驗失敗時我們可以選擇很多種應對的方法，那麼我們信念的基礎何在？[59] 科學家是如何得出結論的？這顯然需要一些額外因素來解釋。這成為許多後來思想的基礎，有些學者認為不充分決定論的概念支持了二十世紀後半葉所有對經驗主義哲學的挑戰，包括孔恩的思想，以及科學活動研究這整個領域的出現。[60]

孔恩與科學活動研究的興起

　　孔恩對經驗主義者的挑戰，可說是以子之矛攻子之盾，他認為經驗主義在分析科學本身時，不夠以經驗為依據。孔恩自己的作品從科學史出發，他第一本書的主題是哥白尼革命，而在哈佛大學，他與科南特發展了一套教材，稱作《哈佛大學實驗科學案例研究》。[61] 不過孔恩也致力於科學哲學論證，研讀過弗萊克、蒯因以及維也納學圈的作品。[62]

　　孔恩《科學革命的結構》的中心論點之一與弗萊克相同：科學家並非獨力工作，而是身在社群之中，社群所共享的不只是關於經驗事實的理論，像是相對論、天擇的演化論和板塊構造理論等等，社群也對科學該如何運作有同樣的價值觀與信念。這些理論、價值觀、知識和方法學上的信念，加上具有示範性的科學成果（範例），共同構成了「典範」，而社群在典範之下運作。社群這個面向非常重要，一九七九年弗萊克的書首次翻譯成英文，孔恩在前言中強調，在現代科學的世界中，獨自工作的人比較可能被當作怪胎，而非獨行俠。[63]

　　大多數時候科學家並不質疑典範，而是依循典範工作，解決這個架構所認為重要的問題。孔恩稱此為「常態科學」（normal science），並主張這個時期的主要活動可說是一種解謎。與波柏不同，孔恩認為在常態科學時期，科學家的目標並不是推翻典範，事實上他們甚至不會質疑典範，直到問題開始浮現。問題會出現，是因為某些對世界的觀察或實驗（一些「技術解謎活動」）成果與預期不合[64]，孔恩稱之為「異例」。這個時候科學才最像是在探索真實。一開始，科學家會嘗試在典範之內尋找異例發生的原因，也可能對典範做些微調整。但如果異例變得太大、不容忽視，或是為了解釋異例而做調整卻導致新的問題，此時危機就會發生，打開思考空間，重新討論典範是否適宜。有時危機可以在典範之內獲得解決，但若做不到，科學革命就會發生，當前主導的典範被拋棄，新典範取而代之。新典範實際上是新型態的知識管理體系，帶來新的規則與規範，就此而言科學革命就像是政治革命。孔恩就此論道，科學的進步既不在檢證也不在反駁，而在典範轉移（paradigm shift）。

　　許多科學家欣然接受孔恩的觀點，孔恩對科學的描繪讓他們感覺很熟悉，起碼比其他說法更像一點。[65] 不過孔恩有個主張大部分科學家可能不太了解，了解了也不會喜歡，而許多非科學家的讀者對這個觀點最感興趣（同時也是孔恩的理論不同於弗萊克之處），那就是相繼的典範之間**不可共量**

（incommensurable）。這是在說，沒有任何衡量標準可以用來比較新典範和它要取代的舊典範。如弗萊克所言，新典範就像新的思想模式，它不只轉變了科學家對某個科學問題的想法，同時也改變了意義、價值觀、優先事項、期待，甚至是科學家的自我認同。這就開啟了一個更大的問題，就像蒯因問的：在遇到異例時，科學家是如何決定他們信念結構中的哪一部分需要修改？怎麼知道是稍微調整就夠，還是該來場科學革命？如果新典範和它取代的舊典範之間不可共量，科學家憑什麼決定要接受它？

至此之後，歷史學家與哲學家一直在討論這些問題。哲學家對不可共量性爭論不休，主張典範之間不可共量似乎是把典範選擇貶為相對主義，甚至不理性。[66] 例如拉卡托斯就認為，在孔恩的理論中，科學革命是「神祕的改宗，不會也不能受到理性規則轄制。」[67]

孔恩強調我們必須仔細研究實際的科學，歷史學家認同這點，但傾向認為不可共量性走過頭了。歷史學家也指出，有時孔恩提出來比較的兩個科學理論並非前後相銜，像是亞里斯多德物理學與量子力學，這是犯了方法學的錯誤。歷史學家同意亞里斯多德物理學對現代物理學家而言十分神祕難懂，但是從那個年代到現代已經經過了很多中間步驟，如果要理解整個物理學史的軌跡，不能不追溯這些中間步驟，否則就像是分析一場接力賽，卻以為接力棒可以用丟的，而非一棒傳一棒。

我個人的看法是，孔恩在較不著名的早期作品《哥白尼革命》中講得比較貼切，他把重大的科學變動描寫成道路轉彎：

> 站在轉彎處，道路的前後兩段都能看得很清楚。但站在轉彎之前的某個點，這條路看起來是直線前進，然後在轉彎處消失了……從轉彎之後那段路上的某一點來看，這條路則像是從轉彎處開始，然後一路直線前進。[68]

孔恩的學說本身就是科學活動研究之路上的轉折：遠離方法，朝向實踐；遠離個人，朝向群體。[69] 多數學者都認為孔恩作品影響最深遠之處，除了讓**典範轉移**成為普及詞彙之外，就是開啟了科學活動研究這個領域。

遠離方法

從孔德到波柏，哲學家一直想要找出一套科學方法來說明科學的成功，並證明我們把科學主張當作真實是有道理的，有些人稱之為「合理的真信念」（warranted true belief）。孔恩沒有直說方法不存在，但他提到兩件事，讓方法不再是重點。首先他主張，在不同的典範之下方法會改變；再來是多數時候科學方法不過是解謎，在典範之內梳理細節，而非質問大結構，這聽起來非常無聊。除此之外，無論科學家用的是什麼方法，他們都是一群人一同工作，而非獨力工作的個體戶。

　　這為科學社會學家打開了大門。過去科學社會學只研究正式的科學學術結構，或者像知名科學社會學家墨頓研究科學中的行為準則，現在科學社會學也拓展到**知識論**問題：科學信念的基礎是什麼？如果說科學中最會影響到知識的活動是典範轉移，而典範之間不可共量，這顯然不能支持我們傳統上認為科學進步的想法。會不會科學其實不能帶來「合理的真信念」，而我們**不該**相信科學？如果科學家可以放棄一個觀點，然後用另一個不可共量的觀點取而代之，實在很難令人相信這樣的科學活動過程能夠帶來堅實的世界觀。無論如何，需要有人來解釋科學家是基於什麼原因，才接受他們所提出的那些主張。

科學知識社會學與科學活動研究的興起

　　社會學家從孔恩手中接下這塊燙手山芋，呼籲大家多注意社會因素會如何影響科學結論，後來這被稱為科學知識的**社會建構**。[70] 社會學家自認這是知識論上的創新，但他們的思想是建立在前人的理論上，尤其是蒯因先前提出的不充分決定論。社會學家現在問道：科學家相信或拒絕一個理論的依據是什麼？在科學社群的架構中，這些決定如何表達？在此過程中出現的主張應該得到尊重嗎？要尊重到什麼程度？

　　這類研究早期最有影響力的一群學者，後來稱作愛丁堡學派，包括巴恩斯、布魯爾、謝平。巴恩斯主要討論「利益」，認為利益驅動了理論選擇。「利益」可能是專業上的，如果科學家所選擇、主張的理論獲得成功，可能有利於他的事業。利益也可能來自價值觀，像是某些理論可能和一個人的政治、宗教或倫理觀點一致。[71]（現在回頭看，利益理論有時很個體主義，但這是另一個議題了。）布魯爾則強調科學活動研究的方法應該「對稱」，意思是「同類原因可以解釋信念的真假。」[72] 謝平特別在乎知識創造和社會秩序之間的關係，他與歷史學家夏佛的論點令人難忘：「對知識問題的解答，就是對社會秩序問題的解答。」[73]

　　愛丁堡學派的論點常被看成從本質上反對實在論，許多科學家因此斥之為無稽。[74] 確實有些學者的寫作方法忽略了經驗證據在科學知識的形成過程中舉足輕重，甚至像是徹底不相信這點。我們沒辦法光憑經驗證據來做結論，這個想法很容易被滑坡解釋成經驗證據完全不重要。愛丁堡學派的論點其實沒那麼反實在論，而是比較像**相對主義**：如果說經驗證據不能決定我們該相信什麼、該拒絕什麼，這好像是在暗示有一系列標準和考量形塑了我們的觀點，而且它們不能由經驗證據演繹出來，也不會被經驗證據削弱；而若是社會利益或狀態對知識具有決定性的影響力，那知識必定在某種程度上與這種利益或狀態有關。這可是非常嚴重的挑戰。巴恩斯在一九七〇年代解釋，愛丁堡學派的態度是：

> 保持懷疑。因為永遠沒有任何論述能夠打造一個究
> 極正確的知識論或本體論。抱持相對主義，因為沒
> 辦法用與真實接近的程度或理性的程度來客觀評價
> 一個信念系統。[75]

這並不是說與真實的接觸不會影響我們的信念（更不是
說物理真實不存在），確切來說他們想表達的是：經驗證據
對信念的形塑，並不如大多哲學家與科學家所想的那麼明
確。愛丁堡學派強調的是單憑證據不足以支持科學家做出結
論，後續評論對這點大致認同[76]。問題在於愛丁堡學派的理
論學家是不是在暗示證據幾乎沒有任何作用？巴恩斯承認：
「目前這些論述有時可能給人一種感覺：由社會建構或協商
出來的自然知識跟真實**一點關係也沒有**。但我們可以滿確定
地說，這種印象不過是對社會學研究熱衷過頭出現的副作
用。」[77]

這種說法恐怕太寬容了，我自己覺得有些愛丁堡學派人
士或受他們影響的社會學家是刻意要營造這樣的印象，像是
諾爾－塞蒂納在一九八〇年代宣稱科學知識全是「杜撰」，
柯林斯堅稱「自然世界才不會限制我們怎麼想它」，還有拉
圖說科學是「另一種形式的政治」。這些用字遣詞顯然經過
精挑細選，意在動搖普遍出現在實證論者之間的「科學崇拜

氛圍」——這個詞則出自歷史學家札彌托。[78] 尤有甚者，愛丁堡學派指稱「信念體系不能客觀評價」，似乎暗示在科學中，客觀性並不如科學家一般認為的那麼重要，甚至可能一點都不重要。這些主張不是不小心出現的，而是本身就意在挑釁。

某些挑釁也不無道理，而更重要的一點，如同最近布魯爾強調的：與**相對主義**相反的並非客觀，客觀是主觀的相反；也不是真實，真實是錯誤的相反；如果我們想對抗相對主義，應該要用**絕對主義**。與相對知識相反的是絕對知識，但現在任何嚴肅的歷史學家或社會學家都不會認為知識是絕對的，我們也無法繼續相信單憑經驗證據就可以完全解釋科學結論如何達成，已經有太多證據否認這項假說。布魯爾明確表示，他希望他對科學的研究是科學化的，而要科學化地看待科學，就必須認真面對關於經驗證據的經驗證據！而經驗證據顯示經驗主義有所侷限。布魯爾一直想要表達的是，當我們以開放的心胸仔細檢視科學，會發現經驗證據和社會因素對於穩定科學知識都很重要，任何情況下都不能假設某一個比較重要。[79]

哲學家費耶阿本對經驗主義有不同的批評。費耶阿本出生於維也納，哲學博士研究的主題是觀察語句，他一生中大多在與波柏和拉卡托斯對話，本來可以成為一名傑出的邏輯經驗論者。然而他後來不只拒絕邏輯經驗論，甚至不接受任何以方法來定義或描述科學的企圖。在他最著名的作品《反對方法》（一九七五年出版）中，他表示科學方法並不存在，也不該存在。科學家使用的方法很多元，而且成果斐然，限制方法只會有損他們的創意，妨礙科學知識成長。他更進一步說，否證論做為一種規則，顯然被歷史事實否證了，歷史上幾乎沒有出現能解釋所有已知事實的理論，科學家通常會忽略與理論不符或看起來不重要的事實，或者暫時擱置，有朝一日再來煩惱它們。[80]（波柏可能會主張這些人是糟糕的科學家，但如此一來大部分科學家都是糟糕的科學家，包括一些大人物。）

如同前文引述的其他研究科學活動的學者，費耶阿本欣然採納刻意挑釁的風格，他把自己定位為「理論的無政府主義者」，可能因此，很多人在引述費耶阿本時，會說他認為科學「什麼都行」，但這並非他的講法。原話如下：

> 認為有一個不變的方法，或一個不變的理性理論存在，這顯然是把人與環境想得太單純了。看看歷史提供的豐富教材，只要一個人不要為了滿足自己的低端直覺而刻意簡化，只要他渴望追求明確、精準、「客觀」和「真實」的穩固知識，那麼他就會清楚發現，在**所有**情況、所有人類發展階段都適用的原則只有一個，這個原則就是：什麼都行。[81]

費耶阿本想表達的是，如果你要**強迫**他去定義一種科學方法，他會說什麼都行。科學中沒有什麼獨特的方法或原則存在。波柏可能會說這是逃避區分科學與非科學的責任，但這話不能這樣理解，費耶阿本反而是在表彰方法和知識的多元，指出這才是科學史的特徵，而這是件好事，能讓社群更強大、更有創意、心胸更開放、做得更好。[82] 絕對主義通常不受歡迎，無論是在科學、政治或任何領域皆是。[83] 和波柏（以及杜恩、孔德）一樣，費耶阿本也相信進步，他只是對進步的原因有不同的想法。他總結道：「理論的無政府主義更符合人性，更有機會在既定的法律與秩序之外促成進步……唯一不會限制科學進步的原則就是：什麼都行。」[84] 認真檢視科學家的所作所為，會發現他們十分有創意、富有彈性且很能適應不同情況。

費耶阿本是哲學家而非社會學家，他相信科學會進步，這是大部分社會學家所不認同的。然而他的作品支持了從一九七〇年代開始強力發展的社會學趨勢，也就是專注於探討科學家在實驗室、田野、臨床上如何實作。如果無法透過演繹找到一種（或多種）所謂的科學方法，那麼唯一的辦法就是透過觀察。

在費耶阿本之後，拉圖毫無疑問是把此論點發揮得淋漓盡致的第一人，他把人類學的技巧應用在科學上，特別留心科學家實際上是如何說服同行接受特定主張。拉圖對此領域最大的影響，是把民族誌發展成研究科學活動的重要方法學，並強調重要的是科學家做了什麼，而非說了什麼。[85] 受拉圖啟發的後續研究難以一言以蔽之，不過可以肯定的是，它們確立了早先對於科學方法學多樣性的論述。有了愛丁堡學派、費耶阿本、拉圖與其他人的作品，又有多位歷史學家找到文獻證據顯示科學方法會隨著時間改變，我們不可能再相信有單一種科學方法存在。[86]

　　這並非完全負面，只是我們必須接受實證知識的夢想至此真的破滅了[87]，我們就是無法找出（單一的）科學方法。既然沒有單一科學方法，就不能再說因為科學使用了科學方法所以預設我們要相信它。更何況科學的成果並非永恆的，儘管一些重要科學家並不認同[88]，但科學史上的經驗證據顯示科學真實是會改變的。我們該如何判斷一項科學研究好不好？相信或懷疑科學，有所根據嗎？

不再膠著：社會知識論

　　儘管受到科學活動研究的挑戰，還是有很多人企圖挽救科學理性。在我看來這些嘗試中最成功的，來自一個大多數科學家意想不到的方向：女性主義。

　　一九六〇年代以來，女性主義者一直在問：科學普遍拒絕人口中一半的成員成為其參與者，還能稱作客觀嗎？有那麼多科學理論明顯帶有社會偏見，怎麼能說是公正無私呢？這裡說的不只是性別偏見，也包含種族、階級、族群。這些問題不必然帶有敵意，很多是由女性科學家提出的，她們對自然與人類世界深感興趣,而且相信透過科學的力量與價值,能夠探詢並解釋這個世界。

研究科學知識的社會學家強調科學是社會活動,很多人認為這麼說會削弱科學的客觀性(不管這是好是壞)。許多科學家認為「社會」是個人、主觀、非理性、武斷甚至強制的同義詞,也有一些哲學家同意於此。如果科學家(大部分是歐洲或北美男性)得到的結論是由社會建構出來的,那他們就不比社會上其他群體更接近真理,起碼有一些科學活動研究的著作是這樣暗示的。

然而哈定和蘭吉諾等女性主義科學哲學家扭轉了這個論述,她們指出,可以把客觀性重新想像成一種透過集體來達成的社會**成就**。[89] 哈定使用了立場**知識論**(standpoint epistemology)的概念,也就是說我們看待事物的方法深受社會處境影響(白話來講,我們的立場決定我們的觀點),她藉此論述為何多元化能使科學變得更強大。無論是富裕或貧窮、幸運或弱勢、男性或女性、異性戀或酷兒、身心障礙或健全,個人的經驗都在在影響著我們對世界的觀點與詮釋,因此在其他條件不變的情況下,群體愈多元,就能針對一個議題產出愈多不同的觀點。[90]

哈定一九八六年的著作《女性主義裡的科學問題》深具開創性,書中論證說,大多數科學社群所達成的客觀性是弱的,原因是這些社群同質性太高了。女性、有色人種、勞動階級和其他許多群體的觀點付之闕如,結果造成過去許多科學理論中出現顯而易見的性別歧視、種族歧視和階級偏見。可能還有其他更難察覺到的偏見存在。哈定主張我們應該採取一種稱為**強客觀性**的方法：承認每個人的信念、價值觀和生活經驗都會影響科學（或其他）工作，因此發展客觀知識最好的方法，就是讓追求知識的社群變得多元。客觀性並非全有全無，一個社群可以比較客觀一點或比較不客觀一點，而異質性的科學社群比較有機會達成較高的客觀性。[91]

　　哈定和費耶阿本一樣傾向刻意挑釁，她把牛頓的《自然哲學的數學原理》比做強暴手冊，這讓她受到許多右派批評。[92] 科學家也批評她，像是格羅斯和李維，他們沒有理解到哈定的中心論點，是科學可以透過海納百川而變得更強壯。女性主義哲學家蘭吉諾以圓滑但同樣有力的方式論述這點。

　　科學**會**自我修正，這是一個常見的科學假定，蘭吉諾把它轉化為一個重要的知識問題：科學是**怎麼做到**自我修正的？畢竟科學會糾正自己，這話有點令人難以置信，好像是用知識論變了個魔術。蘭吉諾指出，並不是**科學會糾正自己**，而是**科學家會糾正彼此**，這是一個「轉化型質問」的社會過程：科學家透過挑戰、質問、修正、改善，在不同的想法之間做出取捨，整合眾人的研究，互相評論，為合理的知識成長做出貢獻。她這樣寫道：

　　在此架構下，一個人的客觀來自他在集團中與別人交流,進行批判性的討論,而非來自他在進行觀察時秉持某些特質(像公正無私、務實堅忍)。這樣我們就能理解,一個科學社群的客觀性如何,是由他們轉化型質問的深度與廣度決定的。[93]

個別科學家不免會把偏見、價值和背景假定帶入研究中,蘭吉諾鼓勵我們接受這點(而不用視之為科學的硬傷)。伯納曾經說過,當科學家走進實驗室,她沒辦法把個人的價值觀、偏好、假設和動機像大衣一樣脫下來掛在牆上。不過在多元化的社群中,主觀因素可以(而且很有機會)彼此挑戰,如果主觀因素錯誤地被拿來當作證據推理和理論選擇的依據,那選出的證據或理論也會受到挑戰。[95]

蘭吉諾對轉化型質問的描寫,解決了科學客觀性的問題。儘管科學家不是客觀的,科學做為一個整體還是可以達到客觀:

如果科學探究的目的是提供知識,而非提出一些隨便的意見,那麼一定要有一種方法能把主觀偏好的影響降到最低,並控制背景假定在其中扮演的角色。客觀性的社會面解決了這個問題。只有用個體主義的概念理解科學方法和科學知識,背景假定才會影響到證據推理,然後演變成失控的相對主義……價值觀與客觀並非不相容,相反地,客觀性是在群體活動中出現的功能，而非個別研究者抱持的態度。[96]

這個觀點強化了哈定對客觀性的看法：客觀並非全有全無，而是要看程度。社群組成愈多元、開放，或是運作方式愈能支持自由開放的辯論，就愈容易達到客觀，個人的偏見和背景假定也愈容易被社群揭露。換句話說，客觀性在以下情況中可以最大化：有大家都認可的健全管道可以讓批評發聲，例如同儕審查；社群夠開放、不要有戒心、能回應批評；社群夠多元，廣博的異見觀點可以得到發展、傾聽、認真考慮。以前科學家幾乎全是白人男性，他們提出有關女性與非裔美國人的理論會考量不周，有些甚至極為惡劣，從以上觀點看來實在不意外。而早期這些理論中邏輯和證據上的瑕疵，很多是由女性或有色人種指出的（詳見第二章），也就言之成理了。[97]

關鍵在於，假定往往「不被認為是假定」[98]，它們深植人心，很難辨識出是假定，同質性的群體尤其如此。蘭吉諾繼續寫道：

例如，社群成員全都擁有相同的背景假定，使他們無法得到批評，但卻無從察覺。直到有個沒有抱持著相同假定的人出現，不根據這些假定而對現象提出另一種解釋，假定才會被察覺。像是愛因斯坦能

> 夠對邁克生－莫雷干涉儀實驗提出不同的解釋（因
> 為他沒有和其他人一樣，假設光速會改變）……這
> 些例子在在顯示，一個社群中能涵納愈多不同觀
> 點，它在科學實驗上就能愈客觀……也因此跟其他
> 群體比起來……它對大自然運作方式的描述和解釋
> 會更可靠。[99]

　　轉化型質問賦予我們能力，去判斷某個背景假定在特定
脈絡下是否恰當或有用。多元化的社群比較有可能讓這件事
發生，原因很簡單，就是多元化的社群會有比較多樣的背景
假定。多元化無法解決所有知識問題，但在其他條件不變的
情況下，多樣且能擁抱批評的社群，比起同質性高且自我感
覺良好的群體，更有機會偵察到錯誤並改正。[100]

　　女性主義知識論者堅決否認社會面向會讓科學變得主
觀。另一方面我們可以看到，科學活動研究聚焦科學的社會
面，讓某些科學家十分反感；有些科學活動研究學者以為可
以透過強調社會面來揭穿科學的真面目，他們對此也很不
爽。過去認為科學的客觀是透過指出偏見來源和提出補救措
施來達成的，女性主義則把客觀歸功於科學的社會性質，這
是一種更加有力的論述。我們看到科學家格羅斯和李維在一
九九〇年代的《高級迷信：學術左派及其與科學的爭論》一
書中，氣急敗壞指控女性主義者反科學，但哈定和蘭吉諾都
沒有反科學[101]，她們都在討論如何讓科學進步、變得更堅

實。格羅斯和李維想要為科學辯護，大可借用女性主義科學哲學的觀點，可惜他們自尊心太強了。

在多元化中誕生的知識力量

　　女性主義科學哲學說明科學活動中的社會面向並不會使科學變得主觀，但如此一來我們的想法就變成：科學基本上是**共識**，這的確會讓一些人感到不安。蘭吉諾總結：「以客觀方法為基礎接納一個理論或假設，不代表我們因此就能說它是真的，只能說它反映了科學社群透過批判達成的共識，而且我們可能不能期待更多了。」[102] 我同意蘭吉諾，但接下來呢？

　　這裡做個小結。研究科學的歷史學家、哲學家、社會學家和人類學家現在普遍都同意：沒有（單一）科學方法存在；科學實際上是由一群人一起完成的；科學家是根據證據做出某項決定，但社會因素也會影響；而且科學家會使用很多種不同的方法。剩下一個問題：如果科學家只是一群人在做他們的工作，就像水電工和護理師；如果科學理論會出錯、會改變，那相信科學的基礎何在？

　　我認為答案有兩個：一、科學長期在探索這個世界；二、科學活動是社會活動。

　　第一點十分重要，但很容易忽略：自然科學家研究自然世界，社會科學家研究人類世界，這就是他們做的事。想想以下類似的問題：為什麼相信水電工？為什麼相信牙醫和護理師？答案是我們相信水電工會把水電工程做好，因為她受過訓練、有執照。我們**不會**相信水電工可以做護理工作，或是護理師可以來修水電。水電工當然可能犯錯，所以我們透過朋友介紹，來找信譽良好的水電工。記錄不良的水電工自然會找不到工作。專業分工的意思就是相信專家，因為他們受過相關訓練而我們沒有。少了對專業的信任，社會就會停擺。科學家是我們委派來研究世界的專家[103]，如果我們想要相信某些人對世界的解釋，那最好是相信科學家。

這與信仰不同。如同我們會（或者說應該要）檢視水電工過去的工作成果，我們也應該檢視科學家。如果一位科學家有一連串犯錯、輕忽或誇大的記錄，我們可以據此懷疑他的主張（或至少在評價其研究時，將此資訊記在心上）。如果科學家的經費直接或間接來自利益團體，便應該比其他科學家受到更嚴格的檢視。（例如期刊編輯可以把他們的論文交付更多人審查，或審查者要更注意研究設計，看有哪些地方可能受研究者潛意識中的偏見影響。）[104]

有不合格的水電工，當然也會有愚鈍、腐敗、貪汙或無能的科學家。但想想看，水電這項**專業**存在，就是因為大部分水電工都能完成我們麻煩他們的事，而且通常都做得像模像樣。看看科學過去的成績，有許許多多漂亮的記錄，科學成功做到解釋及預測，也成為許多行動與創新的基礎。我們的世界充滿醫學與科技，人類利用科學中的概念來理解世界，完成了好多事情。（前面已經提到，成功並不意味著相關理論一定正確，但確實代表科學家某方面做對了。）我所討論的幾個不同領域，哲學、歷史、社會學、人類學，都對科學深感興趣，原因之一或許就是它**成功**，在文化上和知識論上都是。而本書之所以要提出這一系列問題，部分原因正是有人開始質疑科學能否在知識上被視為堅實的權威，而科學在文化上的影響力前景也不太明朗。

科學家是我們社會中專門研究世界的人，這個想法提醒著科學家他們的工作最看重實證（empirical）*，他們對自然與社會的探索，需以實證為基礎來得出結論。正如我在其他演講上強調的，科學家不只需要解釋他們知道什麼，還要解釋他們是如何知道的。[105] 專業這個觀念也隱含著分工的概念，也就是專業有其範圍。這提醒我們，科學家必須所克制、尊重他們專業以外的領域，這點十分重要。

然而，光憑科學的基礎是實證證據這一點，還不能解釋何謂科學結論，因此也不足以讓我們建立對科學的信任。科

＊ 譯注：在哲學中，「實證主義」用來翻譯 positivism；在其他領域中，「實證」常用來翻譯 empirical，指的是以經驗、觀察、實驗為依據，與哲學中的實證主義略有不同，可參考本章前段說明。本章前段討論科學哲學，因此翻譯上皆以「實證主義」翻譯 positivism、「經驗主義」翻譯 empiricism。此處開始為求達意，有些地方用「實證」或「證據」來翻譯 empirical，後續章節亦同。

學研究具有社會的一面，而這會影響一個想法受到檢驗的過程，此點我們必須謹記在心並加以說明。在此我要重申，科學活動研究中的「社會」一詞冒犯了一些科學家，但這是誤解。有太多我們心目中的所謂的「科學」活動，其實都算是社會慣例或常規，目的是要確保（起碼要促進）審查和修改的過程健全，可以引導出值得信賴的實證結果。[106] 這裡要再次引用蘭吉諾的話：「強調社會認可並非理性的墮落，而是表現理性的一種手段。」[107]

同儕審查是其中一種做法，透過同儕審查，科學主張得到批判質問（這也是為什麼我的研究強調要透過分析同儕審查文獻來分析科學共識，而不是透過大眾傳播或社群媒體。本書內文也都交付同儕審查。）這不只包括把論文提交給學術期刊的正式審查，也包含在一些非正式活動中得到的判斷和評估，像是科學家在研究進行階段於研討會和工作坊交流初步成果，或是把論文投稿到期刊之前先詢問同事的意見。在引用或推廣已經發表的科學主張時，科學家也會不斷評估它們。[108]

另一個例子是終身職。我們審查學者的研究，判斷他們是否夠格加入該領域的學者社群，也就是被認可為專家。得到終身職就像得到學術世界的執照。這些做法之所以關鍵，是因它們具有社會和制度的性質，因此沒有任何一個人的判斷或意見擁有壓倒性的優勢，個人的價值偏好與偏見也就無法控制全局。當然，任何社群中都會有比較強勢的人或團體，但透過集體質問的方法，較弱勢的聲音也能被聽到。透過此種社會過程得到的科學結論，最不可能帶有派系或個人色彩。[109] 社會性質是科學達成客觀性的基礎，也是我們應該信任科學的原因。

近年來，科學界的運作默默採納了這種想法，尤其是一些容易起爭議的領域。美國國家科學院試著讓負責審查計畫的小組成員多元化且能夠提出不同的觀點，學者把這稱為「平衡偏誤」。[110] 聯合國政府間氣候變遷專門委員會是目前世界上最大的科學家集會之一，他們特別強調其報告的作者群中要有來自不同背景的人，追求地緣、國籍、種族和性別上的多元化。追求多元化的動機可能有部分是政治考量，不過愈來愈多團體採納包容性的做法，表示科學社群已開始認識到多元化有益於追求知識。

附加說明

我的論點需要幾個但書。最重要的一點是，透過多元化和批判質問來達到客觀性是一個理想，並不保證會實現，因此也不能保證科學家在任何情況下都是正確的。我想要論證的是，有這樣的做法存在，如果照著做，這個機制就能幫助我們辨識並矯正錯誤、偏見及缺失。從某方面來說，這裡談的是機率：如果科學家遵守這些做法和程序，科學不出錯的機率就會變高。此外，科學社群是否多元、是否對批評保持開放，也會影響到社群之外的人對科學主張的判斷。如果有證據顯示社群並不開放，是由小集團或幾個特別積極的人主導的，或者我們看到有證據顯示（而不只是有人聲稱）某些聲音被壓制了，懷疑論就有了正當性。這部分每個案例都需要獨立討論。

近日一個有趣的例子是「延伸演化綜論」，它挑戰了遺傳學首重基因控制的觀點，呼籲要多討論發展可塑性、有機體對環境的改變（包括打造生態棲位）、表觀遺傳學和社會學習。[111] 演化生物學社群中的「保守派」並不買單，認為目前的演化綜論已然足夠，不需要延伸。[112] 一連串的辯論有時演變成人身攻擊[113]，讓一些延伸演化綜論的支持者十分挫折。如果熟悉歷史上重大的科學辯論，會知道一個新觀念如果撼動了過去的科學成就，或是影響到其擁護者的社會地位，它確實很可能會被排拒，情況有時還會愈演愈烈。[114] 如果一生的事業受到質疑，人自然很容易失去耐心，沒有人喜歡被別人糾正。這時候要問的是：支持延伸演化綜論的學者有沒有機會在重要期刊上發表意見、得到研究資金？答案是肯定的。儘管有許多人十分氣憤，演化生物學社群做為一個整體，還是證明了他們對新觀念保持開放，可以接受舊觀念被批判質問。

第二點要強調，我的論點絕非要大家盲從、全面信任，更不是要大家盲目跟隨科學家對非科學事務的意見。我呼籲的是對科學社群達成共識的結論**知情**（informed）信任，但不一定要相信個別科學家的觀點或意見，尤其是在討論主題遠離他們專業領域的時候。過去有許多科學家對他們專業之外的領域發表意見，說實在記錄並不好看，想想物理數學家馮紐曼在一九五〇年代說，幾十年後核能就會像空氣般免費；物理學家蕭克力認為非裔美國人在基因上遜於白人，必須編列預算讓他們「自願」接受節育手術[115]；馮布朗認為二〇〇〇年之前就會出現第一個在月球出生的人類小孩。[116] 物質科學家通常對科技非常有信心，在美國尤其如此，他們傾向誇大新科技的發展速度和科技改善我們生活的幅度。過去物質科學家和生命科學家對社會和種族議題表現出的遲鈍實在令人生氣，二十世紀早期的生物學家普遍支持優生學計畫，儘管事後看來優生學在科學上大錯特錯，道德上也令人髮指（見第二章）。在專業領域之外，科學家懂的不比一般人多，實際上可能更少，因為他們把大量時間花在接受一個領域的訓練，可能因此對專業之外的事務了解不足。[117]

　　更何況，說科學家是特定領域的專家，並不代表這個領域就是排他的。很多科學界以外的一般人，像是農夫、漁夫、助產士和病人，都是特定領域的專家。[118] 病人對疾病病程或藥物副作用可能有很深的了解，助產士可能和產科醫生一樣能辨識懷孕過程的問題，甚至更敏銳。早在英國抵達印度之前，當地人就已經掌握大量科學知識，英國人把這些稱作「自然歷史」（當地人恐怕不會這麼講）。[119]

　　有非常多文獻記載了原住民的知識，很多一般人或專家

88

十分熟稔在地的植物、動物、地理、氣候，還有其他自然環境與社群的方方面面。我們到了近幾十年才開始比較完整地去了解到，在傳統上所謂的「西方科學」之外，其他社會也發展出了自己的經驗知識系統，人類學家古納吐雷稱之為「文明知識」。這些知識系統包含了非常成熟的專業，有些還很實用。[120] 例如對一些西方醫學很難處理的疾病或症狀，中藥、針灸、阿育吠陀就可以治療。[121] 發展出這些傳統的地區把文明知識視為權威，是因為看到了一連串成功的記錄，而有時候它的功效也會超越地區，被世界上其他人看到（例如針灸）。此外，對文明知識的研究突顯出西方科學背後內建了某些價值觀，但是科學家往往很難察覺，甚至會否認它們存在。[122]

有些民間的知識傳統也是建立在長期對世界的觀察和分析，例如狩獵採集社會往往能清楚掌握植物分布和動物遷徙。人類學家史考特證實了克里一地的狩獵傳統高度仰賴經驗證據，認為應該視之為科學。[123] 民間知識與科學知識若有重疊，我們不該假設後者一定優於前者。[124] 例如我們知道玻里尼西亞的航海者擅長在太平洋上遠洋航行，技術遠比同時代的歐洲人好，直到十八世紀末虎克船長時才被超越。[125]

這裡必須強調一個區別：尊重那些已經證實以經驗為本且在臨床上有效的原住民、民間和「東方」知識，完全不同於與接受無知、錯誤或為了特定目的而刻意向大眾散布的假訊息。一位演員聲稱疫苗會造成自閉症，或石油產業經理人宣稱最新研究發現氣候變遷是太陽黑子造成的，這些都不是發展成熟的知識傳統，講這些話的人並不是受到認可的專家。演員不是免疫學家，石化工業執行長不是氣候科學家。而且像是這兩個例子，已經有很多實證證據顯示他們是錯的。過去科學家有討論過氣候變遷可能是由太陽黑子引起的，但這個說法已經被淘汰了，有證據證明它是錯的。[126] 打過疫苗的兒童出現自閉症的機率並沒有比較高。[127] 尊重不同的知識傳統不代表放棄判斷，這些傳統和我們都是有判斷能力的。

　　分辨一個議題是科學問題還是現代社會的常規問題也很重要。不可否認，許多科學領域會與政治、經濟、倫理交互影響，它們的關係盤根錯節，不容易釐清；有些學者認為根本不可能分開來談。[128] 但是我認為，即使很難做得完全，我們還是可以分辨許多問題中的科學和社會常規面向，而且應該這麼做。人為氣候變遷是否正在發生，和我們該怎麼應對，是兩個不同的問題。我可能不想打疫苗，但和自閉症的流言毫無關係。[129] 區分這點很重要，因為當我了解到一些美國公民拒打疫苗是基於宗教因素，我不需要接受疫苗會導致自閉症的謬論，也能夠尊重這些想法，並根據我自身的宗教觀點決定要不要加入他們。同樣地，我可以尊重有些人對醫藥有不良反應的事實，也知道醫源性疾病真實存在，但我不需要接受愛滋病是由 AZT 藥物引起而非病毒引起的這種錯誤說法。[130] 教宗方濟各抵制基因改造生物，認為那是不恰當地干涉了上帝的事務，天主教徒可能會跟隨他的觀點，但這與科學證據顯示基改食品安全與否並無關連。[131] 區分科學事務和社會事務很重要，因為這確實會影響到我們的選擇，也因為這能幫助我們判斷哪些論點能說服聽眾、哪些論點沒有講到聽眾真正關心的事情而註定要失敗。

孔德當年論證科學的成功來自經驗和觀察，如今我們知道這不是全部，然而這項論證還是提醒著我們，**對科學本身**的經驗和觀察（而非對真實的經驗和觀察）實際上就是**我們**相信科學的基礎。孔德當年是這樣說的：如同我們只能透過觀察來了解自然世界，我們也只能透過觀察來了解社會。我們觀察科學家，看到他們發展出許多檢驗知識的手法，他們從理論中找出問題，進行實驗，試著修正理論。這種做法有時候會導致錯誤的結果，但足夠的經驗證據顯示它有能力偵察到錯誤與不足。這種做法能刺激科學家重新檢視想法，並根據證據去改變，這正是所謂的科學進步。

尾聲：為何不相信石化產業？

現在我們能夠回答本章一開始提出的問題了：為什麼我們可以預設在氣候變遷問題上，氣候科學家的結論會比石化工業更具有權威？菸草產業之於癌症和心臟病、可口可樂之於糖尿病與肥胖，也有同樣的問題。[132]

答案很簡單：利益衝突。石化產業的存在目的就是要探勘、尋找、發展和銷售石油資源，盈利並回饋股東。這些活動十分仰賴科學和工程，公司的科學家和業務主管在沉積地質學、地球物理、石油和化學工程等領域十分專精，也精通銷售與市場。但近代科學家發現人為造成氣候變遷的問題很嚴峻，並指出燃燒化石燃料產生的溫室氣體造成的影響，這對石化產業而言不只是收益會受到影響，而是從根本上威脅到他們的存在。大家都知道化石燃料產業正在掙扎求存。產業中的特定人士不但不相信他們需要改變，還反過來扭曲指出他們需要改變的科學證據。[133] 想了解要怎麼提煉石油與天然氣，埃克森美孚是可靠的資料來源，但若想了解氣候變遷，他們就極不可信，因為前者是他們的業務，而後者對他們有所威脅。[134]

　　菸草產業也一樣，數十年來拒絕接受菸草產品會致癌、引發心臟疾病、支氣管炎、肺氣腫，還是嬰兒猝死症等許多嚴重病症及致死疾病的主因。他們挑戰、質疑、打壓已知的資訊，他們付錢給科學家，去做一些從其他方面看起來很合理的研究，但目的是藉此分散注意力，使大家不要注意吸菸的危害。殺蟲劑等化學物質會導致內分泌混亂，而化工廠也幹了許多類似的事情。近年來我們發現有些食品加工業者也用了同樣的策略。[135] 菸草、加工食品、化工產業在討論其產品於安全、效果、健康等方面的科學研究結果時，勢必要面對利益衝突。想要讓一個科學主張確實且值得信賴，最重要的是要有公開、具批判力且能讓眾人共同檢驗的證據，但這並非產業努力的方向,因此我們預設立場不要相信他們,是有道理的。

　　這並不是說所有在利益衝突產業中做研究,或經費來自這些產業的科學家和團隊都一定有問題。企業聘僱的科學家也可以參與科學事業,從事研究、在同儕審查的期刊上投稿和發表。這樣的例子很多,特別是二十世紀早期,很多公司都有大型產業研究實驗室。(我在這裡開誠布公:我的博士研究是由一家採礦公司資助的,進入研究所前我在這家公司工作,這項資訊在我相關的發表中都有聲明。)

　　當產業資助的科學家參加研討會、在同儕審查的期刊上發表論文時,他們是科學社群的一部分,遵照社群的規範來行事,他們的經歷和研究成果都可以得到仔細檢驗。只要有好好執行批判性質問,利益衝突也有坦誠公開、在必要之處加以說明,這些科學家也可以很有貢獻。[136]

　　然而眾所周知,營利目標與仔細檢驗知識性主張的目標可能彼此衝突。歷史上很多企業做出了很棒的研究,但我們也知道這些研究可能隨著企業贊助者的想法搖擺,這些事外人都看在眼裡。美國商業與工業界中優秀的研究者輩出,但業界也製造了假訊息和錯誤詮釋,企圖分散民眾的注意力。業界的科學研究拿過諾貝爾獎,但也受過壓制與扭曲。更不用說有大量產業研究是**設計來**分散大眾注意力的,普洛克特、布蘭特、羅斯納、馬可維茲、耐索、康威和我都寫過相關的事。[137] 真實經驗告訴我們,當石化產業在談氣候科學、汽水公司在談營養時，我們理當懷疑。就像當初菸草產業說好彩香菸對健康有益、駱駝牌會幫助消化時，我們早該懷疑。[138]

歷史上有很多美國企業做的科學研究目的是要轉移注意力、混淆和誤導大眾，他們有時成功有時失敗，讓我們了解到一種更惡毒的產業策略：販賣懷疑。這些人宣稱自己體現了科學精神，實際上卻提出一些懷疑論的問題，還說是**科學家**固執己見。這種做法對知識造成很大的傷害，它把科學的力量轉為弱點，把這些企圖削弱科學的行為講成科學的動機。更糟糕的是，科學家本來應該接納合理的批評，但當他們蒙受無理攻擊，可能會出現防備心，變得比較不開放。在這點上販賣懷疑造成了雙重傷害，不但損害了大眾對科學的信任，還可能傷害科學本身。

批判性質問的過程需要大家的信賴才能進行，參與者都想要學習，對真理有共同愛好。這預設了參與者不會為了利益衝突而在知識上讓步。當人們把懷疑的態度拿來削弱和質疑科學，而非修正和強化科學，這個假設就不成立了，整個科學過程也沒辦法進行下去。[139] 原本應該擁抱批評的科學家可能因此拒絕批評，畢竟面對不正直的行為，要保持開放精神實在很難。批評科學的人有時自稱在強化科學，但實際上是在破壞科學。

以上種種原因，使得檢驗科學主張的方法不見得能妥善執行。在接下來的章節中，我要討論歷史上的幾個例子，現在看來當時的科學家是走上歧路了。我們可以從中學到一些教訓，知道在什麼時候不該相信科學。但在這裡我想強調的是，科學研究的過程大致上是值得我們信任的，原因是科學探究具有社會的性質，可以透過集體批判來衡量知識性主張。我們預設要接受科學家所做的科學分析，這麼做是合情合理的，以上就是原因。

第二章
當科學誤入歧途

　　如果你用 Google 搜尋「地球有多老？」，第一個答案會是 45 億 4300 萬年，這個科學數字是對小行星和月球物質做放射性定年得到的，已經被廣泛接納，美國國家航空暨太空總署、美國地質調查所和大英百科全書的網頁上都寫得很清楚。這個數字存在大約半個世紀，多數受過教育的美國人都相信這是事實，主流地球科學教授和教師都是這樣教，也可以在任一本大學地球科學教科書中找到。然而如果繼續往下滑，你也會看到：

　　地球有多老？── creation.com
　　creation.com/how-old-is-the-earth 國際創造論事工

　　國際創造論事工給的答案是：大約 6000 年。這個答案根據聖經釋義而來。如果要用知識的起源有多古老來判斷它的可信度，這個主張可說是比廣泛接納的科學主張更加穩定持久，它從十七世紀中就已經存在了。另一方面，如果權威的定義是能夠打敗其他競爭的主張，那麼科學數字顯然大獲全勝。不只是地球年齡這個問題，關於氣候變遷、疫苗安全、板塊構造理論能否準確解釋全球構造、在飲用水中加氟能否預防蛀牙……當我們尋找這些問題的答案時，都會發現有一堆不同的主張相互競爭，爭取我們的注意力。

有些主張完全不科學，也就是說不是建立在可檢驗的證據之上；有些主張則是被證據證實錯誤。但這些主張一直存在。就像很多人已經認知到的，事實是如此脆弱，無論科學事實或社會事實都一樣，牛津英語詞典二〇一六年的年度字彙就是「後真相」（post-truth）[1]，加拿大喜劇演員寇伯特埋怨，這不過是把他早就提過的「真實感」（truthiness）換一種說法。[2]

有些宗教信徒傾向懷疑科學發現，這不是新聞，也已經有許多研究探討這個現象。從達爾文到道金斯的科學理論，都有人出於宗教原因而反對，學者詳盡描述了這些現象，並試著提出解釋。不過反對科學的原因很多，並不只有神學，人們會出於很多考量而拒絕相信科學結論。當然，一個想法即使不被科學社群之外的人接受，也不妨礙它發展成為科學。但從另一方面來說，「後真相」世界形成，正代表著科學探究的基礎假定已然受到質疑，包括科學能否產出客觀、值得信賴的知識。

有些學者主張，科學知識是科學家和社會的共同產物，如果是這樣的話真實感就很正常。抱持這種想法最知名的是拉圖和賈瑟諾夫 [3]，在他們看來，科學家和社會都在向這個共同產生的主張靠攏，而這正是一項主張能穩定存在的原因，而不是因為它關於經驗真實，更不是因為它得到證據支持。在科學和社會趨於一致之前，爭議不可避免，而且不只是價值觀的爭議，事實也一樣有爭議。

實際上情況好像是這樣沒錯，然而共同產物的概念不禁讓人想問什麼叫科學主張？一項關於事實的主張和其他類型的主張有所不同，我們應該對它另眼相看嗎？我們不得不問，如果科學家已經確認了一個想法，但社會其他成員反對它，此時拒絕相信是否合理？（起碼要保持懷疑吧？）共同產物的理論讓我們不禁要問，由科學專業人士提出的科學想法是否值得信賴？[4]

拉圖聲稱，科學主張是對自然世界的一種**表演**，科學家成功「展演了我們生活的世界。」[5]他（應該）是在說，科學家實實在在成為了社會權威，大多數人都認為他們是專攻「事實」的社會領袖 [6]（他們表演，我們鼓掌）。他又（似乎有些懊惱地）指出，自然科學家「比較能幹，成功展演了我們所生活的這個世界，比（社會科學家）解構世界做得好。」[7]但不管是不是表演，他可能把自然科學想得太成功了，很多美國人至今還是質疑現代科學中的重要主張。（在此只討論美國，但類似的事情也發生在其他國家，像是非洲某些地方的人質疑人類免疫缺陷病毒與愛滋病的關係。）

　　如果根據文化權威來定義成功，科學的成功顯然並不完全，甚至搖搖欲墜。很多美國公民，包括現任總統＊與副總統，都懷疑許多科學結論，甚至積極提出挑戰，包括疫苗、演化、氣候變遷，甚至是菸草的危害。這些挑戰不能以「對科學無知」草草帶過，研究顯示在美國，民主黨支持者和中間選民中，教育程度高的人比較接受科學主張；但共和黨的支持者卻相反，教育程度愈高的共和黨人，愈傾向質疑或反對關於人為氣候變遷的科學主張。這顯然並非缺乏知識的問題，而是出於意識形態、考量自身利益，以及有其他信念在競爭導致。[8]

　　而且我們從第一章中可以發現，問題比這些來得都更深刻，超越我們的政治現況及種種文化條件。就算我們接受當代科學主張為真或很可能為真，歷史卻顯示轉化型質問的過程有時會推翻已經發展成熟的主張。詹姆斯在超過一個世紀前就論述過，經驗「可能爆發，促使我們改正當前的理解。」[9]他巧妙地指出，「我們所說的『絕對』真實，是一個存在於理想中的消失點，我們想像所有現在暫時相信的真實都在朝它前進，假以時日將會收斂到這個點上，然後永遠不會再受到其他經驗扭轉……與此同時，我們憑藉著目前能得知的真實而活，隨時準備好明天它就會變成錯的。」[10]這

＊　譯注：本書原文出版於二〇一九年，此指川普。

一點上他與波柏一致，認為所有科學知識都是暫時的。

　　主張並非隨意就能翻轉，它關係到經驗與觀察。但如果知道主張在未來可能會被翻轉，為何我們應該接受任何當代的主張？有人可能會說，不完整甚至不正確的科學知識還是有用的，它們在某些用途上很可靠。托勒密體系天文學精準預測了日月食，而航空工程師在還沒搞清楚升力的理論前，就已經讓飛機升天了。[11] 科學知識可能不全面或不完整，舊理論可能被新理論取代，這當然不能當作全盤拒絕科學的理由，反而可以看作是科學進展的證據，尤其是事後我們可以回頭檢視舊理論，了解它們為何會有效。（牛頓力學在物體移動速度沒有非常快的情況下仍然成立。）但如果知識會全面翻轉，如果後來我們認為某些過去的主張全是錯的，那就必須問，我們在做決策時，能否相信現行的科學知識？[12]

　　氣候變遷懷疑論者有時會提出這種觀點，在關於氣候科學的公開演講上曾有人問我：「科學家老是出錯，我們為何要在氣候變遷議題上相信他們？」但很少人能明確指出科學家哪裡錯了。如果我問提問者，他所謂的科學家老是出錯有沒有具體指哪些事情？通常都得不到明確答案，有的話大部分都是說營養師的建議反覆無常。近年來營養資訊一直在變化，營養學也被視為糟糕的科學，背後原因很多，包括新的發現還沒有得到確認就先被媒體報導、訓練不良的科學家誤用統計、樣本數太小的問題、飲食習慣的對照研究很難執行（參考本書克勞斯尼克的討論），以及食品公司資助其他研究，企圖讓大眾不要注意糖和油對健康更有害。[13]（當產業明確期待科學研究要產出特定結果時，由他們資助科學研究可能會帶來負面效果，我在其他文章中論述過這點。[14]）營養科學可能算不上典型科學，就算它是，混亂源頭也已經找到了，而且有解決的方法。儘管如此，這些懷疑論者提出的挑戰在知識論上還是有其道理：如果科學家有時候會搞錯（這是當然），我們要怎麼知道他們現在是對的？我們可以相信知識的現狀嗎？

在本章中，我先放下科學家腐敗、媒體報導不實、統計訓練不夠充分等問題，轉而討論我認為更棘手，當然也更有挑戰性的知識論問題。科學本身就是會出錯，科學史上有很多科學家自以為得到結論、後來卻被推翻的例子，而且許多都和宗教無關，也和公開的政治壓力或貪汙腐敗無關。[15]這是指引我研究生涯的一個核心問題：如果我們知道科學主張在未來可能被推翻，要怎麼評斷它們所聲稱的真實？

在其他書中，我把這個問題稱為科學真實的不穩定性[16]；一九八〇年代，哲學家勞丹稱之為對科學史的悲觀後歸納論證。[17]他（和很多人一樣）發現許多曾經出現在科學史上的科學「真實」，後來被視為錯誤觀念。相對地，過去被拒絕的想法有時候會從知識的垃圾桶中被撿回來，清洗刷亮，重新進入令人景仰的科學殿堂。我的第一本書討論的是大陸漂移理論如何復興、如何被併入板塊構造理論中，就是這樣一個例子。[18]我在一九九九年寫這本書時，這樣描寫這場復興：「歷史充斥著已經揚棄的舊日信念，而今日由許多死而復生的知識構成。」看到有那麼多過去的科學知識如今已經湮滅，我們該如何評斷當代的科學主張是合理的，甚至相信它們會長久存在？[19] 就算有些科學事實最終能挺過時間的考驗，現在也沒辦法知道是哪一些。我們就是不清楚當下所認定的真實中有哪些會留下、哪些會淘汰。[20] 既然如此，仰賴當前的知識來做決定是合理的嗎？特別是有時候牽涉到的議題可能關乎社會或政治，會造成經濟衝擊，或者非常私人。[21]

　　在這一章中，我要討論一些科學家明顯犯錯的例子，我從自己過去的研究、學生的研究，以及三十年的教學生涯中認識了這些歷史例證。我們能從這些案例中學到什麼嗎？它們有什麼共通點？這些例子能否解釋為何預設要相信科學？能否幫助我們知道在什麼情況下應該保持懷疑、暫時不要下判斷、據理要求進行更多研究？

　　我並不認為這些例子具有代表性，只是覺得它們很有意思，且富於教育意義。我舉的例子都來自十九世紀末之後，因為許多科學家不相信更之前的任何研究，認為現在的科學家更聰明、技術更好、同儕審查制度比較完善。[22] 當然，沒有任何一段歷史是相同的，我接下來要討論的每個例子都很複雜，對於科學家為何會採取這些立場，人們可以有很多不同詮釋。這些案例不能說自成一類，但它們都有個相同的關鍵：在每一個案例中，當下就已經有人明確提出警告。

案例一：能量有限理論

　　一八七三年，美國醫師、哈佛大學醫學院教授克拉克主張女性不應該接受高等教育，原因是這會對她們的生殖能力有負面影響。[23] 他講得很具體，指稱高等教育的要求，會造成女性卵巢和子宮萎縮。研究維多利亞時期的學者蕭華特夫婦說，克拉克相信「高等教育使美國女性在生理發展的重要時段過勞，破壞了她們的生育能力。」[24]

　　克拉克說他是透過假設演繹法，由熱力學理論得到這項結論。這裡指的是熱力學第一定律：能量守恆定律。熱力學第一定律在一八五〇年代由克勞修斯發展而來，說明能量可以轉化或轉移，但不能創造或消滅，因此一個封閉系統中可用的能量總量是定值。克拉克由此推論，如果要把能量導向一個器官或生理系統，例如大腦或神經系統，勢必得將能量從他處移出，例如子宮或內分泌系統。克拉克把這個概念稱為「能量有限理論」。[25]

　　很多領域的科學家都受到熱力學啟發，想把熱力學應用在不同方面，克拉克的頭銜讓人以為他想做的是把能量守恆應用在生物或醫學問題上[26]，但並非如此。對克拉克來說，能量有限的問題只會發生在女性身上，影響到女性的能力。他在一八七三年出版《教育體系的性別問題，或說女孩的公平受教權》一書，用第一定律來論述身體所含的能量是有限的，因此「一個器官消耗的能量，必定從其他器官而來。」[27] 但他討論的並非普遍的生物理論，而是針對生殖系統的特殊理論。克拉克（及其他人）相信生殖非常特別，是一個「非凡的任務」，需要「在短時間內耗費力氣」[28]，因此關鍵論點是，女性把能量花在讀書上，會傷害她們的生殖能力。「一個女孩每天最多只能花四小時讀書，可能偶爾五小時」，不然就會造成傷害，而且每過四個禮拜她需要休息，完全不能讀任何書。[29] 根據這個理論，我們可能會推測女性如果花太多時間或精力在其他活動上，例如家務或照顧孩子，也會對生殖系統有同樣的影響，但克拉克醫師沒有追究這些問題，他只考慮高等教育的繁重課業可能帶來什麼影響。

在一八七三年，熱力學還是一門很年輕的科學，克拉克呈現其研究的方式，好似他為這項重要發展提出了令人振奮的應用。很多人讀了他的書，《教育體系的性別問題》出到第十九版，在初版後三十年內總共印了超過 1 萬 2,000 本。當時大眾普遍反對女性接受教育及從事專業工作，歷史學家認為很大一部分是受這本書影響。現代一位評論者認為這本書是「防男女同校之患於未然。」[30]

克拉克的論述主要在討論男女合校：設計給男性的高等教育系統要求嚴苛，女性無法承受。但他也用這種論述來反對女性接受任何嚴謹的智力訓練，不由得讓人想到當時剛成立的女子學院，包括史密斯學院（一八七一年成立）、衛斯理學院（一八七五年成立）、拉德克利夫學院（一八七九年成立）和布林莫爾學院（一八八五年成立）。克拉克和其追隨者強調女性接受高等教育會出問題，除非是特別考量女性「能量有限」而設計的教育。[31] 凱里托馬斯是布林莫爾學院第一任教務長及第二任校長，她回顧學院創立初期：「一開始，我們不知道受教育的壓力是否會影響女性健康。」她表示：「克拉克醫師的《教育體系的性別問題》讓許多人感到悲觀與恐懼」，早期提倡女性受高等教育的活動一直深受其擾。[32]

克拉克的理論也與當時方興未艾的優生學論述息息相關（我們很快會討論到優生學），如同很多十九世紀和二十世紀早期的精英白人男性，克拉克害怕女性不再負責家務，以及白人女性生育率下降，會對既定社會秩序造成災難。他說出許多人的擔憂：「這個種族會由下層階級繼續繁衍」，並敦促讀者讓女性待在家、不要受教育、扶養孩子，「以確保最適者的生存與繁衍」。[33] 這可能是他的作品受到許多男性醫學院同仁擁戴的原因，他們很多人都有同樣的恐懼。其中一位是霍姆斯醫師，他是哈佛大學醫學院院長（其子後來成為美國大法官，在惡名昭彰的巴克訴貝爾案中辯護優生學絕育的合法性。）[34] 霍姆斯公開表示自己「由衷贊同克拉克醫師的觀點」。[35]

克拉克提出七位年輕女性的病例，這些女性追求傳統的男性教育或工作環境，然後出現各種失調情形，從經痛、頭痛到心理疾病都有。他給這些女性開的處方是戒除心理和體力勞動，特別是在經期及經期之後，這也是他給女性的普遍建議。克拉克沒有嘗試測量或量化身體器官之間的能量轉移，也沒有探討能量是如何選擇性地分配到身體的某些特定部位。[36] 相反地，他說他的結論是「由普遍的科學原則（也就是第一定律）加上輔助假定推導而出的結果。」這方面他的做法和當時其他人很像，例如社會達爾文主義試圖把生物學發展出來的理論應用在社會問題上。

如今我們不難看出克拉克的性別偏見和種族焦慮影響了他的理論，但這麼說有時代錯置之嫌。如果我們關心的是該如何識別有問題的科學，而且不是事後諸葛，是要在當下就知道該如何判斷，那就必須討論：當時有沒有人反對？答案是肯定的。十九世紀末的女性主義者一眼就看穿了克拉克的意圖，而他使用的方法並非基於實證證據，這點也很受人抨擊。醫學界最主要批評他的是雅可比醫師，她是哥倫比亞大學醫學院的教授，發表過上百篇醫學論文。

雅可比點出克拉克理論中的性別政治，她寫道，克拉克的作品如此受歡迎，可能「有許多值得探討的原因，但絕非科學事實。大眾不太在意科學，除非科學結論可以影響到道德、宗教或社會爭議。」[37] 她也指出克拉克的證據不足，只有七位女性。我們在第一章已經看到，從理論演繹出結論是一種可接受的科學方法，但只是方法的一部分，演繹出的結論還必須經過測試，以實證證據為依據。雅可比指出，克拉克並沒有掌握多少實證證據。

一八七七年，雅可比發表了自己的研究〈經期女性休養的探討〉。她以 268 位女性為樣本，她們的「健康、教育和專業程度不一」。（她也讓女性自我回報症狀，相對地，克拉克是自行詮釋研究對象的症狀。）雅可比用 34 個表格呈現數據，檢驗了很多變項之間的關聯，例如休息、運動和教育。[38] 她發現 59% 的女性回報在經期中沒有不適，或只有些微或偶爾不適。她指出在生理上，「月經的本質並不會讓女性需要，或甚至想要休息」，尤其是在女性飲食正常的情況下。她詳細引用了關於月經和營養文獻來支持這個結論，也在實驗室中針對營養和月經週期進行實驗。[39] 她的研究獲得哈佛大學博伊爾斯頓醫學獎，但卻沒什麼影響到克拉克和其男性醫學院同事。一九○七年，斯坦利霍爾醫師在其深受歡迎的著作《青少年》中寫道：「至少可以說，還沒證明女性受高等教育不會傷害她們的健康。」[40] 他認為克拉克的理論已經充分發展，是那些宣稱女性也適合高等教育的人應該要負責提出證據。[41]

案例二：拒絕大陸漂移

一九二○和三○年代，美國地球科學家拒絕相信一個主張，但在四十年後接受它為事實。[42] 這個主張是說，大陸並非固定不動，而是會在地球表面上水平移動，此種運動能解釋地質歷史的很多面向，而且大陸在運動時彼此交互影響，可以解釋火山和地震分布等重要地質特徵。這個概念後來稱作大陸漂移，由卓越且備受尊敬的地質學家魏格納提出，他從當時既有的地質文獻中收集了大量的實證證據。

當時科學界雖然還沒接受大陸漂移，但普遍同意既有理論不夠完備，需要其他理論來解釋地質歷史事件。到了一九六〇年代，科學家開始接受大陸會漂移的事實，但因為上述情況（以及一些新得知的事情），有些科學家不好意思承認在不久之前，他們的社群才剛拒絕大陸漂移。於是有些人回應說，大陸漂移在一九二〇年代之所以會被拒絕，是因為缺乏能夠解釋漂移的機制。這個說法看似有理，很多教科書也這樣記載，甚至有些科學史學者和科學哲學家會這樣說[43]，但這是錯的。好幾個可信的機制在當時已經提出，它們都不完美，就跟大部分新提出的理論一樣，但當時科學家已經認真討論過這些機制，也有一些科學家認為機制的問題已經解決了。例如美國地質學家朗威爾，他寫道某個關於地函對流的模型是個「美麗的理論」，能夠「創造新時代」，該模型後來在一九六〇年代被接受為板塊構造理論的一部分。[44]

如果地質學家已經掌握了能夠合理解釋大陸漂移的機制，而且有些後來真的也接受了，那他們當初為何要排斥這個理論？有件事可能反映了真實原因：美國地質學家相對於歐洲或英國的地質學家，對這個理論更加敵視。許多歐陸人士都相信地殼可以水平移動很大的距離，這在瑞士阿爾卑斯山上能清楚看到。一些英國地質學家也謹慎地考慮這個理論，一九五〇和六〇年代，許多英國學校會在普通或進階程度的地質課上教授大陸漂移理論。但在美國就不是這麼回事了，美國地質學家不只排斥這個想法，他們還指控魏格納的研究是**壞**科學。這提供了我們一個難得的機會，探討科學家如何決定什麼是好科學、什麼是壞科學。

在辯論該理論時，很多美國地質學家明確提出方法學上的反對。他們特別反對魏格納採用假設演繹的形式來呈現理論，認為這是一種偏見。他們相信好科學是由歸納得到的，觀察應該走在理論前面，而非相反。約翰霍普金斯大學的古生物學家貝里是這麼說的：

> 我反對魏格納的假說，主要在於作者的方法，在我看來那是不科學的。他先有了個想法，然後選擇與此相符的路徑，選擇性地閱讀文獻，找出能夠支持自己的證據，忽略大部分反對這個想法的事實，最終只能自我陶醉，把主觀想法想成客觀事實。

史丹佛大學地質系主任、美國地震學會主席威利斯覺得這本書「是倡導者寫的，而不是公正客觀的研究者」。約翰霍普金斯大學的地質教授辛格瓦說魏格納「從一開始就想著要證實理論……而非測試理論。」[45] 當代地震學的奠基者李德宣稱對（所有）科學而言，歸納法才是適當的方法。一九二二年，他為魏格納《大陸與大洋的起源》一書的英譯版寫了篇回顧，把大陸漂移說成基於假設演繹推論而失敗的假說之一。

> 很多人嘗試用某種假說來推導地球的樣貌，但他們都失敗了……（大陸漂移）是其中一個例子……科學是透過艱苦地比較各種觀察、仔細歸納而發展，是觀察到現象後退一步思考其成因；而不是先猜一個原因，然後推導出現象。[46]

有些人說，這類評論反映了美國人普遍反對理論，然而美國地質學家並沒有反對理論本身，他們很多人都在各自領域中活躍地參與理論發展。不過他們的確對該如何發展和辯護科學理論有既定的想法，他們相信科學理論應該由歸納來發展，而且不該太過為一個理論辯護。

美國地質學家對自稱舉世通用的理論系統都很懷疑，也懷疑闡述這類觀點的人。一個例子是「水成論」學派，在十八世紀由維爾納發展，認為有一片覆蓋全球的海洋緩慢消退，水中的沉積物逐漸形成地層。[47] 對許多美國地質學家來說，水成論正是那種浮誇、由權威領袖主導的歐洲科學，而美國與此不同。威利斯在一次遊歷歐洲時，見到了法國地圖繪製所的所長泰爾米埃，他的岩幕理論很有名，這個概念是說歐洲的阿爾卑斯山有很大一部分是大陸地殼大幅移動時產

生的巨型皺摺。威利斯哀嘆泰爾米埃是個「**權威**」，法國的
年輕地質學家「不得不接受」他的理論。[48]

　　威利斯評論泰爾米埃的這種論調，解釋了這個案例中一
個看似複雜的問題：科學家應該要是權威，但問題是他們若
流於傲慢與教條，權威就可能演變成知識上的**獨裁**。泰爾米
埃的權威地位可能會讓其他人難以質問他的理論，如此一來
批判性質問的精神被壓抑，就妨礙了科學進展，因為沒有人
能自在地挑戰或修正他的想法。

　　在這裡，美國對歸納方法的偏好，與美國宣揚的多元主
義、平等主義、開放心胸、民主等政治理想連接了起來。他
們相信泰爾米埃的方法是**典型**的歐洲方法，而歐洲科學和歐
洲文化一樣傾向反民主。美國地質學家就此明確地連結起他
們的歸納方法學和美國的民主與文化，聲稱歸納方法比較適
合美國，因為它拒絕給予任何理論特殊的地位，更不用談任
何理論學家。演繹比較符合專制歐洲的思考和行動方法，歸
納則符合民主美國的思考和行動方法，他們的方法學偏好是
基於政治理念。

　　最堅持這種反對權威態度的，是提出「多重可能假設
法」的科學家。此方法由芝加哥大學的地質學家錢柏林廣為
宣傳，明確指示地質田野調查該怎麼進行。根據此方法，
地質學家走進田野的目的不該是為了測試某個假設，而是應
該先觀察，然後透過「一個個概念的稜鏡，折射出多種具解
釋力的選項」來建構解釋。[49] 這意味著發展好多個「可能假

設」，在工作進行時把它們全記在心中。錢柏林比喻這是稱職的家長不會對任何一個孩子偏心，一位好科學家對手上所有可能的假設應該公平公正，就像父親會愛他所有的兒子（錢柏林沒提到女兒）。

這個方法提醒了科學家，在複雜的地質問題中，把現象歸咎於單一原因往往會出錯。很多地質現象是許多過程共同作用的結果，不是非此即彼，而是以上皆是。多重可能假設法幫助地質學家謹記這點。錢伯林認為，十九世紀地質學的好幾場辯論之所以會變得那麼針鋒相對，是因為雙方各持己見，各自堅持一個起因，而沒有想到正確答案可能兩者皆是。[50] 科學家應該是偵探而非宣傳人員，錢伯林用〈探索與宣傳〉這篇論文總結這個概念。[51]

錢伯林設計了芝加哥大學研究所的地質課程，特別注重要把學生訓練得「獨特且獨立，而非僅僅只是跟隨過去一系列思想，得到可以預期的結果。」後面這句話是他為歐洲方法下的註腳。他也警告學生不要輕信英國的經驗主義系統，認為他們「沒有好好掌握和運用理論成果，而是打壓它。」[52]（錢伯林此處主要是在講萊爾公開反對高度抽象化的理論。）多重可能假設法介於武斷的理論和極端的經驗主義者之間，能避免未來科學界再發生嚴重分裂或派系鬥爭。

不要以為他只是說說。當年地質學家的田野調查筆記和課程筆記顯示，多重可能假設法是真的曾經執行過。觀察和詮釋分開討論，通常地質學家會列出他們所想到的好幾個可能詮釋。一個例子是哈佛地質學家戴利，他從很早就開始宣揚大陸漂移說。他的田野筆記顯示他執行了錢柏林的指示，在左頁記錄觀察，並在對頁列出好幾個可能的解釋。閱讀戴利的田野筆記，令人想起霍夫士達特的知名想法：美國人「偏好勤奮工作，認為這比投身包山包海又容易分歧的抽象思考更好，也更實際。」[53] 並不是說美國科學家反對抽象，只是他們想要透過沒有爭議的方法來了解事情。一九四〇年代，當哈佛教授比林斯在教授全球板塊時，他跟學生講了至少十九種造山理論，讓他們自己去思考，而拒絕在課堂上說明他自己偏好哪一個。[54] 在此脈絡下，我們可以理解美國地質學家為何不喜歡魏格納的作品：他把大陸漂移講成像是大一統理論，好像已知證據已經證實了它。對美國人來說這是很糟糕的科學方法，它是演繹而來的，又是個權威，而且違反了多重可能假設法的原則。與這點不謀而合的是，他們也認為歐洲人**渴望**成為權威。[55]

然而美國人在反對武斷這件事上變得太武斷了，他們從**方法學**基礎上拒絕魏格納的理論，卻忽略了**有大量在其他情況下他們會接受的證據**。許多最嚴厲批評魏格納的人都承認這點，耶魯大學地質學家舒克特承認岡瓦納超級大陸是個「必須擺脫」的「事實」。[56]（舒克特的解決方法是提出「陸橋」理論來解釋古生物學證據，但此理論無法解釋為何會出現地層上的對應，而其他人已對此做過詳盡分析。）往後，地質學家將會承認魏格納編列的大量證據其實非常堅實而且正確。

案例三：優生學

　　優生學的歷史遠比我們前面討論的兩個案例更複雜，原因之一是它牽涉到各種身分的參與者，其中很多不是科學家（包括美國總統老羅斯福），而且促成他們參與優生學的價值觀與動機極其多樣。幾乎所有人都同意這段科學史問題重重，但或許是出於上述原因，有些歷史學家並不願意對它下結論。然而拒絕氣候變遷的人士已經擺明了在利用此事，他們說科學家曾經在優生學上犯錯，所以氣候變遷也有可能是錯的。[57] 因此我認為這是個不容忽視的主題，也因為它十分複雜，我會用比前兩個案例更長的篇幅來討論。

　　眾所皆知，二十世紀初許多科學家相信基因控制了很多性狀，這份落落長的表單包含了討人厭的問題行為與折磨人的事情，像是賣淫、酗酒、失業、心理疾病、「弱智」、偷懶、犯罪傾向，甚至可以由「嗜海性」（看你有多愛大海）來判斷一個人加入美國海軍或商船學院的可能性。**優生學**社會運動的基礎來自這個觀點：可以透過一些社會手段，來優化美國人的素質（或英國人、德國人、斯堪地納維亞人、紐西蘭人）。事後回顧，這些做法大多都很令人難過、充滿惡意甚至非常恐怖。在討論這些做法時，積極的說法是「種族改進」和「進步」，消極的說法是防範「種族衰退」和「種族自殺」[58]。納粹把這種觀點發揮到極致，世人熟知這段歷史。比較不為人所知的是，美國也有實行優生學，做法包括強迫上萬名美國公民結紮（主要是針對殘疾人士）。巴克訴貝爾案支持這項措施，大法官霍姆斯認為各州政府有權「保護」自己免於「邪惡的原生質」。[59]

巴克訴貝爾案的原告是一位年輕女性巴克，她被人強暴、生子後被結紮。維吉尼亞州的專家作證，聲明巴克、她母親和她的孩子都是「弱智」，他們用這點辯護說，讓巴克絕育是為了確保她不會有更多後嗣。霍姆斯法官的結論令人難忘：「三代弱智已經夠了。」[60] 美國的優生學絕育法啟發了納粹德國制定相似的法律，以此為依據絕育心理疾病的病患，以及其他他們認為會威脅德國血脈的人。優生學與納粹意識形態及惡行的連結，讓它在二次世界大戰之後深受懷疑。[61]

我們傾向把優生學說成政治錯用了科學，就此打發這個問題。畢竟宣導和應用優生學的人不是科學家，例如羅斯福總統和希特勒；或者有些從事優生學工作的人並沒有受過遺傳學訓練，例如優生學記錄辦公室的負責人勞克林，他曾在美國國會作證，說明因為優生學的原因應該要限制移民。[62] 不過以上這個說法並不完全，優生學在很大程度上是由生物學家發展和推廣的，這些研究者後來被稱為「優生學主義者」。而且如同克拉克的能量有限理論，他們把優生學描述成從已經得到接納的理論推導而來，此處指的是達爾文的天擇演化論。達爾文認為性狀會由親代傳到子代，而且個體之間有不同的生殖與存活機會，群體的適應性會因此提高。如果是這樣，那人類種族應該也可以透過有意識的篩選來進化。達爾文發展天擇理論時，觀察了賽鴿玩家如何透過選擇性繁殖來育種，他們精挑細選出具有想要性狀的個體讓牠們繁殖，並排除不想要的性狀。如果人類飼養的鴿子、犬隻、牛羊可以透過選擇而進化，同樣的事情能在人類身上操作，不也是顯而易見嗎？我們有多在意羊，就應該更在意人類後代的品質吧？如此一來，同樣顯而易見的不就是社會該採取行動，鼓勵較適應的個體生育，不適應的則反之？最後這個問題很有名，是馬爾薩斯在十八世紀提出的，他反對任何類型的慈善事業，認為那是在鼓勵窮人生更多孩子。他用數學說明窮人人數會毫無節制地增長，這是從達爾文得到的靈感。[63]

　　通常認為優生學「科學」的奠基者是達爾文的表弟高爾頓（Francis Galton, 1822-1911），達爾文作品中的很多元素似乎也支持自然界的選擇法則可以在人類社會中操作。例如達爾文在其著作《人類的由來》（1871）中，明確表示他相信天擇適用於野獸也適用於人類，並且認為人類社會中的某些習俗是適應不良的，例如長子繼承制。閱讀達爾文而認為他建議根據自然法則來調整人類社會的習俗與法則，並不算是超譯。

　　高爾頓主張對人類而言最重要的表徵是智力，因此高爾頓致力研究智力和遺傳。許多體質表徵受遺傳影響很大，例如身高、髮色、膚色、眼睛顏色，甚至外觀輪廓。那智力呢？在一八九二年的著作《遺傳的天才》中，高爾頓的結論是肯定的，他分析了歐洲「卓越之人」的族譜，發現他們不成比例地出現在富裕或高貴的家族。高爾頓有認識到「卓越」不等於「智力」，但他以此作為替代。他發現不同類型（政治、經濟、藝術）的卓越會群集發生，結論是人格特質的表徵會在家族中遺傳，就和體質表徵一樣。[64]

然而高爾頓觀察到一個重要的差別，他稱之為**回歸平庸定律**：卓越父母的孩子，通常會比父母平庸，也就是說比較普通。他用身高來呈現這點：高大的父母所生的孩子，通常會比父母矮。高爾頓很早就觀察到現今所謂的族群遺傳學，他推論孩子不只從父母身上遺傳到表徵，同時也會從祖父母和曾祖父母身上遺傳，也就是整個家族樹。這點對每種表徵來說都一樣，包括智力。

高爾頓的結論是，人類種族整體進步的希望渺茫，因為後代會從整個家族樹遺傳，所以進步需要好幾個世代才能達成。賽鴿玩家和犬隻繁殖不會只培育一代就達成目標，然而要對人類育種、持續幾十年耐心篩選是不切實際的。高爾頓的確含糊地表示應該執行某些「措施」，來鼓勵「最優秀的人」生兒育女，讓「最糟糕的人」少生一點，以此達成「未來世代種族品質的進步」，並避免「種族衰退」。[65] 這種非強制性的鼓勵措施後來稱為「積極優生學」。但是高爾頓並不相信優生學計畫能妥善合理地準備和執行，回歸平庸法則似乎讓他心灰意冷。然而其他人則堅信，透過育種來改善人類不只是可行，還是必要之舉。

　　時至今日，「種族衰退」的觀念已經不可能跟納粹切割了。然而在二十世紀早期，很多人都深切感到這種既真實又迫切的恐懼，至少許多白人男性這樣想，醫生、科學家、知識分子、政治領袖都擁抱了優生學的理想。老羅斯福以外，美國另一位重要的優生學主義者是環保主義者葛蘭特，他是搶救紅木聯盟的創始人，也是美國自然歷史博物館的理事，寫了著名的《偉大種族的消逝》（1916）[66]。這裡的種族是指北方種族，現在有時候稱為盎格魯－薩克遜白人。葛蘭特相信這個種族受到較弱的其他種族威脅，諸如猶太人、南歐人和黑人。他認為應該把這些人隔離在貧民窟，以防他們與北方歐洲民族的血統雜交。葛蘭特的論述影響了一九二四年的詹森－里德移民法案，這項法案限制南歐和東歐的移民不能超過美國一八九〇年普查的人口數的 2%，並完全禁止亞洲移民。[67]古爾德認為《偉大種族的消逝》是科學種族主義在美國發行最有影響力的作品，歷史學家史畢羅指出這本書也受到納粹德國大力歡迎，希特勒曾寫信給葛蘭特說：「這本書是我的聖經。」[68]

　　優生學的社會運動在一九一〇至二〇年間急遽成長，關於種族與適應的書籍文章層出不窮，幾乎全部都是在生物科學的應用框架下出版。葛蘭特乾脆地說：「自然法則要求我們消滅不適應的人。」[69] 孟德爾的研究在一九○○年重新被德弗里斯與同事發現，似乎支持了性狀的硬性遺傳（hard inheritance），對有些人來說甚至這就是證據。這件事也讓優生學迅速獲得更多支持，因為孟德爾的發現似乎否定了拉馬克一派的演化觀點，也就是認為環境進步可以影響個體進步的想法。[70]

在美國，科學優生學的重地是優生學記錄辦公室（ERO）。一九一○年於長島的冷泉港創立，後來併入華盛頓卡內基研究所實驗演化研究站[71]，主任是達文波特，一位芝加哥大學的生物學家，也是生物識別技術的先驅。創辦ERO時，達文波特寫了一段聲明，與後來霍姆斯的言論如出一轍：「社會需要自我保護，正如它有權剝奪謀殺者的生命，它也可以消滅醜惡如蛇、邪惡無望的原生質。」[72]

雖然沒辦法像孟德爾拿豌豆做實驗那樣拿人類做實驗，但可以收集數據。達文波特針對「遺傳與優生學」發起大型研究[73]，目的是透過研究家族史來建立人類遺傳的科學基礎，研究方法是雇用田野工作者做家戶訪問，詢問家族歷史。（在這方面ERO的活動和隔壁生物學試驗場的工作可說是非常不同。）訓練有素的田野工作者詢問下列問題：行為問題，包括酗酒、賣淫、賭博、亂倫和犯罪；生理「缺陷」，包括雌雄同體、唇顎裂、多趾症；疾病，包括血友病、結核病；心理「缺陷」，包括「弱智」、思覺失調症及其他心理疾病；一般類別，包括社會參與和成就。

　　從一九一一年到一九二四年，以女性為主的 250 位工作者在 ERO 受訓，然後被派遣到各地搜集這些資料。答案記錄在索引卡上，田野工作者發現這些表徵的確會在家族中遺傳。達文波特因此得到結論，認為需要施行一些社會手段，來防止帶有「不受歡迎」遺傳因子的父母生下小孩。他倡導「隔離」，把罹患心理和生理疾病的人關在家裡或精神病院，讓他們不能生育。他也倡導絕育，不但要保證不適應的人受到監禁，更重要的是全面禁止他們生育。

　　達文波特的副手是勞克林，他用 ERO 的調查結果來宣傳「絕育示範法」，並在國會作證，支持限制南歐與中歐移民。他聲稱 ERO 的數據顯示移民比美國出生的人更容易犯罪，而且這種犯罪傾向是遺傳而來。一九二四年，美國國會通過詹森－里德移民法案，採取優生學的立場嚴格限制移民。[74]

　　一九三〇年代，美國有三十二州通過了絕育法，至少三萬公民被結紮，大部分沒有知情同意，有時甚至沒讓他們知道。[75]

　　許多納粹黨人視勞克林為英雄，一九三六年，他因為「種族清洗科學」研究獲頒海德堡大學榮譽學位。傳聞納粹的絕育法案是參考勞克林在 ERO 弄的示範法而來[76]，紐倫堡大審上為被告辯護的一個理由，就說納粹的法律是根據美國宣導而制定的。

　　如我所說，優生學很複雜。歷史學家凱維勒斯認為優生

學交織了幾個基本要素：[77]

社會控制生育：透過婚姻來控制，或把人隔離到精神病院、監牢或其他機構中。

生育主義：鼓勵「適應」的人（通常是在說有錢人和白人）多生育，抑制「不適應」的人（所有其他人）生育。

馬爾薩斯主義：反對社會福利計畫，包括普及教育、法定最低薪資、降低嬰兒死亡率的全民健康措施。理由是這些措施與自然法則背道而馳，會讓不適應者滋長。優生學主義者也反對避孕，他們假定該使用避孕措施的人都不會用，而不該避孕的人則會。

遺傳主義、反對環境主義：認為環境不重要，把社會地位和行為表徵全部歸因於生理遺傳。

種族焦慮：害怕不適應者繁衍。認為再加上移民的影響，可能會汙染或稀釋國家的種族認同，導致「國家」或「種族」墮落。在他們的說法中，「國家」和「種族」兩個概念常常可以互換。

這份清單上還可以加上一條：

性別焦慮：優生學的論述常常和反對女性參與勞動的論述一起出現，鼓勵把女性的所有活動全部限制在家庭之內。[78]

種族焦慮、性別焦慮、生育主義，這些元素大部分都不是科學價值。我們不禁要懷疑：科學和科學家在優生學運動中，到底扮演什麼角色？

有人說科學界曾達成共識要支持優生學，因此現在我們不信任或拒絕科學已達成共識的議題，也是很合理的。例如小說家克萊頓就試圖以這種論述指謫氣候科學，把現今防止人為氣候變遷的呼籲，類比成過去防止種族自殺的呼籲。[79]他說兩者都是偽裝成科學的政治。

科學家過去在某些議題上曾經犯錯，但我們沒辦法知道現在在某件完全不相干的事情上他們是對是錯。不過克萊頓的論點提醒了我們，科學家非永遠站在正義的一方。以優生學和能量有限理論來說，它們概念的形成和判斷，是由科學理論邏輯推導而來的，我們不能單純以科學「誤用」或「用錯地方」來解釋。那到底優生學有沒有得到科學界的共識呢？簡單的答案是：沒有。[80]好幾位重要的社會科學家和遺傳學家都反對優生學的主張，歷史學家艾倫寫道：「二十世紀早期並不是幾乎所有人都接受優生學的結論。」[81]

社會科學家對優生學提出的質疑，從事後看來是理所當然，而且在當今的先天－後天辯論中也常常提到：田野工作者記錄到的很多疾病，其實可以用其他方法解釋，像是營養不良、教育不足、缺乏語言技巧或運氣不好。基因可以解釋這些負面結果，但還有很多方法也都可以，觀察到負面結果並不能證明原因就是遺傳。

一九一〇與二〇年代的許多貧窮白人是移民，他們生活上要面臨很多障礙，包括應徵工作時被公然歧視，以及缺乏適當的健康照護。改革者指出，很多移民孩子在教育和其他社會計畫的幫助下「自我改善」，顯示好好做社會改革可以產生進步的效果。其中，移民美國的德國猶太裔人類學家鮑雅士特別主張，即使髮色和眼睛顏色等表徵可能完全由遺傳決定，且實驗室和育種研究也有科學證據支持這點，但其他事情上就沒有那麼簡單，身高這個高爾頓鍾愛的研究主題就是一個例子。鮑雅士談到，一個人的身材一部分由遺傳決定，但「成長階段情況好壞也會有很大的影響」[82]。體質和社會因素彼此影響，決定了發育的結果，科學對此了解尚且不足，而在我們還沒弄清這種交互作用之前，不該假設任何複雜的表徵是由基因控制的，假設一個表徵全然由基因決定更是大錯特錯。

鮑雅士特別反對智力具有遺傳特性的想法。智力測驗沒有被證實能測量出任何有意義的東西，也沒有證據顯示黑人、移民或其他種族的心智和行為表徵會遺傳。[83] 我們觀察到一些彼此迥異的情況，但沒有獨立證據可以說明這些結果。相反地，社會因素則有憑有據：鮑雅士的學生米德在一九二四年的碩士論文中證明，義大利移民家庭的孩子智力測驗分數會根據家庭社會地位、移居美國多久、家中是否會說英文等因素而變化。[84]

　　米德對義大利移民的討論很重要，讓我們了解到雖然優生學用的是「種族衰退」這個詞，但美國的優生學主義者擔心種族議題（就是我們今天理解的那個種族）之餘，同時也擔心歐裔族群的變化，而這兩個問題都與階級緊密關聯。[85]他們認為「北方種族」（也就是北歐裔的人）受到威脅，威脅來源有歐洲人也有非歐洲人，所以優生學研究和優生學實踐的主要目標之一是針對貧窮白人。在美國這主要就是指移民，但在英國是指勞工階級。了解這個原因，就不會意外有另一群反對優生學的科學家是社會主義者，包括英國遺傳學家霍爾丹、貝爾納和赫胥黎，以及美國社會主義者穆勒。[86]

　　倫敦大學學院的遺傳學與生物統計教授霍爾丹的父親是知名牛津生理學家約翰霍爾丹，他是社會主義者，也是最早開始研究職業傷害的先驅之一，發明了把金絲雀帶進礦坑來測量空氣品質的方法。[87]霍爾丹一開始十分贊成優生學的概念，他在大學時加入了牛津優生學學會，但學會中明顯的社會政治偏見很快讓他心生厭惡，尤其是其中的階級偏見。

　　霍爾丹強調，優生學的實證證據基礎十分薄弱，尤其是複雜表徵的遺傳機制，相關研究當時才剛剛進入科學視野。科學對遺傳所知還太少，不能做為任何優生學計畫的理據，而且「在美國，很多以優生學為名的行動，其科學正當性大概就跟繼續根據福音書來開辦宗教法庭不相上下。」他反對所有絕育計畫，包括自願絕育，理由是「任何法規如果不是意在讓所有社會階級一體適用，或是實際上沒有做到（這兩者非常不同），它就很可能對窮人不公平。」他也強調勞工階級的價值與尊嚴：「一個人只要可以照顧豬隻或穩定從事某項工作，都對社會有價值……我們無論如何都沒有權力禁止他孕育下一代。」[88]

霍爾丹不認為「絕對種族平等理論」一定是正確的，但他認為任何真正的差異都很難得到客觀證實，無論是類型差異或程度差異都一樣。頂多只能像高爾頓的研究那樣了解族群之間有所差別，但這無法告訴你一個人的人格特質如何，更不用說一個人的社會價值了。他堅稱：「顯然有些黑人的智力遠比大多數英國人都出色。」可能是在回想他與美國知名演員歌手羅布森的邂逅。[89]

諾貝爾獎得主穆勒獲獎的研究主題是證明 X 光會引發果蠅基因變化，而且變化會遺傳，他也反對優生學。他的情況比較複雜，沒有從原則上質疑實施優生學可以改善人類種族，也認為理想上應該這樣做，不過他一樣堅決相信這種進步在資本主義之下一定不會公平。

穆勒是一九三九年〈遺傳學家宣言〉的主要作者，這篇宣言由二十二位英美科學家連署（還有科學史家李約瑟）。寫作宣言的目的是要回應科學服務處的問題：「該如何透過遺傳學，有效改善世界人口組成？」[90] 這樣的問法預設了這個問題可以從生物學得到解答，但穆勒等人不相信這點。宣言一開頭就寫道，這個問題「比純生物引發了更多難題，生物學家一旦想把自己專精領域中的原則拿來應用時，勢必會遭遇這樣的難題。」[91] 換句話說，這個問題超越了生物，重點也不在生物：

> 想要有效改善人類基因，首先需要大幅改變社會條件，人們的態度也要隨之改變。首先，社經條件要有辦法提供大致上相等的機會給所有社會成員，而非在人們出生時即把他們分到不同階級，讓他們享有不同的權利。做不到這點，要衡量和比較不同個體內在本質上的價值，是沒有任何有效根據的。[92]

他們並非單方面反對透過改善基因來改善人類種族。就算是在納粹的暴行之後，穆勒仍繼續支持慎重的人類改進，並在一九五四年論道：「過去所謂的優生學錯得如此離譜，但用這件事來⋯⋯全面否定優生學的觀點，就像是因為古代希臘的民主失敗，就全面反對民主制度。」[93]（拿這話來回應克萊頓會很有意思。）但對於當時提出用來支持優生學主張的證據，穆勒等人幾乎完全無法接受。主流的論述假設有一個公平競爭的環境存在，這顯然不是真的。

既有的研究把觀察到的差異假定為基因的影響，這等於是假定了研究想證實的事情。〈遺傳學家宣言〉的作者們認為基因和環境因素都會影響智力、行為、社會成就和其他許多事情，這也是現在大部分科學家的想法，但既有的研究沒有指出社會和遺傳因素分別影響了人類特質的哪些部分。

> 在大部分人能夠理性決定要不要生育之前，或是理論上應該代表人民的政府能採用理性政策來引導人民生育之前……生物的原理和知識還有待推廣，大眾需要認知到對人類福祉來說，環境和遺傳因素都十分重要，兩者缺一不可。[94]

他們堅稱真正的改進不可能達成，除非「消除種族偏見，以及認為好基因或壞基因只存在於特定族群或擁有某些特徵的人身上這種非科學的教條」，而要做到這件事，需要先「基於全人類的共同利益，建立某種世界聯邦政府制度，消除會導致戰爭和經濟剝削的條件。」資本主義社會顯然沒辦法提供「所有人大致相等的機會」，優生學在資本主義下不可能成立，底層永遠會被針對。

而且創造公平的競爭環境只是個開始。若父母沒有得到「能幫助他們生養孩子的充足經濟、醫療、教育和其他資源」，期許任何人要關心未來世代是不合理的，期待聰明的女性要為了族群整體的進步而拋棄個人的利益與抱負也是不合理的。這群科學家因此建議，需要一種社會政策來保證女性的「生殖義務不會對她們的生活或工作等社會參與造成太大影響」，這表示工作環境應該「適應家長的需求，尤其是母親」，城市和社區服務應該革新，「把兒童福祉當作一項主要目標」。這也表示女性應該要能取得安全有效的避孕措施，「成功改善遺傳的必要條件是讓避孕合法和普及，並用科學進一步研發避孕方法……讓有效的避孕措施可以在生殖過程的任一階段執行」，包括自願結紮與人工流產。[95]

最後這些遺傳學家表示，若要透過選擇性繁衍使這個世界進步，必須先同意所謂進步是指什麼。這點顯而易見，尤其是如果選擇性繁衍想達成的是社會層面的目標。在他們看來，最應該促進的重要遺傳特徵是健康、「名為智力的複雜組成」、「能夠增進同情心和社會行為的人格特質，而非（現在大部分人所認為的）獲得現代社會所理解的個人『成功』的特質。」[96]因此他們雖然在原則上支持優生學的理想，但反對實際執行優生學計畫。要改善世界人類的素質，首要條件是先改善全世界的社會現況。[97]

社會主義遺傳學家對優生學的反對，根植於他們的政治觀點，但即使不是社會主義者（或社會主義科學家），也可以看出優生學研究中的瑕疵。具體來說，很多遺傳學家都指出把基因與結果混為一談的謬誤。如艾倫所說，偉大的英國統計學家皮爾森本身支持優生學，卻強烈批評 ERO 的工作，認為他們「構想和執行都草率又懶散，和科學平常的嚴謹一點都不像。」[98]

美國遺傳學家詹寧斯任教於約翰霍普金斯大學，他在一九三○年發表了著名的《人類本質的生物基礎》。[99] 看書名會以為他同意遺傳決定論的論述，但書中討論了基因與環境交互作用的科學案例。詹寧斯反對遺傳決定論，他寫道：

> 文明是從人的遺傳組成與環境的交互作用之中產生的，環境包括知識、發明與傳統。改變後面這些因素會對文化系統造成劇烈的影響，這在歷史上已經發生過很多次……沒有一個文化系統能單純從遺傳組成中發展出來。[100]

他也反對環境決定論：

> （環境決定論者認為）只要把任何人丟到差異夠大的不同環境，接受不同的訓練和指導，每個人都能成為……「醫生、律師、商人、領袖」……對於這樣的言之鑿鑿，生物學不予置評。有見地的生物學觀點會補充……儘管任何正常人只要在人生早期有得到適當引導都能成為醫生，不過要達成這個結果，每個人需要的待遇不同。[101]

　　優生學學者在邏輯上和方法上犯了許多錯誤，包括過度受到沒有言明的假定影響（「暗含此意，但不明說」），忽略反對其立場的證據，並且「在發現某些結論有誤之後，還是深信不疑」。[102] 詹寧斯特別批判所謂的「並非由實驗判斷的謬誤」，並指出幾乎所有人對遺傳和演化都有一些想法，而正因如此「把預設觀念先放一旁，以實驗證據為基礎建立觀點，才更形重要。」但大多數優生學主義者沒有做到這點，他們堅持預設的想法，忽略與之不符的證據。[103] 詹寧斯還指出一個常見的問題，現在稱為「排除中間解謬誤」：因為某些表徵證實可以遺傳，就假定所有表徵都是遺傳而來；或反之，認為所有事情都是環境影響。這讓人回想起錢柏林的話：「當實際上有許多因素時，卻錯把事情歸於單一因素。」[104]

對詹寧斯來說，先天／後天辯論的答案很清楚，就是都有。他在一九二四年的一篇論文中表明這點，他拿物品來類比：

對任何物體來說，無論是一塊鋼材、一塊冰塊、一部機器、一個生物體，組成物體的材質和這個物體所處的環境都很重要。在相同環境下不同材質的表現會不同，在不同環境下相同材質的表現也會不同……任何事都不會單單由物品的材質或環境而構成，永遠都需要綜合考量。

生物體也是如此，「個體是在基因和環境條件的互動下產生的，因此同樣的基因在不同環境下，可能造就不同的人格特質。」優生學註定會失敗，因為「行為必然與環境相關，不能只以基因論之。一組特定的基因在某個環境下可能導致犯罪，在其他環境下可能造就一個有用的公民。」[105]

詹寧斯只是一例，如果篇幅允許，這類批評我們還可以講很多。以果蠅基因研究獲得諾貝爾獎的摩根在一九二〇年代便強調，比起選擇性生育，社會改革可以更快達成優生學主義者想要的改變。[106] 很多非科學家也從方法學上或倫理上提出反對。[107]（其他國家也有很多反對聲音，在此沒有討論。）[108] 重點是優生學是政治運動，它許多重要的面向都與科學理解有衝突，優生學並沒有得到科學家的共識。[109]

下一個我們要討論的例子，則是有共識達成，但重要而明確的證據被忽視了，至少有些人認為那不重要。

案例四：避孕藥與憂鬱

許多女性曾在服用口服避孕藥後感到消沉或憂鬱，許多醫生注意到病人出現這些狀況，許多科學研究確認了兩者之間的關聯。事實上，早在一九五〇年代的一些研究，便已指出避孕藥的副作用包括「愛哭」與「易怒」，現在避孕藥附的仿單上則寫著，常見的副作用包括「心情沮喪」。（見圖一）

最近一項新研究顯示避孕藥會造成憂鬱，引起媒體一陣騷動。[110] 醫生讚美這項研究，媒體把研究成果說成嶄新的

ADVERSE REACTIONS
An increased risk of the following serious adverse reactions has been associated with the use of oral contraceptives (see WARNINGS section).

- Thrombophlebitis and venous thrombosis with or without embolism
- Arterial thromboembolism
- Pulmonary embolism
- Myocardial infarction
- Cerebral hemorrhage
- Cerebral thrombosis
- Hypertension
- Gallbladder disease
- Hepatic adenomas or benign liver tumors

There is evidence of an association between the following conditions and the use of oral contraceptives:

- Mesenteric thrombosis
- Retinal thrombosis

The following adverse reactions have been reported in patients receiving oral contraceptives and are believed to be drug-related:

- Nausea
- Vomiting
- Gastrointestinal symptoms (such as abdominal cramps and bloating)
- Breakthrough bleeding
- Spotting
- Change in menstrual flow
- Amenorrhea
- Temporary infertility after discontinuation of treatment
- Edema
- Melasma which may persist
- Breast changes: tenderness, enlargement, secretion
- Change in weight (increase or decrease)
- Change in cervical erosion and secretion
- Diminution in lactation when given immediately postpartum
- Cholestatic jaundice
- Migraine
- Allergic reaction, including rash, urticaria, and angioedema
- Mental depression
- Reduced tolerance to carbohydrates
- Vaginal candidiasis
- Change in corneal curvature (steepening)
- Intolerance to contact lenses

圖一　口服激素型避孕藥 ORTHO TRI-CYCLEN® Lo Tablets（成分包含 norgestimate 與 ethinyl estradiol）內附的仿單，上面寫著可能的副作用包括「心情沮喪」，「據信是由藥物引起的。」

發現[111]。但當新聞報導出現時，女兒問我：「這怎麼是**新聞**？」她原本就知道避孕藥可能會造成憂鬱，因為我跟她說過。

我沒有憂鬱症病史，我的家族成員也沒有憂鬱症或任何精神疾病的病史，然而我在二十幾歲時有一次突然莫名其妙憂鬱發作，而且非常嚴重。我無法正常生活，對工作提不起勁，大約六個星期後幾乎沒辦法下床。然而從其他方面來看我當時過得很不錯，我就讀研究所二年級，第一年表現非常好，手上的研究計畫很有趣，經費充足，而且不久前才剛遇到一個很不錯的男人，不久後他成為我先生。（現在我們已經結褵超過三十年。）

我到學校的健康中心諮商，而且我非常幸運，這位女性諮商師直接問我：你有在吃避孕藥嗎？有的，我解釋說我前陣子才從澳洲回來，澳洲當時有免費的健保，包括處方藥，所以我在離開前買了一年份。但澳洲醫生開給我的藥在美國買不到，因此一年份吃完後，我轉用另一種藥，那是兩個月前的事，我的憂鬱情況在我用新藥之後很快就開始了。心理治療師告訴我，我現在用的那種藥的配方，是出了名的比其他藥都更容易造成憂鬱。我停藥後幾乎馬上就開始恢復，幾個禮拜後我又變回原來的那個人，我向治療師道謝，離開諮商室，邁向成功的學術人生。

你可以說我的經驗「只是個案」，但我想視之為受試者人數一的臨床研究，更重要的是許多女性都有過類似的經驗，並向醫生或治療師諮詢。Healthline.com 這個網站據稱是「成長最快的消費者健康資訊網站」，網站上寫：「憂鬱是女性停止使用避孕藥最常見的原因。」[112] 而且很多女性和我一樣在停藥或換藥之後馬上就好轉了。這些病例報告啟發了很多科學研究，最近有一位醫生寫道：「數十年來，與此種激素藥物相關的心情變化報告，促成了許多研究。」我女兒的問題很有道理：這個新研究為什麼是新聞？

執業醫師、同時也是公共衛生碩士的特羅在寫給《哈佛大學校報》的文章中給了一個答案：「這項研究包含超過一百萬十四歲以上的丹麥女性，使用像診斷代碼和處方記錄等嚴謹數據，指出**所有類型的激素避孕藥都與憂鬱風險上升有強烈關係。**」相對地，以前的研究全都「品質粗劣，使用不確定的方法，例如自我回報、回想，受試者數量也不足。」新研究的作者總結：「透過以前的研究和受試者，不可能得出任何可靠的結論。」[113]

要反駁包含一百萬位女性的研究很困難，要反駁丹麥做的研究也很困難，丹麥的國家健保數據庫中記錄了所有國民的數據，讓研究者能校正取樣偏誤和干擾作用。好在有丹麥，我們才能肯定地說，讓孩子照著長久以來的公共衛生建議完整施打疫苗並不會讓他們得自閉症的風險上升。[114] 所以我們要為丹麥喝彩，也要為這個新的、有說服力的大型研究喝彩。但注意一下他們是怎麼解釋為何花了那麼長時間才走到這一步：是因為缺乏「診斷代碼和處方記錄等嚴謹數據」，他們說先前的研究「使用不確定的方法，例如自我回報、回想，受試者數量也不足。」[115]

我們應該對「嚴謹數據」（hard data）這個詞心存警戒，科學史和科學社會學已經顯示沒有所謂的嚴謹數據，事實是透過說服和應用才「變得嚴謹」。而且這種評論讓我們必須問：為何某些形式的資料被認為是嚴謹的、某些則否？看看此處說的嚴謹數據是什麼？診斷代碼和處方記錄。很多人認為嚴謹數據就是量化的數據，但以上兩者都不是測量來的，而是醫生的主觀判斷以及根據這些判斷而開的藥。[116]更何況，大量文獻顯示醫療中會有誤診存在，藥廠的廣告與行銷也會影響醫生開立藥物。[117] 根據我們對醫療現場及歷史的了解，把診斷代碼和處方記錄視作堅牢的事實，實在有點諷刺。

更糟的是，這篇研究的作者接受醫師回報的診斷代碼和處方記錄，把這些當作事實，與此同時把女性病人的回報說成不可靠，用特羅的話說是「不確定」。這顯然充滿偏見，歧視女性也歧視病人。而關鍵在於，丹麥的研究跟這些不確定的、女性病人的自我回報的研究得到了**相同**的結論。如果新研究是正確的，那麼所謂不確定的自我回報，一直以來也都得到了正確的結果。

自我回報一樣來自數百萬女性，避孕藥從一九六○年代就在美國和歐洲上市了。根據美國疾病管制暨預防中心，從二○○六到二○一○年，有超過一千萬美國女性服用避孕藥[118]；根據世界衛生組織，全世界現在有超過一億位女性在服用避孕藥。[119]自我回報無法精確量化激素型避孕藥造成憂鬱的風險，但它確實提供了重要的質化證據。要說在服用避孕藥期間回報心情有變化的女性全都是迷糊或捏造，這實在太不可能。

事實上，激素避孕方法與憂鬱的連結，幾乎在避孕藥上市的同時就已經知道了。一九六九年，女性主義記者希曼出版《醫生反對避孕藥實例》一書，開啟了女性健康運動。希曼這本書讓美國女性和醫生認真看待當時避孕藥配方的健康風險，美國國會因此召開聽證會，首度在處方藥包裝中放入仿單警告藥物的風險。書中第十五章的標題是〈憂鬱與避孕藥〉，開頭這樣寫：

> 最早開始說服妻子停止使用避孕藥的有部分是精神科醫生，他們對情緒反應很敏銳，很快就發現他們的太太、女兒、病人和朋友出現某些負面反應。最明顯的作用有自殺甚至是殺人傾向、易怒與愛哭⋯⋯一些服用避孕藥的人有很嚴重的攻擊性、懷疑和妄想，出現揮之不去的殺人想法，甚至實際上嘗試殺害先生與孩子。有些人成功自殺了。[120]

避孕藥上市沒幾年，就有很多人回報在心理健康上出現不良副作用。一項一九六八年的英國研究觀察了 797 位服用口服避孕藥的女性，很多人回報有情緒副作用，其中兩人自殺。[121] 一九六九年英國研究者發現服用避孕藥的人中每三人就有一人性格大改，每五十人中就有三位出現自殺傾向。一項由美國北卡羅萊納大學醫學院執行的研究發現，34% 在身體各方面算是健康的女性，在服用避孕藥後回報出現憂鬱。這些研究沒有控制組，但一項在瑞典的研究比較了兩組產婦，兩組的社會背景、憂鬱病史和其他因素都相似，他們發現曾經服用避孕藥的女性，在生產後出現精神疾病症狀的機率顯著高於另一組使用其他避孕方法的女性。

從希曼的記述中無法判斷這些研究到底好不好，她想說的是某種程度上科學家已經探討過這個問題了，找到的證據符合女性的說法。這些自白讓希曼的故事讀起來很誠懇，她提到有些女性變得激動和混亂，在電影院中恐慌發作，有人「不小心」放火，有人沒有任何明確原因就哭到不能自己，有人覺得自己就在崩潰邊緣。這些女性之中可能有些人本來就憂鬱，或因為其他因素才變得這樣，但希曼用精神科醫生的證詞來支持她們的說法。女性的故事構成了這本書的情感中心，而醫生的故事則是知識中心。這本書講的不是**病人**反對避孕藥，而是**醫生**反對避孕藥的實例。

書中討論的是心理健康，因此精神科醫生最為重要。女性服用避孕藥而變得憂鬱時會向他們求助，或是他們注意到太太、朋友和長期來看診的熟悉病患身上出現了變化。希曼引用一位曼哈頓精神科醫師的講法，他本來遇到其他醫師的阻撓：

> 我和婦科醫生的爭執從一九六三年開始（第一型口
> 服避孕藥 Enovid 通過核准後三年）。[122] 我有個病
> 人長期固定來回診，每週兩次，持續兩年……她意
> 志可堅定了……父親是個酒鬼，但她力爭上游成為
> 頂級時尚模特兒……她是我見過最理智的病人之
> 一。她憤世嫉俗，有一點神經質，但絕對不憂鬱。
> 這位病人開始服用避孕藥八天之後來到我的門診，
> 整個看診時間都在哭，下次和下下次看診也都一
> 樣……她說要「放棄」和「結束一切」。我建議她
> 停藥，看看情況如何，她照做了，下次我見到她時
> 她變回本來的樣子。但是接著她的婦科醫師開始打
> 電話來，簡單來說他要表達的就是：「你要搞破壞
> 還是怎樣隨便，不要來管**我的**事，避孕不是精神科
> 該管的事。」[123]

（後來婦科醫生發現這種事層出不窮。這位婦科醫師被
精神科醫師說服，開始把因避孕藥而引發憂鬱的病人轉診給
他。）

其他精神科醫師也說過類似的故事，他們認識好幾年的
病人一夕之間變了個人，有些人則是突然出現恐怖的變化而
被家人送診。亞特蘭大的馬侃醫師在新英格蘭婦產科學會發

表論文，警告說影響心理健康是避孕藥的「併發症中最具潛在危險的一種。」[124] 好在很多醫生表示，女性只要停止服用避孕藥，症狀馬上就能減緩，這當然進一步證明了避孕藥是她們這些症狀的原因。

在這些故事中，很多女性都發現她們的心情浮動及憂鬱狀況與懷孕和生產後的感受很類似，但很少醫生懷疑激素與這些經驗有關！在這本書寫到的好幾個故事中，我最喜歡的是一位精神科醫師太太的回報：「我在吃避孕藥時，幾乎很難離開沙發，除非是要賞孩子耳光。」[125]

接下來幾年，科學家和醫生著手研究避孕藥對心理健康的影響，然而和服用避孕藥的女性人數相比，研究總數實在少得誇張。在 PubMed＊上快速搜尋「激素避孕藥」加「憂鬱／心情」或「精神疾病／性慾改變」，二〇一六年可以找到 27 篇文獻。這應該是低估，用其他關鍵字或許可以找到更多，而且原本設定其他目標的研究也可能發現心情變化。但和我研究的另一個議題比較一下：二〇〇四年我在氣候科學研究中，使用了將近一千篇論文當作樣本，探討科學界現在怎麼看氣候變遷[126]。樣本母體粗估有超過一萬篇論文，而在那之後相關的論文至少增加了一倍。[127] 現今有超過一億位女性在服用避孕藥，而且五十年前就認為這可能造成嚴重問題，不覺得相關研究實在太少了嗎？

＊ 譯注：美國國家醫學圖書建置的生物醫學文獻資料庫。

　　心情變化確實很難研究，也幾乎不可能量化，感覺本來就是主觀的，憂鬱不能像膽固醇或高血壓那樣測量。但想想這個：二〇一六年男性注射型激素避孕藥的臨床試驗有 320 位受試者，在受試者回報藥物的副作用包括性慾變化與情緒困擾之後，這項研究被**中止**了。實際上有超過 20% 的受試者回報出現情緒困擾，其中一位嚴重憂鬱，一位試圖自殺。這項試驗因為這些副作用中止了，即使該藥物抑制懷孕的機率超過 98%。研究者表示：

> 我們研究的這項療法幾乎能完全抑制精子生成，而且是可逆的，與其他可逆的男性避孕方式相比效果非常好。引起輕微或中等情緒困擾的機率相對較高。[128]

　　男性注射型激素避孕藥被證實和女性避孕藥效果一樣好，然而臨床試驗因為副作用而中止，副作用之一是情緒失調大增。[129] 如果你好奇研究者是如何測量的，答案是：自我回報。

　　這個研究結果其實在預料之中，原因不只是同樣的效果在女性身上也出現過，更是因為我們已經能夠解釋激素避孕藥為何會造成這些反應：是生殖激素和血清素之間的關聯造成的。

血清素是大腦中的一種神經傳導物質，血清素濃度低和憂鬱有關。第一代（口服避孕藥）中的高濃度動情素，以及某些只含有黃體素的避孕藥中的黃體素，被證實會降低大腦中的血清素濃度，因為它們會增加大腦中負責降解血清素的酵素。[130]

反之亦然，有些抗憂鬱藥物的機制是抑制血清素再吸收，像是百憂解和樂復得，它們的副作用包括性慾降低[131]，也可能造成勃起障礙和性高潮障礙。一九九〇年代的研究發現，服用選擇性血清素再吸收抑制劑＊的女性病人，有 45% 會出現藥物引發的性功能障礙，其他研究顯示比例更高。[132] 這是因為抑制血清素再吸收的藥物，會妨礙能引發性慾與生殖行為的激素接收，例如多巴胺。[133] 換句話說這是把雙面刃：以性激素為標的的藥物或本身就含有這類激素的藥物會造成憂鬱；治療憂鬱的藥物會影響與性有關的激素。

避孕藥會造成女性情緒失調，我們已經知道這件事五十年了。我們也知道治療情緒失調的藥物會影響與性慾有關的激素，而且科學家已經掌握至少一個能夠解釋這種現象的機制，近日也有研究因為激素避孕藥會造成男性受試者情緒失調而中斷。一個講道理的人會問：還有什麼不確定的嗎？或是像我女兒問的，為何發現避孕藥會造成女性憂鬱，竟然是

＊　譯注：SSRI，抗憂鬱症藥物的一個類型。

一則**新聞**？

　　讓我們回到丹麥的研究，他們並沒有表示先前對口服避孕藥的研究證實激素避孕藥**不會**造成心情變化，而是總結「研究方法不一致、缺乏統一評估，難以達成強力證據證明……會有對使用者造成負面心情影響的風險。」[134] 換句話說，它指出在此之前我們所知不足，無法做出堅實的結論。

　　這些研究者遵循傳統做法，先假定沒有作用，需要用統計證明兩組人之間的差異顯著到超過了一個特定的數值，才能說某個作用被偵測到了，然後才能說我們**知道**這件事。過去很多研究也都採取這種方法。這很正常，是常見的統計操作，但這等於是說如果沒有取得符合該標準的證據，就必須說我們沒有得到結論，用白話說，我們就是不知道。

　　這種做法有兩個問題。首先是較常見的，陰性發現（negative finding）通常被視為「沒有效果」，但事實上往往只是研究者沒有能力去偵測到效果，或沒有偵測到統計上顯著的效果（許多陰性發現的研究實際上是有見到效果的，只是沒有超過統計顯著的 95％）。[135] 找不到一件事存在的證據，和找到證據顯示這件事不存在，兩者常常被混為一談。當然，如果有大量優質研究一而再再而三地都沒有發現效果（或是一個非常大型的研究，有強而有力的統計），我們還是可以合理推論說效果真的不存在。

　　但如果有像是病人回報等非統計的證據，顯示可能有效果存在呢？如果有理論上的理由，讓我們覺得效果**很有可**

能存在呢？（這個案例中就有。）這種情況下為何我們要假定什麼都不存在？為什麼研究者要裝傻？如果我們確實知道或合理懷疑某件事是有風險的，就應該把預設改成「有效果」而非「沒效果」，或者把統計顯著的標準降低（已經有人這樣做了，美國國家環境保護局接受一些二手菸研究使用90%而非95%做為統計顯著性的標準，因為已知某些化學物質會使吸菸者罹患癌症，而這些化學物質也出現在二手菸中）。[136] 避孕藥的病例報告已經累積了幾十年，而且也有機制可以解釋，研究者應該要把虛無假說（null hypothesis）設定成避孕藥可能造成憂鬱，再尋找統計證據去否定這個假說。

第二個問題則關於我們如何看待原因。相關不代表因果，這個論證很經典，但卻有誤導之嫌。我們應該把它說成：相關**不一定**代表因果。很多事情彼此相關且沒有因果關係，但如果我們已經發現兩個現象之間相關，同時也留意到有某種機制可能讓其中一者引發另一者，如果已經知道這個機制存在，那麼合乎邏輯的推論應該是：觀察到相關性**正是**這個機制所引起的。在此情況下，相關**就是**因果，至少很有可能是。

一個經典的例子是鯊魚攻擊事件和冰淇淋銷售的關聯。統計學家喜歡用這個例子來說明為何相關有時會誤導：人們跑去海泳和吃冰淇淋，兩者都與天氣炎熱有關，海泳不是吃冰的原因，吃冰也不是海泳的原因。但如果我們有獨立證據顯示冰淇淋的味道會吸引鯊魚呢？這個時候它們就可能有因果關係。如果今天這個相關沒有達到統計上顯著的 95%，我們會推論冰淇淋和鯊魚攻擊無關嗎？以現在的常規而言我們會的，我們會因此做出錯誤推論。我們需要關心機制。[137]

想想另一個例子：美國把州際公路的速限降到每小時 55 英里，死亡事故大幅減少了。改變速限的目的是要省油，不是為了珍惜生命，所以我們可能一開始會假設這個相關只是偶然。事實上，車速較慢的確降低了車禍發生的機率，也降低了事故造成死亡的機率。我們了解這點，因此可以正確推論降低速限是死亡事故減少的原因。

如果我們對現象之間的關聯沒有合理的猜想，或是有確切的原因可以假設它們之間沒有關聯，那裝傻就有道理。如果我們對激素和心理健康一無所知，那說我們需要更多證據才能推論避孕藥可能造成憂鬱，就是正確的。但我們知道激素對大腦中的化學物質有所影響，這正是藥廠試著降低口服避孕藥中動情素濃度的原因之一。

女性都知道自己有時候在經期前會心情不佳或沮喪，甚至大眾**因此**認為我們不適合擔任科學家、政治領袖或執行長，刻板印象通常是從證據中得到錯誤推論，但這不代表證據本身是錯的。激素會影響心情，這對男性女性都一樣。

過去三十年中，有些醫生沒有提醒病人這個風險，他們是在無視證據。證據沒有符合特定的方法學偏好，公家單位因而漠視證據（以這個例子來說，過去三十幾年累積的證據太多了），對風險輕描淡寫。這嚴重傷害了女性。如果醫生和公共衛生專家稍加留意這些「不確定」的病例報告，而非視而不見，他們不只能獲得更好的知識結論。如果他們認真看待這種受歡迎的藥物有真實而惱人的副作用，就能善盡工作職責，更妥善地照顧病人。有鑑於避孕藥可能導致自殺傾向，他們也可能因此挽救生命。

案例五：使用牙線

最後一個案例是個嚴肅的公共衛生議題：使用牙線。

最近有很多人聽說使用牙線完全無益健康，二〇一六年八月在新聞媒體上引起一陣騷亂。《紐約時報》問：「沒用牙線有罪惡感？或許不需要。」[138]《洛杉磯時報》向讀者保證不需要使用牙線，不需要為此感到罪惡，反正可能也沒有任何效果。[139]《瓊斯媽媽》頭版寫著：「別再內疚，用牙線不會有效果。」[140]《新聞周刊》則問：「牙線迷思打破了嗎？」[141]

這些報導的基礎來自一篇美國聯合通訊社的文章，文中宣稱「很少證據證明使用牙線有效。」美聯社引用美國國家衛生研究院牙醫師艾亞佛拉的話，承認「如果要用最高的科學標準檢驗過去十年來牙線的回顧文獻，『那麼把使用牙線納入健康指引，是不洽當的。』」[142]《芝加哥論壇報》從這個最新的科學翻案聯想到之前的鹽和油。[143] 顯然我們可以把使用牙線看作另一件科學家「搞錯」的事情。

　　記者感興趣的不只有所謂的缺乏證據，更有人聲稱這件事涉及失職甚至貪瀆。《紐約時報》指出聯邦政府規定飲食指南必須以科學證據為基礎，美聯社也寫道：「聯邦政府從一九七九年以來，一直建議大眾使用牙線，首先是公共衛生局長報告，然後是每五年發表一次的美國飲食指南。法律規定，指南必須以科學證據為基礎。」[144]《週刊報導》下標題說：「你所知道關於牙線的一切都是謊言。」[145]《底特律新聞》把聲明支持使用牙線的人說成「牙線工業集團」。[146]一個網站說這是「牙線大醜聞」。[147]

　　許多報導顯得幸災樂禍，有些記者似乎對新聞業竟然勝過科學家感到歡欣鼓舞。[148]美國國家公共廣播電台在紐約州的奧斯威哥之聲下了這個標題：「記者揭穿數十年來的健康建議。」[149]報導宣稱一切的開始，是美聯社記者董恩從「兒子的牙醫那裡得知……其實沒有很好的證據，可以確認使用牙線能防止蛀牙或牙齦疾病。」[150]波因特媒體學院說這是「記者打敗牙線的故事」。[151]一個倡導集體意識和自然生活的網站報導這個故事，標題是「口腔衛生產業的詐騙手段」，聲稱「過去宣稱使用牙線潔牙的優點，被證實幾乎無效」，並指出「口腔健康主要是由飲食和營養決定。」[152]

　　表面上看起來，這真的很像科學家「搞錯」的案例。牙醫師、公共衛生辦公室（包括一些官方單位）一直建議大家要用牙線潔牙，現在卻有人說不用。我們浪費了時間和金錢在沒用的事情上，這直接影響到我們對科學的信任。如果科學家過去幾十年來對牙線的看法都是錯的，對油與糖的看法可能也是錯的，那他們還搞錯了哪些事？會不會接下來他們就說抽菸不會怎麼樣？或是氣候變遷是一場騙局？科學家可能會被引導回答說，使用牙線出現爭議是一項重要的科學研究揭露了過去研究的弱點，這是科學自我修正過程中自然會出現的麻煩事。但事情**並非**如此，事實上，這次科學家根本沒有搞錯，是記者搞錯了，還怪到科學家頭上。

這個「科學」發現根本不是科學發現，而是一位美聯社記者的調查結果 [153]，媒體故事的來源是媒體本身。美聯社把自己的報導稱為「一大新聞」，他們「查看了過去十年來最嚴謹的研究，聚焦的 25 篇研究全面比較了只使用牙刷與同時使用牙刷加牙線。發現了什麼？支持我們應該使用牙線的證據『薄弱，非常不可靠』，品質『低落』，而且『可能有中等至高度偏見』。去年一篇回顧文獻寫道：『既有研究大多無法證明使用牙線整體而言能有效移除牙菌斑』。另一篇二〇一五年的學術回顧引述，使用牙線的『證據不一致／薄弱』、『缺乏效果』。」[154]

《紐約時報》似乎貼近事實，告知讀者「在二〇一一年，回顧 12 項發表於考科藍系統化文獻回顧資料庫的隨機控制試驗，發現只有『非常不可靠』的證據顯示使用牙線可能在一個月或三個月後讓牙菌斑減少。研究者找不到任何研究顯示在刷牙之外額外使用牙線能有效預防蛀牙。」（我們等一下會討論牙齦健康和預防蛀牙的差別。）不過就如報導中提到的，那項研究是二〇一一年做的，為什麼在二〇一六年成為新聞？

根據美聯社的說法，他們會調查這件事，是因美國政府把使用牙線從聯邦飲食指南剔除（而非因為董恩與兒子牙科醫師的對話，這讓整件事更加疑點重重）。他們好奇：「一開始這些指南是根據什麼而來？」[155] 後來得知指南改變的原因是希望讓飲食指南聚焦在飲食（就是該吃什麼）而非其他保健方法，問題就釐清了。[156] 然而「發現」使用牙線沒有效果的新聞滿天飛。至於董恩，他在後續訪問中說：「我想最好的科學指出，（使用牙線）對我的健康沒有任何好處。」[157]

不談新聞，讓我們先來想想什麼樣的科學證據可以支持或否定使用牙線的益處。董恩既非科學家也不是牙醫，事實上他的講法並不正確，現有的科學**並未**指出使用牙線對我們的健康「沒有任何好處」。

當今生物醫學領域最知名且有聲望的資訊來源是考科藍集團，這個非營利合作組織自吹「代表高品質、可信賴資訊的國際黃金標準」，並宣稱由 130 個國家的 3 萬 7,000 位參與者「合作產出可信賴、容易理解的健康資訊。不受商業贊助控制，也沒有其他利益衝突。」[158] 如《紐約時報》報導，考科蘭的口腔健康小組在二〇一一年發表了一份報告，回顧當時既有的臨床試驗，評估規律使用牙線的效益。[159]

這份報告回顧了 12 項試驗，總共有 582 位會刷牙外加使用牙線的受試者，以及 501 位只刷牙的受試者。報告結論如下：

> 12 項研究發現證據，說明比起只有刷牙，在刷牙之外額外使用牙線可以減少齒齦炎。10 項研究有很薄弱、非常不可靠的證據，顯示使用牙線外加刷牙可能與一至三個月後牙菌斑些微減少有關。沒有研究指出用牙線加刷牙能更有效預防齲齒（蛀牙）。[160]

很多媒體報導完整或部分引用了這段結論，但這份報告同時指出：

> 在研究中的三個時間點發現，用牙線加上刷牙，對比只刷牙，對於減緩齒齦炎有統計上顯著的效果（雖然效應值很小）。[161] 把齒齦炎分成 0 到 3 分，執行一個月可以少 0.13 分，執行三或六個月分別可以少 0.2 和 0.09 分。[162]

這個額外資訊反駁了大多數媒體呈現的故事。新聞報導認為問題癥結在於很多既有的研究證據薄弱、受試者很少或試驗時間太短，這都沒錯，但這不等於證實使用牙線無效。

相反地，如果考科藍這篇回顧內容正確無誤，這些研究顯示的是在試驗期間，有觀察到使用牙線加刷牙的病人齒齦炎減緩，程度很小但在統計上顯著。

　　考科藍的回顧也有討論到使用牙線可能使牙菌斑減少的證據，而牙菌斑與蛀牙等問題有關。對此，他們的結論是：

　　　整體而言，有薄弱且非常不可靠的證據指出，使用
　　　牙線加上刷牙可能和一至三個月後牙菌斑稍微減少
　　　有關。回顧的這幾篇論文都沒有提供關於蛀牙、牙
　　　結石、牙周組織流失及生活品質的數據。

　　在此我們看到一個可能導致誤解的難題：許多困難的問題被混在一起討論，包括使用牙線是否會改善生活。讓我們先專注在考科藍和新聞媒體都有報導的兩個主題：牙菌斑和齒齦炎。牙菌斑之所以重要，是因為它可能導致蛀牙；齒齦炎重要，則是因為這是牙周病的最早階段，牙周病可能導致未來牙齒脫落。美國六十五歲以上的長者有超過 70% 有某種形式的牙周病，**每一種都會**先出現齒齦炎。[163] 如果使用牙線能減緩齒齦炎，那就很可能減少牙周病。而且已發現牙周病關係到嚴重疾病的風險上升，包括癌症、阿茲海默症等。[164]

　　支持使用牙線的人指出，考科藍的結論並非使用牙線沒有幫助，而是我們沒有足夠多高品質且長期執行的研究，可

以證實它有幫助。美國牙周病學會指出，「目前證據缺乏，是因為研究人員一直沒辦法招募足夠的受試者，或『長時間檢驗牙齦健康』。」西雅圖華盛頓大學口腔衛生科學教授胡約爾醫師說，有那麼多人都相信使用牙線有幫助，「沒有……隨機臨床試驗來證明（使用牙線）有效，非常令人意外。」[165]

但這真的意外嗎？恐怕並不。我們在二〇一六年得知使用牙線的益處並沒有得到長期隨機的臨床試驗證明，而根據主流的醫學標準這種試驗是必要的。在一個充滿癌症、心臟疾病、類鴉片藥物濫用且持續消費菸草產品的世界，不難理解研究者為何沒做這個研究。研究者把精力擺在更嚴重的問題上並不過份，過份的是只因為缺乏符合隨機臨床試驗這個「黃金」標準的證據，就推論完全沒有證據。這種推論不但錯誤，也不合邏輯。[166]

更何況，臨床試驗的黃金標準不只是**隨機**，還得要**雙盲**，但使用牙線不可能做雙盲試驗。（這個問題也出現在其他研究中，如營養、運動、瑜伽、冥想、針灸、手術和無數需要受試者保持清醒的干預措施。）任何對牙線使用的研究都是採用自我回報，我們前面已經提到這種資料容易被看輕。更何況，如果你相信長期使用牙線可以預防老年後牙齒脫落，那麼禁止對照組做這件有益健康的事，是不道德的。想要說服那些追隨「黃金標準」的人，需要的研究實際上既不可行又不道德。[167]

董恩把他的發現詮釋成：目前研究顯示，就算牙線使用得當也沒有長期效益。我們又一次看到把證據不存在當作證明某事不存在的謬誤。[168] 這些研究都為期太短，不足以顯示長期效益。也有人引用董恩的話說「沒有好的證據」，這句話正確與否，要看你覺得什麼證據叫做「好」，但顯然使用牙線有益是有證據的。

在這些負面報導之後，支持使用牙線的牙醫呼籲進行臨床試驗。有好幾篇文章引述了牙醫師、牙醫學系教授和牙醫學院院長的話，他們肯定地表示在實際執業時，發現有在用牙線的病人牙齒和牙齦都比較健康。有些牙醫甚至說，他們只要看牙齦狀況，就能分辨哪些病人有規律使用牙線。（這點也提醒我們，臨床試驗很難執行還有另一個原因：人們會謊稱有在用牙線。一項研究推論，美國自稱有規律使用牙線的人之中，四分之一是謊報。）[169] 還有病人（也就是我們所有人）的經驗，很多人都有發現規律使用牙線時牙齦不會流血，而牙齦流血可能是牙周病的前兆。底特律大學牙醫學院院長梅西透過這些臨床經驗和病人經驗，指出為何高品質的試驗從未執行過：「他們不會去研究已經是常識的事情。」[170]

牙醫和病人有這樣的經驗，但高品質的長期流行病學證據付之闕如，該如何解釋這其中的落差？我們可以直接認為這只是相關而非因果，然後把這個現象拋諸腦後；也可以把牙醫和病人的經驗當作一種觀察，觀察結果符合使用牙線能夠預防牙齦疾病的假設。換句話說，就跟避孕藥的案例一樣，我們可以把病人和臨床經驗當成證據，只是此證據背後代表的意義尚未完全釐清。換句話說，我們可以不要把這些經驗「只」當作個案，而是視為**病例報告**，而且受試者人數遠大於一。也如同避孕藥，我們可以進一步思考機制。[171] 事實上認為使用牙線有益是滿合理的，此處的相關的確就是因果關係，因為使用牙線能移除牙菌斑和齒垢，這些東西會造成牙齦疾病，長期下來導致掉牙。我們已經知道連結動情素、血清素與心情的機制，我們也知道使用牙線可以預防掉牙的機制。

紐約州立大學水牛城分校牙周病學系主任江吉歐醫師解釋：「牙齦發炎會演進成牙周病，也就是骨質流失，所以邏輯上如果可以減緩齒齦炎，就能減緩骨質流失的進程。」但是很多牙周病病程長達五至二十年，所以只進行幾個星期或幾個月的臨床試驗沒辦法觀察到這種現象。阿爾德里奇醫師是美國牙周病學會會長，他說：「這種疾病潛伏很久，進程緩慢，逐漸溶掉骨頭……你不知道未來是否會得牙周病，發現的時候可能為時已晚。」[172] 簡言之，隨機臨床試驗的「黃金標準」沒辦法看到牙周病專家們預期的益處，而目前執行過的臨床試驗也不適合拿來討論這個問題。

「黃金標準」這個詞提醒我們，應該也要有白銀標準和黃銅標準，起碼應該要有。卡特萊特和哈迪已經討論過，認為有一種理想而統一的黃金標準是個誤導：沒人家裡會裝黃金水管，那太貴了；也沒人會拿黃金來做刀具，它太軟了。[173] 什麼是最好的工具？那得看是要做什麼事情，對知識、工業和家事來說都一樣。

那研究牙線最好的工具是什麼？可能是另一種臨床試驗。美國牙醫協會指出，關於牙線的研究結果令人失望，可能是因為大家使用牙線的方法不正確，牙線是「與技巧息息相關的干預措施」。[174]《紐約時報》總結：「所以說，完美地使用牙線或許會有效果，但科學家很難找到受試者來測試這個理論。」[175] 恕我直言，這是無知的言論，因為科學家**已經**測試過這個理論了。考科藍回顧的臨床試驗沒有探討使用牙線的技巧會有何影響，但有另一篇回顧文獻討論了六項試驗，由專家在學校幫學童用牙線清潔牙齒，進行將近兩年，顯示**蛀牙的機率降低了40%**。[176]

效果非常明顯，新聞報導的標題或許可以改成：「新工作機會：科學顯示我們需要專業牙線師。」想像未來社會逐漸改變，真的出現這種工作，人們在上班途中可能不是經過皮爺咖啡或星巴克點杯拿鐵，也不是去吹髮沙龍做個造型，而是上「牙線吧」享受五分鐘的專業潔牙服務。

讓知識得到信賴的必要元素

科學家可能沒辦法達到他們自己設定的標準，或是設定的標準沒用、不完整、不充分，或不適用於特定情況，背後的原因很多。儘管以上幾個案例各異其趣，其中仍有一些共同之處值得我們思考，包括：(1) 共識、(2) 方法、(3) 證據、(4) 價值觀、(5) 人性。

共識

在第一章，我們看到歷史學家、哲學家和社會學家都關心科學共識，因為我們無法獨立說明科學知識是什麼。我們不能透過任何一種特別的方法來鑑定科學，只能根據每個主張各自的起源來判斷它是否科學，也就看它的發展過程和參與其中的人。科學家已經對某事達成共識，這樣的主張就是科學事實。

有些懷疑論者試圖用這個論證削弱現代科學，宣稱科學家曾經達到共識支持優生學或反對大陸漂移。[177] 他們認為這證明了科學共識不值得信賴，更不能拿來當成決策基礎。但他們弄錯了，科學家**並沒有**針對優生學或大陸漂移理論達成共識。社會科學家、社會遺傳學家和一些主流的遺傳學家都批評優生學。拒絕大陸漂移理論顯然只限於美國（大部分歐洲學者沒有做出判斷，這和拒絕是不一樣的）。能量有限理論、避孕藥或用牙線潔牙也沒有共識。婦科醫生喜愛避孕藥的功效，精神科醫生則擔憂它在心理健康上的副作用。短期流行病學研究沒有找到使用牙線有益的強力證據，但幾乎所有臨床觀察都指出它有益健康。頂尖的女性醫生指出能量有限理論中明顯的瑕疵。

探討這些事件的歷史，會發現所有案例中，**科學社群裡**都有出現明顯、重要、**以觀察為基礎的異議**。如果來自不同地區、不同領域，或其他不同背景的科學家彼此意見不合，我們應該要留心。這種爭執可能出現在不同領域的科學家檢驗同一個題目的時候，像是精神科醫生和婦產科醫生；或是不同類型的人之間，像是男醫生和女醫生；還有同一個領域但持有不同背景假定和價值觀的科學家之間。這些辯論會發生，是因為不同的科學家會強調證據的不同部分，看重證據的不同面向，或是把不同的價值觀與背景假定帶入詮釋之中。

要達成科學共識並不容易，我們太過輕忽這個事實。因此在任何辯論中，討論專家是否已經達成普遍共識都非常重要。二○○四年我在一篇論文提問：對於人為氣候變遷，科學界達成共識了嗎？我發現當時還沒有人透過分析科學文獻來討論這個問題。對我而言，任何針對假設性問題的討論，都應該從這類分析開始。

最近一期《刺蝟評論》中，編輯寫道：「幾乎在任何主題上（氣候變遷、飲食、疫苗），我們都會聽到互相衝突的科學聲明……不難理解為何談到科學，尤其是科學的權威，常常會引起激烈爭吵。」[178] 這種說法有兩個錯誤。首先他倒因為果了，人們會一直爭辯這些問題，是因為有些群體（菸草或石油產業、主張不要管制太多的人、焦頭爛額的自閉症兒童家長、福音派基督徒）對科學的權威感到不滿，其中有些人**蓄意貶低科學**。

因為科學挑戰了他們的利益或信仰，所以他們要挑戰科學、衝撞權威、引發爭議。第二點是，衝突並非發生在**科學聲明**之間。在美國文化中最受爭議的科學議題，大多數都已經達到科學共識了，包括演化、疫苗安全和氣候變遷。只是在文化上，那些想方設法要挑戰科學的人還沒有接受這些共識。爭論緣起於此，而非科學社群內彼此立場衝突。這絕不是說政治或文化辯論不合理，但把政治辯論妝扮成科學是詐騙，《刺蝟評論》的編輯和許多人都被混淆了。

分析同儕審查文獻中的共識（如我的研究）可以判斷科學家意見是否相同。如果相同，我們就可以再向前一步，找出是誰在質疑科學家的發現，以及他們的動機。我和康威在共同著作《販賣懷疑的人》中說明，石油產業質疑氣候科學家，是因為經濟利益被威脅了；自由主義智庫和保守派科學家質疑，是因為他們的政治信仰受到挑戰。而這些人非但不承認，反而把質疑科學當作工具，用來保護自己的經濟利益和政治信念。

如果科學社群中存在有根據的異議，就需要進行更多（科學）研究。但如果這些異議不是來自相關領域的科學專家社群，那就應該採取不同策略，進行更多科學研究不太可能平息爭論。這些人並不是出於科學考量而提出這些非科學的異議，因此提出更充分的科學資訊無法解決問題。

並不是說非科學的異議就不合理，但不能把它們跟「科學聲明」混為一談。有些社會計畫有很可靠的科學基礎,但還是可以因為重要的道德考量而反對它。又如口服避孕藥的例子,相關資訊可能出現在專家社群之外。我討論避孕藥並不是要說病人永遠正確,而是病人會掌握相關資訊,不應該單純因為這些資訊是自我回報就忽視它。

該如何判斷來自非專家的資訊是否相關、有用和正確?要回答這個問題並不容易。科學訓練和專業知識有明確的標誌:高等教育、科學和學術學會的成員、發表記錄、研究獎助、H 指數、獎項榮譽等等。科學家知道誰是他們的同行,知道一個圈內人的履歷應該長怎樣。(大部分)科學家都知道哪些期刊有嚴謹的同儕審查、哪些沒有。

然而要判斷來自專家世界之外的資訊,就十分困難且棘手。

學者認為有幾個類型的資訊值得參考。第一是掌握相關資訊的其他專業人士,例如護理師、助產士,他們直接接觸病人,在疼痛管理等問題上可能與醫生意見分歧。[179] 第二個類型是沒有受過專業訓練,但日常經驗讓他們擁有相關知識的人,例如農民或漁民。[180] 這些人擁有日常、「草根」的經驗,有機會注意到科學專業人士(不管是因為什麼原因)遺漏的事情。(地球科學家稱之為「地表實況」,用來指涉地理學家在地表就能看到、了解的事情;與此相對的是證據,例如由衛星遠距測量得到的證據。)如同溫恩強調,非專家的世界並非「知識的真空地帶」。[181]

　　第三類是嘉伯所說的「業餘專家」[182]，可能是獨立學者，或其他領域的學者，他們在某個領域自學有成。從傳統文憑主義以外的途徑建立專業當然是可能的（不過如果學者想要跨入其他領域，可能會透過發表論文來取得資格）。第四類是公民科學家：以其他工作維生，出於愛好或利益而參與科學活動。某些領域非常仰賴公民科學家的觀察，例如天文學、昆蟲學、鳥類學和尋找地外生命，專業人士可能沒有足夠時間、金錢或人力可以追蹤重要現象。

　　以上這幾類人都可能在特定科學問題上擁有重要知識，他們與研究對象之間關係明確，在相關科學討論中應該占有一席之地。他們的經驗和專業與科學專業重疊之處，我們應該留意，而非自動忽略他們的看法，或是假設他們的主張必定和科學專家相反。[183] 專家和一般人的觀點往往可以調和一致，或是能夠相容。然而此處得再次引用溫恩：認可這些知識類型並不代表它們在知識上比較優秀，或是能與科學匹敵。[184] 單純因為一個人對某議題接觸較多，不代表他就比較懂。對客觀性的傳統理解認為研究者應該和研究對象保持距離，就是出於這個原因。自閉症兒童的家長可能對孩子的症狀知之甚詳，但不代表他們就有本事判斷自閉症的成因。[185]

　　尊重各行各業和業餘專家，跟聆聽那些沒有專業素養之人的「異議」，也是兩回事。這些人可能是名人、K街*說客、《華爾街日報》與《紐約時報》的專欄作家。當沒有相關專業的人批評科學，我們應該覺得事情有點可疑。有人攻擊科學代表事情不太妙，但出差錯的不見得是科學。說實在，通常都不是科學的問題。

目前已經有大量文獻記錄，顯示各種團體如何試圖創造科學不確定的印象，把辯論當做一種手段，阻礙會衝擊到他們政治經濟利益或意識形態的公共政策。[186] 不過攻擊科學、堅稱共識不存在、宣揚另類理論的原因不止於此，有些人是為了博取注意力而攻擊科學，有些人是要銷售另類療法，有些人則是因為科學沒有回答到困擾他們的問題而心懷不滿。[187] 儘管如此，要分別科學辯論和其他事務並不困難。科學辯論發生在科學殿堂之中，在學術期刊之中；其他事情則發生在其他地方，政治辯論在報章社論中，牢騷隨處可見，悲傷、孤獨和心懷不滿的人需要發洩。但如果我們像《刺蝟評論》的編輯那樣，把政治辯論、商業行銷或社會反彈都當成科學爭議，那勢必無法解決問題。

方法

在我們討論的幾個案例中，問題產生的一個原因是科學家輕視不符合他們方法學偏好的證據。在二十世紀早期，地質學家拒絕大陸漂移理論，因為不符合他們的歸納方法學標準。達文波特喜愛優生學，部分原因是他想要透過量化讓生

＊ 譯注：華盛頓遊說團體的聚集地。

物學變得更嚴謹。在牙線與避孕藥的案例中，科學家忽視臨床證據，因為那不是堅實的流行病學數據。最後一點特別重要，因為在當代世界中，我們變得十分仰賴統計分析，甚至到了讓許多人忽略重要證據的地步。證據可以在日常生活中找到，像是激素影響心情、使用牙線讓牙齦比較不流血。不是說日常生活經驗比統計更優越，並非如此，好的統計研究是現代科學不可或缺的一部分。只是統計如同其他任何方法，並不是永遠在所有情況下都能運作良好，統計跟其他方法一樣可以用好或用壞。（參見克勞斯尼克在本書中的討論。）

認為一種方法優於其他所有方法，是有一點把它神化了。案例顯示這是歷史上某些「科學出錯」的原因，我把它稱為**方法迷戀**。研究者把某個特定方法視為最優越，忽略或輕視由其他方法得到的證據。如果他們多留心一些，這些證據可能使他們改變心意。

經驗和觀察有很多種形式，很多證據都不完美，但不能因此忽略。有些證據看似一團亂，單純因為這樣就不相信它實在太愚蠢了。尤其是有時候偏好的方法學標準很難達成，或者不適用於在討論的問題。隨機雙盲試驗很強大，但如果沒辦法執行，也不該雙手一攤說我們一無所知。想了解藥物對心情的影響一定得詢問病患的感受，雙盲試驗也不可能拿來測試牙線或營養問題。不完美的資訊仍然是資訊。

當我們從獨立的資訊來源了解到某件事的成因或機制，

例如知道使用牙線能減緩齒齦炎，激素型口服避孕藥會影響血清素受體（反之亦然，加強血清素再吸收的抗憂鬱藥物會影響激素），或是溫室氣體會改變地球的輻射平衡。當統計資訊雜亂、不足或不完整時，這些其他資訊都能幫助我們釐清情況。機制很重要，如果我們知道相關機制，就沒有理由裝傻。[188]

證據

科學理論必須以證據為基礎，這聽起來好像理所當然，不過在我提到的兩個案例中，可以看到科學家只憑著少量薄弱的證據，就做出肯定的宣稱。克拉克醫師打造了一個充滿野心且會對社會造成影響的女性能力理論，基礎只有七位病人。與他同時代的評論注意到他的數據不只單薄，而且偏頗。他的病人都是受焦慮、背痛、頭痛、失眠等問題所苦，因而求助於他的年輕女性，而他把她們描述成「以男人的方式」追求教育或專業上的目標。[189]（七位病人中有演員與書店店員，事實上只有一位是女子學院的學生。）

事後看來，他所描寫的症狀（頭痛、背痛、焦慮）顯然有許多成因，男性也常常受到這些症狀折磨。但克拉克沒有提出任何證據，顯示女性更容易出現這些不舒服症狀，或是在受教育的女性身上常見而在其他女性身上不常見。他以假設演繹的框架來呈現他的理論，但沒有完成必要的下一步，也就是判斷他的推論是否正確。更顯而易見的是，他沒有證明這些女性生殖系統變弱或生育能力退化。當女性醫生和教育家指出這些瑕疵時，克拉克忽略她們。他的理論很典雅，但只要考慮當時已經出現的證據，就無法成立。

價值觀

價值觀在科學中的角色還需要多加討論。這裡討論的幾個故事顯示盛行的社會偏見會滲透到科學理論當中，而且很常發生。科學家不一定總是站在正義的一方，任何在乎科學的人都必須承認這點。

討論到優生學之類的案例時，科學家往往傾向說是科學被價值「扭曲」了。但科學史發現價值在許多方面都會滲透到科學活動中，而且影響不見得是負面的，提出這點的主要是女性主義歷史學家，但也不只她們。種族和族群偏見的確侵入了優生學思考，克拉克的研究中性別歧視也不難察覺，但價值觀同樣被運用來批判這些理論。社會主義價值在遺傳學者對優生學的批評中扮演重要角色；女性主義價值讓雅可比識別出能量有限理論在理論和證據上的缺陷；希曼是一位記者而非科學家，但她的女性主義價值促使她去追問聽到的一些「軼事」，找到能夠證實這些故事的醫生，並強調其他醫生忽視的資訊。

在我看來，這是科學應該保持多樣性最重要的理由，而且不只科學，廣義的知識活動都應如此。同質性的社群比較難看清哪些假定有受到證據認可、哪些沒有，畢竟要看到自己的偏見很困難，就像難以察覺自己的口音一樣。一個擁有多樣價值的社群比較有可能看見科學理論中的偏見，以及偏差信念偽裝的科學理論，然後挑戰它們。

　　有人批評我們想讓科學變得更多元所做的努力，有時他們會說，科學中唯一重要的標準是「卓越」。[190] 他們相信科學是由精英主導，民主考量在此不適用。這種評論似乎認為我們呼籲多元化**只是**為了政治目標，打造多元的社群對知識沒有任何價值。但本書提到的故事並不支持這種想法，反而顯示多元化能促進批判性質問，揭露潛伏的社會偏見，從而使知識變得更嚴謹。

　　必須承認這個說法無法證實，因為我們沒有獨立的標準可以判斷科學知識有多成功。我們既然拿這些主張來描述真實，就沒辦法超越它們，獨立地判斷它們的真實性。我們也無法比較多元和同質的社群誰比較能「製造真實」。不過某些其他領域有判斷成功的標準，像是商業，而嚴謹的研究顯示，多元化的商業團隊無論在質化的創新或量化的銷售上都更成功。如果我們知道多元化對商業職場有益，為何不推測它也對學術職場有益？更何況我們在第一章看到，這種推測具有知識論基礎，而本章呈現的案例也支持這個想法。因此我們應該可以這樣結論：「政治正確」（也就是說認真看待多元化價值）的科學社群，比較可能做出科學上正確的研究。

　　考慮價值觀對科學研究的影響，也有助於解釋所謂的**理**

論誤用和**不普遍適用**。如今看來，克拉克的研究有明顯的理論瑕疵。他說他的理論是熱力學的應用，事實上卻是一種誤用，因為能量守恆理論在封閉系統中才成立。人體得靠營養才能維持，並不是一種封閉系統。之所以有生命存在，正是**因為**生物體不是封閉系統。克拉克的理論也沒做到普遍適用，莫名其妙地只適用於女性。這裡必須說明一下，克拉克其實有解釋這點，他認為女性的生殖貢獻特別勞苦，而縱慾可能也對男孩和男人有害。然而當他強調女性受教育會使子宮萎縮時，顯然沒有停下來想一想如果男性受教育，他們身體是哪一部分會萎縮。

優生學理論也沒有普遍適用，穆勒和霍爾丹指出優生學特別關心勞動階級，但有錢人中也有酒鬼、賭徒、游手好閒之人。優生學主義者很少倡導要絕育這些生產力不足的富裕白人男性。

人性

如果科學史教會了我們什麼事，那就是人性。過去的科學家聰明、努力、立意良善，卻得到了一些我們如今發現是錯誤的結論。他們任憑粗糙的社會偏見影響科學思考，沒看到近在眼前的證據，或者視而不見。他們對方法著迷。他們也成功說服同行採取某些立場，在我們現在看來卻是不正確、不道德的。

這些故事中許多科學家的動機都真誠良善，例如想推廣有效避孕的方法，或想保護女性，避免她們接觸科學家真心相信會造成傷害的事物。但他們的失敗提醒著我們，任何參與科學工作的人都應該努力發展健康的自我懷疑。克拉克極度自信，達文波特也一樣，很多早期推廣避孕藥的人也都是。批評魏格納的人說他「自我陶醉」，我敢說每個人都遇過自我感覺過度良好的科學家。對我而言，一位科學家如果真心在意事實，就應該留心這些問題，而不是藐視同儕的意見，一意孤行。

不過，如果科學活動確實具有社會性質，那麼少數科學家自我陶醉也沒什麼大礙。科學領域中不可避免會出現高傲的人，但只要社群夠多元，可以接收另類觀點，社群作為一個整體能夠找到讓所有成員都被聽見的方式，事情應該就不會出錯。無論如何，科學家集團仍然應該謹記，無論他們用什麼方法，得到什麼結論，就算實際過程有多完美或者再怎麼立意良善，他們還是有可能犯錯，還是可能錯得離譜。

小結：科學，一種帕斯卡賭注

如果一個科學主張會對社會、政治或個人造成影響，那在衡量它時，就必須多考慮一個問題：如果錯了會怎樣？接受一個主張最後卻發現它是錯的，有什麼風險？拒絕一個主張而最後發現它是對的，又如何呢？

如果知道服用避孕藥的風險，一位健康女性就可以在憂鬱出現時即時停藥。避孕藥引發的憂鬱通常很快就會消失，對許多女性來說這樣的風險還算輕微，值得一試。同樣地，牙線很便宜，使用牙線每天只需要幾分鐘，如果最終發現沒什麼用處也不會有太大損失。但某些議題就沒那麼簡單了。

想想人為氣候變遷，儘管相關科學研究已經持續了五十年，累積了上萬篇同儕審查的科學論文、數百篇政府及非政府組織的報告，許多美國人仍懷疑氣候變遷的真實性及人類在其中扮演的角色。總統、國會議員、企業領袖、《華爾街日報》的社論都曾表示懷疑，拒絕相信好幾個世紀以來充分發展的物理理論，以及海平面上升和頻繁極端氣候事件等經驗證據。另外有些人則認為，儘管人為氣候變遷真的有發生，但不會造成太大影響，甚至是件好事。[191]

做為一位科學史學者，我知道能量有限理論、優生學、激素避孕藥的歷史，也知道要判斷使用牙線是否有益十分困難，最重要的是我知道地質學家在衡量大陸漂移理論時受到了政治理念影響。我從未**預設**我們相信科學永遠合理，或通常是合理的，我一直認為這個問題很棒：科學主張的基礎為何？我們**應該**相信科學家嗎？

信任科學非常重要，但科學家不能期待大眾單憑信任就接受他們的主張。科學家必須解釋他們如何做成這些主張，並承認他們有可能因為忽略或蔑視某些證據而犯錯。如果有人合理指出某些證據被漠視或不合比例的強調，無論這個人是科學家、業餘專家、記者還是飽學的公民，都該考慮他的想法。科學家必須保持開放，明白他們有可能犯錯或忽略某些重要的事情。[192] 重點在於，無論科學家有多麼聰明正直，我們相信的都不是科學家，而是相信科學做為一種社會過程，能夠嚴謹地檢驗科學主張。

有些科學結論已經發展完整，不再有人提出合理的懷疑；有些理論則是早就被推翻了。上述論點並非在說科學家應該繼續投入時間與精力，反覆證明或推翻這些結論。如同孔恩在超過半世紀前所討論的，如果說科學可以說是一種進步，那是因為科學家知道怎樣達成共識、**往下一步邁進**。針對大陸漂移理論的辯論，是在新一代科學家找到了一系列更切中要害的證據後才重新**開啟**的，這可說是該案例中最突出的一個面向。[193]

我們可以用帕斯卡的賭注來說明這個問題。無論一項科學知識發展得有多完整，無論專家共識有多強大，永遠還是會有不確定之處。因此每當有人挑戰科學知識（不管是出於什麼原因），我們都可以先學帕斯卡這樣問：如果這項科學主張最後證明是對的，忽視它會有什麼風險？相較之下，因應這項主張而行動，但最後發現它是錯的，代價又是什麼？[194] 不用牙線的風險真實存在，但不至於太嚴重；對氣候變遷的科學證據視而不見，代價則太高昂了。[195]

不可諱言，提倡優生學社會政策的人也認為不施行這些政策會帶來極大的風險。當然那只是他們對科學證據的解讀，而如我們所見，這些**證據**該如何解釋，並未有共識達成。這裡我們又要回頭強調共識。如果可以證明相關領域專家並未達成共識，那公共政策的基礎顯然十分薄弱。這也是為什麼菸草公司長久以來，一直嘗試宣稱科學認為菸草會帶來危害這件事其實沒有那麼確定。如果真的是這樣，他們說菸草管制過於倉促就是對的。[196] 同樣地，如果人為氣候變遷還沒達成科學共識，石化產業和自由主義智庫要求更多研究，就是正確的。因此共識研究關係重大，知道共識存在無法讓我們知道該如何面對氣候變遷，但可以告訴我們問題確實存在。[197]

如果確定相關領域的專家已達成共識，下一步呢？我們可以充滿信心地接受他們的結論，以此當作決策依據嗎？我的答案是有條件的肯定。可以，**條件是**社群有理想運作。這個條件很重要，如同溫恩所說，如果科學想要得到尊重與信賴，那麼「在組織型態、管理方式、社會關係等方面擁有優良的制度，就不只是為了讓科學進入大眾生活而作非必要的渲染，而是批判性社會文化評估的必備元素。」[198]

科學史顯示社群不見得能如理想般達到開放、多元、確實執行轉化型質問，而且通常都做不到（不過沒達成這些理想，影響也不一定會很深刻，有時甚至難以察覺）。歷史學家史塔克指出，美國國家生命倫理委員會建議在審查以人類為實驗對象的研究時，委員會至少要有四分之一成員不隸屬執行該研究的機構，但這個目標很少達成。[199]

我們要如何知道科學社群夠不夠多元、有沒有做到自我批判、讓另類意見有機會發聲？尤其是研究進行初期，有潛力的方法不該太早被否定。我們該如何判斷制度好不好？這裡沒有統一標準。很多科學家對大陸漂移的想法錯了，這不代表現在另一群科學家對氣候變遷的想法也錯了，他們可能對可能錯，我們不能預設立場。

除了檢查高素質的專家社群有沒有達成共識，我們也可以問：

> 社群中的科學家能接受不同觀點嗎？社群成員是否
> 能代表廣泛的觀點，有不同的想法、理論取向、方
> 法學偏好和個人價值？
> 是否使用不同的方法和多樣的證據？
> 不同的意見有沒有機會發聲、被充分考慮和看重？
> 社群是否對新資訊開放？能否自我批判？
> 在年齡、性別、種族、族群、性向、國家等面向
> 上，社群的組成是否多元？

最後一點需要進一步解釋，科學訓練的目的是要限制個人偏見沒錯，但所有已知證據都顯示我們沒做到這點，而且可能真的很難。個人偏見很難避免，但可以透過多樣化來校正。不過，真的需要在**人口組成**上多元，才能讓**觀點**多元嗎？

關於這個問題最好的答案，是人口多元很接近觀點多

元，甚至可以說是能夠促成該目標的手段。一群白人、中年、異性戀男性可能對許多議題看法分歧，但他們也會有盲點，例如在性別或性向上。在團隊中加入女性和酷兒是一個辦法，讓更多本來可能錯失的觀點被納入考量。

這是觀點知識論的基本論點，主要由哈定提出（見第一章）。我們的觀點很大程度取決於生活經驗，比起有男有女的社群，一個全由男性（在觀點知識論上則是全由女性）組成的社群，經驗可能比較狹隘，觀點也可能因此比較狹隘。商業世界有證據支持這點，針對職場性別多樣性的研究顯示，女性加入領導階層有助於公司獲利，但只限於一定比例：60%。如果公司領導階層全部或大部分是女性，這種「多元紅利」就會開始降低。這也的確符合以上論點。[200]

前面提到的問題其實並不容易做到，但如果任何一點沒有做到，通常很容易就會被發現。更常見的是社群中的某些人性格傲慢、心胸狹窄、自我膨脹（這些實在太常出現了！），但社會學觀點的知識論認為個人的影響不大，重要的是團隊整體足夠多元，公開討論的管道暢通，新證據和新想法有機會傳播。

哲學家道格拉斯論證過，當科學結論帶來的影響不在知識層面，而是關係到道德、倫理、政治或經濟，就無法避免價值觀在不知不覺中影響我們對證據的判斷。[201]（例如自由派可能會比較快接受氣候變遷的科學證據，因為這代表政府可能要干預市場運作，而他們對這點接受度較高。）因此，一個議題影響社會愈深，研究它的社群就更必須公開且多元。

　　不過有時候某些議題看似單純、只是知識問題，實際上卻不是。科學家可能會說他們純粹在討論問題的知識面，但實際上不是。[202] 這表示無論是什麼議題，科學社群都需要留意多元和開放程度，對新想法保持開放，尤其是得到實證證據支持的想法，或嶄新的理論概念。例如可以在決定經費補助對象或審查論文時，多加考慮新穎的想法。包容新穎想法最後發現它錯了，應該還是好過因為批判而錯過好的想法。很多科學家非常強調在面對知識時應該表現出嚴厲的態度，實際上還可能流於粗暴，這可能在無意間造成同行不願多言，特別是年輕、害羞或缺乏經驗的科學家。嚴厲很重要**沒錯**，但**保持開放**可能更重要。

　　我在第一章提到，想推廣延伸演化綜論的人，確實有得到足夠的機會發聲，儘管回應並不總是友善。同樣的事情也發生在魏格納身上，他不是受埋沒的天才，他的論文發表在同儕審查期刊上，他的作品有被人看見，只是不受歡迎。優生學的社會主義反對者同樣也在《自然》上發表宣言 [203]，即便在當時，這些異議分子也沒有被科學集團噤聲。

　　快轉到今日，加州大學的分子生物學家迪斯貝格不相信愛滋病是由病毒造成的，許多愛滋病研究者對此很不能理解。據迪斯貝格的說法，他「在諸多期刊論文中挑戰愛滋病毒假說，包含《癌症研究》、《刺胳針》、《美國國家科

學院院刊》、《科學》、《自然》、《愛滋病期刊》、《愛
滋病研究》、《生物醫學與藥物療法》、《新英格蘭醫學期
刊》、《免疫學研究》。」[204] 無論他是對是錯，同儕對他
是接納還是詆毀，他的意見實際上就是有被聽到，而且還是
在美國和國際科學的最高層級。同行沒有叫他閉嘴，而是發
表他的研究，認真看待他的論點，只是沒有被說服。[205] 被
壓迫和輸掉辯論是不一樣的，有時候一些「懷疑論者」不過
是不服輸而已。

尾聲
科學中的價值觀

　　有些人擔心過度相信科學發現或科學家的觀點，會導致不好的公共政策。[1] 我同意，過度強調科技考量，而犧牲社會、道德或經濟，可能會使人做出糟糕的決策[2]，但這不影響相關科學是對是錯。如果一個科學問題已經有了答案，而且找到這個答案的科學社群本身開放且多元，那我們就應該接納它，然後再決定要不要回應、要怎麼回應。

　　幾乎所有我認識的科學家都是這樣想的，我在過去也曾強調這點。這體現了一個經典的概念，也就是事實與價值的區別：我們可以指認事實，然後根據價值觀來決定要不要反應、要怎麼反應，把兩件事分開討論。然而現實中這種策略已經沒有人遵守了（可能從來就沒有過），大多數人並不把科學與其影響分開來看。[3] 例如很多人不相信氣候變遷，並不是因為任何科學上的錯誤，而是因為與他們的價值觀、宗教觀點、政治意識形態和經濟利益衝突，或是看起來有衝突。[4]人們不相信科學發現或批判它的原因很多，但多少都是認為科學與他們的價值觀衝突，或威脅到他們的生活方式。

一九六〇年代，許多政治上左傾的人批評科學，因為科學被應用在軍事上。[5]到了今日，許多右派批評科學，因為科學暴露了當代資本主義和美國生活方式的缺點。[6]一九九二年里約熱內盧地球高峰會舉行之前，老布希總統提到人為氣候變遷時這樣說：「美國的生活方式絕對不容妥協。句點。」[7]他簽署了里約熱內盧高峰會衍伸出來的聯合國氣候變遷綱要公約，並承諾會採取行動。然而同時他也指出，若要回應環境科學的發現，勢必會牴觸高度消費的美式生活型態。至少有部分環保人士把環境惡化歸咎於這種生活方式，並尋求改變。這種模式一直存在，也解釋了為何相較於民主黨，共和黨人對氣候科學更傾向懷疑。[8]有些保守派人士認為採取行動回應氣候變遷是反民主、反美國、反自由的，而這是唯一能解釋的原因。[9]

如果我們問科學家：「為何福音派基督徒不相信演化生物學？」很多人會回答說，這是因為他們按照字面閱讀聖經，堅信神在六天之中創造了地球及其上的一切。但信奉天主教的演化生物學家米勒指出，福音派在反對演化論時，很少動用字面上的經文解釋，事實上甚至很少用到聖經釋義。反之，他們訴諸道德。如果人類是從沒有目的、隨機的變化過程中偶然出現的，這種理論會帶來什麼道德衝擊？桑托榮是前任賓州參議員，曾兩度競選總統，他解釋說，他不相信天擇演化的概念，是因為這等於是把人類說成「自然的錯誤」，會讓人忘記道德的基礎。[11] 其他反對演化論的人則論稱，如果演化是真的，生命就沒有意義。

科學家試圖迴避這些外於科學的刺耳考量，他們躲進價值中立的堡壘，堅稱就算科學可能會牽涉到政治、社會、經濟或道德，本身卻不帶有價值觀[12]，因此不應該基於價值考量而反對科學。重力不會在乎你支持共和黨還民主黨，有機農場和高爾夫球場都會淋到酸雨，放射性物質逸入大氣，無論是現在還是大選前都一樣。

這種論述正確無誤，但不足夠，因為無論應不應該，聽眾就是會把科學與牽涉到的議題連結在一起。福音派基督徒拒絕演化科學，因為他們相信演化與他們的宗教信仰牴觸；福音派自由市場支持者拒絕相信氣候科學，因為這與他們的經濟世界觀牴觸。因為這些牴觸，他們不相信負責研究的**科學家**。這實在很麻煩，尤其是當我們承認沒有單一科學方法可以保證科學結論是真的，科學純粹是相關專家討論某件事然後達成的共識。

把科學知識看成專家共識，這個觀點讓我們無法迴避以下問題：科學家是什麼人？憑什麼要信任他們？科學家往往把這些問題視為人身攻擊，認為提這種問題不講道理，但如果我們要認真看待「科學是達成共識的社會過程」這個結論，那麼探問誰是科學家，就變得十分重要。[13]

社會科學家已經討論過該如何建立並維持信任，礙於篇幅在本書中沒辦法深究。但有件事很清楚，有共同價值的人之間要建立信任比較容易。[14] 好巧不巧，價值卻正是大部分科學家拒絕討論的話題。問一個科學家他相信什麼（而不問科學問題），就跟問他們科學家是什麼人沒兩樣，根本是在踩紅線。當科學家的客觀或誠信受到質疑，他們的反應通常是閃躲，堅稱自己唯一的動機只有追求知識。他們躲到社會學家墨頓數十年前說的「崇高的純科學」背後[15]，無論科學發現會帶來什麼影響，他們都堅持科學事業本身是價值中立的。

墨頓認為這很有道理。他相信大眾會信任科學，是因為他們認為科學獨立於外在利益，也就是所謂「外於科學的考量」。這也正是科學家捍衛「純科學理想」的原因。[16]

從接受訓練的最一開始，科學家就在培養一種關於科學純粹的情操，（這種觀點認為）科學絕對不能為神學、經濟或國家服務。這種情操的功能是讓科學保持自主，因為如果要符合宗教教條、經濟應用或在政治上識時務，採納這些外在標準當作科學的價值，那麼科學就只有在符合這些標準時才能令大眾接受。換句話說，如果「純粹科學情操」消失了，科學就會直接受制於其他體制機關，科學的社會地位會愈來愈不確定……因此崇敬純科學被認為

是在捍衛科學免於社會規範入侵，社會規範會限制
有潛力的進步方向，讓科學研究沒辦法穩定和持續
地被當作社會上的重要活動。[17]

　　對墨頓而言，把價值中立當作規範性理想之所以重要，
不只是因為這能幫助科學家在執行研究時保持客觀，更是因
為這讓大眾認為科學公平、客觀、致力於追求真理（而非追
求權力、金錢、地位或任何其他事物）。如果人們認為科學
家追求的目標不是科學目標，就很可能不相信他們，因此墨
頓認為科學家應該捍衛純粹科學的理想。現代科學領袖把經
濟應用當成研究主因，大學強勢追求私人部門支持「基礎」
研究，科學家擁抱私人獲益而投入生技創新和其他創業活
動，墨頓看到這些情況恐怕會不太開心。

　　但墨頓是一位社會學家，而非歷史學家，他高聲疾呼的
純科學理想，在歷史真實下十分站不住腳。歷史上，科學家
一直都有贊助者，贊助者各懷居心，很少是為了追求知識而
追求知識。如此看來，科學做為一種價值中立活動的理想，
其實是個迷思。[18] 為了經濟或其他方面的應用而金援或在文
化上支持科學，一直都是受到認可的。歷史學家海爾布隆以
實例說明，中世紀時天主教會支持天文學研究，是為了要用
天文數據來確定復活節日期。[19] 墨頓自己最著名的論述，即
是討論近代科學之所以能在十七世紀的英國以當代科學的形
式蓬勃發展，就是因為它強調應用，與主流清教徒的價值觀

相應。[20] 我的研究也說明，美國海軍在冷戰期間支持海洋學的基礎科學研究，是因為海洋學對反潛武器和海面下偵查活動有用。[21]

生物研究向來都得到政府與慈善事業的支持，因為在醫療及公共衛生上有價值；地質學能找到有用的自然資源（也可以深化我們對上帝的崇拜）；物理學有科技應用；氣候科學和氣象預報有關。[22] 要說應用價值在促進科學發展上沒有一席之地，那是忽視了數百年來的歷史。而應用不可避免地與價值有關：健康、富裕、社會安全等等。說某件事有用的意思是我們重視它，或者認為它能維持、保護、強化一些我們重視的事情。

科學這門事業並非價值中立，個別科學家也不是。沒有任何人可以真正做到價值中立，當科學家這樣講自己，人們會覺得他們虛偽，因為那是不可能的。除非他們是白痴學者或超級天真，不然就是不誠實。然而誠實、開放和透明又被認為是科學研究的核心價值。科學家怎麼可能同時做到誠實，又說他們沒有自己的價值觀？如果科學家要堅守誠信，同時卻讓大眾誤解他們的角色（就算不是故意的），這會讓他們的事業出現根本的矛盾。

可能有人會反駁，科學家並不是說他們沒有自己的價值觀，只是不會允許這些價值觀影響到科學工作。這種論述不可能證明對或錯，但社會科學研究和一般常識都顯示這不太可能。這就把我們帶到下一個問題，不知為何長久以來都沒有人認真討論一件事，但它卻是許多美國人不信任科學的核心因素：要說科學是價值中立的，多少是在說它沒有價值，至少除了創造知識以外沒有其他價值，而這很容易就變成在說**科學家**沒有價值信念。當然不是這樣，但如果科學家不願意討論他們的價值觀，就會給人一種印象，認為他們的價值觀有問題，所以才需要遮遮掩掩，或認為他們根本就沒有價值信念。你會相信一個沒有價值信念的人嗎？

　　我在第二章提出了一個問題：忽視科學主張但最終發現它是對的，風險是什麼？相比之下，相信一個錯誤的科學主張，風險又是什麼？回答這個問題必須仰賴價值。我和康威合著的《販賣懷疑的人》提到，氣候科學所引起的爭辯，幾乎都是價值上的爭辯。很多有影響力的人物在一九八〇和一九九〇年代相信，政府干預市場的政治風險是如此之大，超越了氣候變遷的風險，因此他們懷疑、蔑視，甚至否認後者的科學證據。這些立場由自由主義智庫繼承，得到共和黨支持，演變成共和黨支持者很多都否認氣候變遷，只是有些積極、有些消極；然後再演變成很多質疑「大政府」的人都懷疑氣候變遷，包括商人、長者、福音派基督徒、住在美國鄉下的人。即使氣候變遷的證據不斷累積，懷疑論者還是堅稱，就算氣候真的有在變遷，情況也不會太嚴重，或者不是「我們造成的」。因為如果事情真的很嚴重而且是我們造成的，那**我們**就應該採取行動，可能需要政府以某種方式管制。如此一來，否認氣候變遷逐漸變成美式生活的常態，先

180

是否認證據，最終否認事實。這個問題非常嚴重，但是對於氣候變遷否認者秉持的價值，不能一網打盡說是錯的。[23]

我們可以討論大政府和小政府的優缺、市場管制不足或過度管制的風險，但任何這類討論都（至少在某種程度上）是從價值出發。如果要開誠布公討論這個話題，就必須討論我們的價值觀。不同的人面對同樣的風險，可能有不同的想法，不代表他們就是愚笨或腐敗。人為氣候變遷的科學證據很清楚，疫苗不會導致自閉症很清楚，使用牙線有益健康也很清楚。但價值觀導致許多人拒絕接受證據指出的事情。

回到剛才的問題：你會相信一個沒有價值信念的人嗎？答案當然是不會，這種人是反社會人格。你也不會相信那些擁抱你所厭惡的價值的人。但如果你認為，某個人的價值觀起碼部分與你相似，就算不盡相同，你可能就比較願意聽聽他的想法，接受他說法的一部分。因此，無論價值中立是否能讓一個主張在知識論上比較站得住腳，**可以確定的是它在現實中沒有用，不能以此確保溝通、建立信任的連結。**

科學寫作的主流寫法不只試圖隱藏作者的價值觀，也把他們的人性一同抹煞了。價值觀隱藏、情緒不得伸張、避免使用形容詞，甚至連「我」這個字都無形中禁止了，即便論文只有單一作者也一樣。[24] 理想的科學論文寫得好像作者沒有價值觀或感覺，甚至好像作者根本不是人，這都是為了表現出客觀。[25]

科學家可能覺得根本沒辦法讓否認氣候變遷和相信地球

年紀是 6000 年的人相信他們。或許這是真的。我曾經公開表示對於要如何跟千禧世代交流感到非常絕望，他們之中有些人聽信末世論，認為世界就要毀滅了，幹麻還擔心氣候變遷？但當我陷入絕望，隔天幾位記者就告訴我怎樣才能透過基督教價值和教導打動這些人。[26] 他們建議我從價值觀下手，社會科學研究也支持這種想法。[27]

結論

　　科學家壓抑自己的價值觀，堅持科學是價值中立的，這是一條歧路。[28] 他們認為人們如果相信科學沒有價值觀，就會相信他們，但這是錯的。

　　墨頓顯然這樣想，但他可能是錯的，或許反過來才是對的。原因如下：

　　政治與社會觀念保守的基督徒、自由主義者、共和黨人拒絕相信演化論和人為氣候變遷，大部分分析都聚焦在科學家與這些人之間的價值衝突。但我相信，驅動大多數科學家的價值觀，還是和大多數美國人的價值觀有重疊之處，包括多數的保守派和宗教信徒。近來有一些科學家開始公開聲明他們的價值觀，我認為部分原因是，他們深信這些價值觀**確實**得到廣泛接納，可以作為信任連結的基礎。[29] 我認為他們是對的。

　　我認識的大部分科學家都想要預防疾病、促進人類健康、透過創新和發現來強化經濟、保護美國與全世界美麗的大自然。前共和黨議員殷格利斯講得很有說服力，他談到他和海洋生物學家一同造訪大堡礁，他們肩並肩站著，欣賞珊瑚礁周邊生物撼人的美麗。殷格利斯了解到一件事：他看到「創造」，科學家看到「生物多樣性」，但他們實際上看到的、在意的、**珍惜**的，是同一件事。

我好喜歡這個故事，因為多數人至少都在某方面珍愛自然。不同背景的美國人都曾造訪國家公園和森林，去健行、釣魚、露營、開車、攝影、漫遊、抱怨，雖然從事不同活動，但美景與體驗帶來了共同的喜悅。儘管如此，我們對人類與自然世界的關係，確實有不一樣的想法。有些人想要在冬日的黃石公園騎雪上摩托車，有些人想要安靜休養。幾乎所有美國人都說他們相信自由，然而我們對這個詞的理解卻嚴重分歧，也很難同意該把哪一類自由看得最重要。柏林有句名言：狼的自由可能代表羊的死亡。[30] 同意「自由」這個詞意義並不大。

宗教歷史學家普羅特勞指出，猶太人、天主教徒和新教教徒都相信十誡，但是版本差距之大，令人吃驚。[31] 例如天主教放棄了不可崇拜偶像，而猶太教與新教徒堅守此道。天主教因此少了一條戒律，只剩九條很奇怪，於是他們把最後一條一分為二，變成第九條是不可貪圖鄰人之妻，第十條是不可貪圖其他東西。儘管如此，美國人中超過 70% 都信奉這三個宗教，他們都還是認同不可殺人、偷竊、通姦或做偽證，也相信我們應該崇拜唯一真神、不可妄稱神的名、守安息日、孝敬父母。伊斯蘭教也同意這些，只是比這三個宗教更加強調慈善：課（zakat），也就是施捨，是五大支柱之一。不過，看看 zakat 這個字和希伯來文中的 tzedakah 多麼相似，tzedakah 代表慈善施予，是猶太生活的道德義務。慈善也是基督教的核心價值，虔誠的摩門教徒會繳納什一奉獻。

　　在很多政治議題上我們意見相左，但我們的核心價值大部分都重疊。釐清這些我們都同意的部分，並解釋它們和科學研究的關聯，我們就有機會克服盛行的懷疑論與對科學的不信任，尤其是因價值受到衝擊而產生的不信任。

　　因此，讓我講清楚我的價值觀。

　　我希望避免不必要的人類苦難，保護地球之美及生物多樣性。我希望保有冬季運動的快樂、珊瑚礁的壯麗、大紅杉木的神奇。我喜歡暴風雨，但我不想要它們變得更可怕。我不希望洪水、冰雹和颶風摧毀城鎮，殺死無辜的人。我希望確保美國及全球所有的下一代及未來世代，都擁有和我相同的機會，過上美好富足的生活。我不希望把愈來愈多錢花在救援氣候變遷帶來的災害，然後變得愈來愈窮，我們可以用較少的花費來預防這些災害。[32] 我不認為為了幾個公司的盈利要全人類一起付出代價是公平的。我相信政府是必須的，但我不想要它不必要的擴張。

　　我也相信教宗方濟各強調的，地球是我們共同的家園，漠視氣候變遷就是漠視自然和正義。教宗提醒我們他的名號是為了紀念聖方濟各而取，這位聖人封聖的原因正是他「與萬物交流……感到被召照顧萬物。」[33] 有些人把這種交融的感受視為創造論，認為這和冷酷的科學理性不同。但十八和十九世紀歐洲的博物學家普遍認為，科學探究是一種更靠近神的方式，他們正是藉此追隨《智慧篇》十三篇 5 節：「從受造物的偉大和美麗，人可以推想到這些東西的創造者。」又如十八世紀末，海頓在其偉大的神劇中寫下：諸天同述說神的榮耀——無論我們心目中的榮耀是什麼。

　　我也相信歷史證明了鄧恩在四百年前所寫的：「任何人死去都是我的減少，因為我是人類的一員。」我相信我應該守護我的兄弟，而你也是，畢竟創世紀中緊接在人類墮落之後是該隱與亞伯的故事，應該有其原因吧。

　　舊約聖經是世界三大一神教的共同根源，它從創世紀開始寫起，幾乎所有人類社會的起源神話和故事也都是。無論稱之為生物多樣性、創世紀、夢幻時間還是大地之母，它都受到氣候變遷威脅。無論是科學、歷史、文學、倫理，我們所知的一切都教導我們，關愛同胞和愛護環境是同一回事。用二分法來看待人與環境、工作與環境、富裕與環境，都是為了合理化貪婪而建構出的危險幻象，錯以進步之名，自私地為破壞行為辯護。

　　這是我所相信的。

　　如果我們沒有依據科學知識行動，而最終發現科學知識

圖二　佩特（Joel Pett）的諷刺漫畫，經佩特與漫畫家集團（Cartoonist Group）授權使用，版權所有。

是正確的，人們會為此受苦，世界會變得貧乏，這點證據已經太多了。[34] 反之，如果我們依據目前的科學結論行動，最終卻發現是錯的，那就像這張漫畫中所說，我們會平白無故地創造出一個更好的世界。

第二部分

批評與回應

第三章

冷凍豌豆知識論

二十世紀科學的純真、暴力與日常信任

蘇珊・林蒂

　　大眾對科學社群成員的信念與作為感到憤怒、不信任，想要他們受到政治懲罰，這在歷史上並不罕見，只是如今規模更勝以往。在這顆行星存亡之際，科學知識有直接且迫切的應用價值，卻有人站在全球權力頂端，系統性地拒絕相信科學，懷疑論、疑慮和不信任等問題愈演愈烈，而且以嶄新的形式出現。[1]

　　我想把這篇評論的重點放在規模，把注意力「往下」拉到比較親切的尺度。我們每天都會接觸科技，科學就層疊在日常生活中，也創造出一種信任的氛圍，這點應該得到廣泛認知並好好討論。[2] 我也想指出我們已經忽略這點太久了，或者說還可以更加強調這點。[3] 在宣傳科學、重建大眾對科學的信任時，我們沒有好好利用日常信任。[4] 看看人們下廚

的時候，很多人不假思索地信任科學，因為它「有效」。

我了解，「科學有效」在理論上並不是個令人滿意的答案。歐蕾斯柯斯已經細緻地從科學哲學的觀點討論，比較妥當、充分的解方，應該要更接近理性思考，用推論出主張，在社會和知識系統中召喚某種形式的共識，才有可能在科學與哲學上站得住腳。我同意，我都同意，的確應該如此。我們應該相信科學，是因為它是我們手上最好的，因為科學在尋求證據時採用的社會規則相對來說開放且可靠。（一個互為主體性的原因！）即使這些規則並不完美，但長期下來已經從各方面證實它們通常值得信賴。這種創造知識的方法既強大又有效，對許多人來說也顯而易見，不需要訴諸引人注目的宣言或道德秩序，也不需要哲學來支持。

但這是個民粹主義的時代，我認為不如試著從吐司機談起。科學哲學家卡特萊特有時會用吐司機來說明因果問題，既簡單又易懂。[5] 她寫道，按下吐司機操縱桿，可以讓麵包下降進入吐司機，開始加熱。這個現象太常見了，可能你前幾天才烤過吐司。但卡特萊特指出，若要找出加熱發生的原因，必須先接受兩個彼此「不相關」的原因：操縱桿本身，還有連於其上、移動後會被啟動的加熱電圈。卡特萊特認為吐司機可以幫助我們思考和拆解一件事背後的原因，我想跟隨她的腳步提出一個想法：吐司機和其他日常生活用品（冷凍豌豆、智慧型手機、垃圾回收箱、工業製造的「木紋」書櫃）也能幫助我們思索知識與信任的問題。我認為，既然人們普遍都信任生活科技，甚至**喜愛**這些科技，我們應該可以重新賦予它們科學意義，在這個有著長遠反智傳統的國家中強調科技與**智識**的連結。[6] 大眾不信任科學，而要挑戰這種觀點，我認為讓大家看到有多少知識深藏於日常生活中，可以做為一種策略。實際上無論人們承認、理解與否，無論他們能不能說明此事，日常生活中對科學的信任幾乎無所不在。我們有推特、冰箱、航空旅行和醫藥，科學幾乎可以說是這個世界的核心，大家也視之為理所當然。[7]

　　科學不只存在於實驗室，而是無處不在，人們深信科學且十分仰賴它，而且我猜許多認為自己不相信科學的人也不免如此。我們身處的物質世界由科學和知識打造，我們無法擺脫它，搬到飛地，在農村裡與有機山羊和番茄園為伍也一樣，就連環繞著椰子樹的太平洋小島也曾多次被當做核爆測試地點。海平面上升已經淹沒了馬歇爾群島，這可是不折不扣的科學。[8] 我們每天都生活在由科學知識建構的系統之中，我們深深仰賴科學的成功，但通常不會去思考這個事實。我們往往輕率地把科技世界視為「自然」，但它們是從知識系統衍伸而出來的。像是冷凍豌豆這樣的食物，是因為實驗室知識才有可能出現。冷凍豌豆牽涉到的知識領域可多了，細數下來真是不可思議：石油與天然氣產業用到的近代地理科學、發展塑膠的化學、科學化灌溉和基因改造食物、冷凍過程的化學，甚至是關於行銷與說服的社會科學，是這些可靠的事實讓冷凍豌豆成為可能。

　　科學研究是正確的，而且值得信賴，所以才會出現這些深受愛戴與信賴的日常科技。這是個簡單的事實，卻長久以來受到社會忽略，科學與**科技**的分野讓我們看不見這點。科學、科技這兩個詞很好用，然而當代的使用方式沒有彰顯出知識與應用的重要關係。現在我們可以運用這層關係，讓大眾重新理解幾乎全世界的人都普遍地信賴科學，甚至喜愛科學。

　　日常生活中的科學往往不被視為科學，或是受到忽略，不被強調。對許多人來說，科學家和科學事業是否值得信賴，好像也**與此無關**，這是為什麼？

　　當然，我想用歷史來解釋：這是由於科學和科技在政治上被高度區別，出於某些原因，科學社群十分重視這點。

　　一般認為科學和科技有明確的界線，這種誇大的想法其實是歷史的發明，在冷戰中得到強化，用來區分高貴的純科學和戰爭科技。它的歷史淵遠流長，不過影響最深的是兩次世界大戰中大量地應用（汙染？）了科學。第一次世界大戰是「化學家的戰爭」，後來獲頒諾貝爾獎的德國化學家哈伯發明了化學武器。戰爭過後化學武器被視為非法且不道德的，但當時幾乎所有部隊都使用過這種技術。第二次世界大戰是「物理學家的戰爭」，「純物理」的應用摧毀兩座日本城市，讓二戰終結，各國針對這種技術展開軍備競賽和軍備控制，後來這種技術也被視為非法且不道德的。對美國和世界的科學社群來說，這些科技成就深深威脅著科學的合理性。

　　許多人批評科學在戰爭中扮演的角色，其中不乏科學家，科技知識在國家暴力中扮演的角色和科學家本身的行為，都使他們苦惱不已。德國化學家因為率先使用化學武器而被撻伐，一九一八年後被科學研討會排擠將近十年。[9] 與此同時，法西斯主義在一九三〇年代逐漸得勢，國際科學社群開始努力建構一個哲學觀念：自由的科學質問能確保民主的健康，是一種特別純潔的追求。[10] 在這種想法中，科學家的**品德**就是科學質問足以採信的證明，等於是讓信任取決於一個人的宗教或精神秉性。謝平指出這種想法已經過時，近代科學勞動力在一八八〇年代之後已經專業化，達爾文演化論中的天擇等科學觀念中也隱含了唯物論，這些事情都讓人們不再相信能透過科學通往神的旨意，科學家再也不能（因為建造這條神聖之路）而占據道德高點。

　　二十世紀中期的相關討論幾乎可以視為一場復魅計畫（針對科學，而非自然），這場引人入勝的論戰聚焦在**科學的本質**及其人文面向。布羅諾斯基的《科學與人類價值》（一九五六年出版）等熱門書籍羅列出科學的優點，把科學家描寫成道德特別高尚的人士，強調近代戰爭（或原子彈）的暴力並非他們的責任。科學家發布綱要聲明，例如布希的《科學：無盡的前沿》，傳達科學是慈善事業，是人類福祉的核心，關乎健全的民主運作。與此同時，大量國防預算投入幾乎所有能想得到的科學領域，從物理、生物到社會科學。這引發了科學家的恐慌，害怕自己成為國家安全的知識奴隸。在一個安全許可可以讓人丟飯碗的圈子裡，科學家該如何保護自己的事業？他們只好用近乎尖刻的態度強調科學的純粹。

在這種廣為流行的說法中，科技的地位截然不同，在智識上和道德上都不**純潔**。科技與社交生活及政治夾纏不清，是骯髒的、暴力的，無法獨立存在，也配不上科學的殊勝地位。科技的產物毀滅城市，讓人們被輻射汙染，而科學與此無關。

科學與不潔的科技之間有難以橋接的鴻溝，當這個說法在二十世紀中葉不斷被宣傳之際，科學史這個學門也開始萌芽，逐漸獲得重視，大學開始聘請科學史學者。在一九五〇年代，許多科學史家致力於強化大眾對純科學的信念，把科學視為對抗法西斯主義和共產主義的堡壘。歷史學家把這當作自己的使命，在學術論述中描寫科學的自主性和純粹性，儘管與此同時他們同校的科學家正在力抗自主性流失、新型態的國族主義，國家安全嚴厲地逼迫他們在政治上順從。在科學史的第一段全盛時期中，歷史學家十分投入劃界工作，避免討論（純）科技、偽科學或任何型態的庶民知識。舉個例子，煉金術**不是科學**，這個想法導致數十年來科學史對牛頓的生平避而不談，牛頓是重要的自然哲學家，實際上他非常喜歡煉金術。（多布斯在一九七五年的一本精彩著作中說明煉金術對牛頓思想的重要性。）

　　以下這個惡名昭彰的例子更能體現當時的情形：一九五七年夏天，科學史學會的會長格拉克毫不猶豫地拒絕讓對科技史有興趣的學者參與該學會的研討會或期刊。一九九八年一篇盛讚科技史學者克蘭茲伯格的評論這樣描述：「格拉克為了避免科學史被所謂的低等知識玷汙，只願意讓優秀的『思想家』與會，而拒絕低等的『思想家』。這件事促使克蘭茲伯格創立獨立的學會，辦理自己的期刊。這段經驗加強了他的信念，認為科技史需要成為一個有自主性的知識學門，也值得如此。」[11]

　　純粹的科學和不純潔的科技之間，自此出現了一道鮮明且高度政治化的界線。這兩個詞聽起來都冠冕堂皇，而且不證自明：科學家創造知識，科技**只是**知識的應用。在這種想法下，打造原子彈的科學家帶著原子結構理論榮登真理和自然的舞台，而真實的武器則屬於工程師，一群被歷史（應該說科學史）忽略的人。生物武器、化學武器和洲際彈道飛彈全都屬於「科技」，而不是科學。科學和科技之間分野清晰且不容質疑，為了讓科學在道德上顯得比較優越，這種想法不斷被強化。

　　一九四一年，地質物理學家圖夫在約翰霍普金斯大學應用物理實驗室領導新型近炸引信的研發工作，他把科學與科技的分野視為自己科學身分的核心。王在二〇一二年的論文中漂亮地說明了圖夫的邏輯，以及他如何在職業生涯中應用這個想法。圖夫在一九五八年告訴聽眾：「科學不是飛機、飛彈、雷達或原子彈，也不是沙克疫苗、癌症化學療法或是開給心臟病病患的抗凝血劑。這些都是科技發展……科學是關於我們周遭自然世界的知識，我們的世界令人驚歎，而科學是追求關於世界的新知。」[12] 圖夫甚至排除了沙克疫苗！

圖夫是一位協助打造武器的科學家，我們可以體諒他想要劃清界線的心情，但我們也必須認識到這段往事發生在一個特殊的歷史時期，而且這種說法無法完整解釋各種型態、不斷迭代的科技知識。我們也應該理解冷戰期間的美國科學家在職場上受到沉重的壓迫，壓力與焦慮都使他們想要劃清界線，成為科學專業人士的代價十分高昂。

例如在一九五四年七月，耶魯大學生物學家波拉德寫了一封言詞懇切的信，給當權的原子能委員會，描述自己是如何學會保密：「在戰爭期間，我們很多科學家理解了機密的意義，於是變得謹言慎行。」波拉德說：「我們很少得到外界的指示。」戰爭結束後，他有意識地決定避免執行祕密研究，他「仔細思考了保密和國安的問題」，然後決定未來只處理完全公開的資料：「我收到一兩份文件，沒有拆封就寄還了，是關於創立布魯克海文國家實驗室的計畫，我有參與一點。」但一九五〇年韓戰爆發後，他基於個人對蘇聯的疑慮而回心轉意，覺得「我身為一名科學家，應該把 20% 的時間用在直接增強美國武力的工作上，就像繳稅一樣。」[13]

冷戰期間，他開始參與祕密研究，在這個過程中學到一種極端的社會守則，他稱之為「科學家的道義」：「我學會時刻武裝自己，對我的家人、跟同事們輕鬆聚會的時候、對下課後拿著新聞報導來問問題的學生、在火車上，甚至是上教堂的時候。我下了很大的功夫，絲毫不敢怠懈，持續地保守著我可能知道的祕密。」[14]

冷戰中的許多專業人士都會對波拉德這番言論心有戚戚焉。身為科學家，往往表示要向朋友、家人、學生、同事隱瞞自己的工作內容。科學原本建立在公開與自由交換意見之上，卻逐漸變成繞著祕密打轉。[15] 科學家可能會因為失去安全許可而失去工作[16]，許多違規行為都可能導致安全許可撤銷，包括與共產黨黨員共進晚餐。[17]

威斯康辛州議員麥卡錫要求科學家去眾議院非美活動調查委員會作證，如果不願意的話可能也會丟工作。[18] 物理學家波姆因此失去了普林斯頓大學的助理教授職位。他後來去了巴西，然後又到英國，在新的環境中為科學和哲學做出傑出貢獻。[19]

一九五〇年代的科學家也受到類似今天的網路騷擾。史邁司投票支持普林斯頓物理學家歐本海默保有安全許可，因此被很多人視為不愛國。他收到恐嚇信，來自一個「憤怒的美國家庭」，宣稱「有天我們美國人會抓到你們所有這些叛徒。」[20] 遺傳學家史坦貝格也是民眾攻擊的目標，為此他丟了一份房地產合約和好幾份工作，因為不盡不實的報導說他是共產黨人。史坦貝格提供給美國哲學學會的歷史檔案中只有 35 份資料，全都記載了他在受到指控後受到的殘酷對待。[21] 史坦貝格與妻子曾想要透過某家建商購入一幢房子，但其律師在一九五四年一月給該建商的信中寫到：「我的顧客接到匿名電話，有鄰居威脅如果他們入住此處，下場會很慘。」一九四八年一封來自同事的信明確寫道，由於系所成員聽說史坦貝格「被指控為共產黨員」，已經把他從某個職位的候補名單中刪除。史坦貝格選出這些檔案捐給美國哲學學會，清楚聲明他的慘痛經驗不該被遺忘。[22]

其他科學家低調地從中取道，把工作時間部分分配給「純科學」，另一部分則以愛國之名進行與國防相關的工作。他們和波拉德一樣，根據個人對責任的看法來決定要做到什麼程度，很多標準都隱晦不明。麻省理工學院的生物學家盧瑞亞在一九六七年宣布，為了抗議越戰，他不會參與**任何**國防計畫。[23] 波布斯坦更加謹慎，他在一九六九年與麻省理工流體力學實驗室的同仁進行了「研究方向重整」，減少來自軍方的研究經費，從 100% 減到 35%，中間差的 65% 明確貢獻給「社會導向的研究」。這種做法的重點在於不和國防研究一刀兩斷，而是試圖「矯正這種不平衡」。[24]

這些故事讓我們看到基層科學家的掙扎與策略。這些人在冷戰最嚴峻的期間加持了美國的經濟成長並維持國防戰力，他們必須學會保密、撒謊、通過測謊。他們彼此分享該怎麼在安全許可聽證會上講話，該怎麼銷毀垃圾，怎麼面對兵役登記的規定，怎麼隱瞞研究計畫和軍事的關聯，怎麼處理來自同行的怒火。國防目標領導的研究方向一旦轉向，對他們影響甚鉅。他們也面臨被起訴、罰款，甚至驅逐出境的威脅。還有來自同行的懷疑，無論是懷疑他們不忠、支持共產黨或社會主義，或是指責他們過度仰賴國防預算。他們學習的知識、打造的工具會讓大量人類傷亡。無論是在專業上或個人上，他們都付出很高的代價。風險真實存在，知識根深柢固地鑲嵌在美國的武力壟斷上。[25] 科學社群中有哪些人可以信任？有誰不但見證了自然的運作方式，也是毫無疑問的愛國人士，在全球意識形態之爭中站在正確的一邊？當科學家製造炸彈、對大眾隱瞞他們工作的本質、在這樣有毒的政治環境中彼此針鋒相對，那麼在更廣闊的公民世界、政治與社會秩序中，人們如何能繼續相信科學？祕密很難帶來信任，社群中的人彼此攻訐，也會削弱它的可信度。

　　歐蕾斯柯斯指出科學之所以可信，是因為在過去的案例中，當科學觀念有瑕疵，它會受到同代人的批判。有些後來被發現是錯誤的科學理論，在當初就有科學家提出異議，例如女性身體、優生學或板塊理論。她指出，這些公開反對的聲音存在，某種程度上示範了科學知識能夠自我修正。這種論述在實際上可能沒有我們以為的那麼有力，更糟的是反對氣候科學、演化論和其他主流科學觀念的人之中不乏博士。確實，天文學博士也不是不可能相信外星人已經來到地球、就活在我們之間 [26]，少數幾個人對某件事有意見，不見得就有說服力。

　　提倡「另類科學」的羅賓森就受過博士訓練，曾和諾貝爾獎得主鮑林合作（似乎也因為批評鮑林而名聲大噪）。他的行為顯示科學社群實際上可能有多麼分歧。[27]分歧聲音存在，只代表有資格創造知識的團體確實能夠包容異想天開的人。觀點和意見分歧對於科學是否受大眾信任有何影響？在歐蕾斯柯斯的分析中，共識是核心，她指出科學是集體成就，而集體性就是正當性與力量的來源。在科學誕生的過程中，翻案、誤入歧途、意見不合、消弭歧異、一團混亂都是可貴之處，而非瑕疵。她也說明現況令人沮喪，科學如今亟需要支持者為它辯護。啟蒙時代的觀點認為，人類儘管本身有缺陷，還是可以透過規範嚴謹的測試與實驗，發展出可信賴的自然知識。歐蕾斯柯斯認為這種想法可能已經不適用，但我們還是保有共識和理性的力量。她的論述徹底說服了我，不過可能無法打動已經下定決心不要相信演化論、氣候變遷和疫苗科學的人。但是相信科學的人還是很多，只是很多人可能沒有深刻地體認到這種信任，因為科學與科技的界線是如此一刀兩斷，長久以來被用力地劃分。大部分生活在工業化社會的公民，私底下可能都不自覺地信任科技知識，只因為「有用」，也因為科技實實在在地決定了我們生活的每分每秒。建立社會學理論最困難的是要找到一種能預測趨勢且影響廣泛的觀點，讓我們的經驗能在其中得到解釋，這是該領域中愛因斯坦等級的問題。我們該從什麼立場來理解信任？問題出在哪裡？

　　科學活動研究學者哈洛威在一九九八年的知名論文中是

這麼說的：「處境知識」反映了地方（所有意義上的地方）的政治和知識論。科學主張「與生活息息相關」，應該要讓「局部而非普遍」的自然主張也有機會被看作理性。她指出一件看似矛盾的事：「人的觀點」可能比「俯視、沒有立場、天然的觀點」更有力。[28] 哈洛威是在回應女性主義研究面對的「客觀性」問題，當時一些女性主義研究似乎想要毫不留情地「揭發」一切，力證科學中的偏見無可救藥，知識受到社會信念汙染（例如認為女性比較劣等的知識），甚至客觀知識可能完全**不**存在，從任何立場都不可能了解真理（太可怕了）。在這種「高度」社會建構主義中，知識降格為社會利益，受到汙染的程度令人絕望，技術知識變得無關緊要。哈洛威等學者對此感到十分憂慮。如果女性主義理論不相信合理的知識可能存在，它要怎麼促成一種對真實世界的理解，友善地回應人們的需求？[29] 她表示，女性主義的客觀性「讓知識創造中永遠可能出現意外和諷刺；我們並未掌管世界。」

最近的新聞已經清楚顯示，科學社群顯然「並未掌管世界」。至少一個世紀以來，科學一直在力抗幾乎所有科學領域都與「衛戍型國家」＊愈走愈近的趨勢。今日的知識以一

＊ 譯注：拉斯威爾認為世界中的強權（像是當時的美國和蘇聯）對於軍事競爭的畏懼會使得他們軍事經濟成為國家的經濟唯一重心。（Lasswell 1941）換句話說，屆時國家的經濟與技術能力都會被捲入軍事發展之中。

種新的型態鑲嵌在新的國家權力之下。冷戰時期的一切都是政治導向的，當年的科學家在政治控制下力求生存，這種經歷恐怕很能引起現代科學家的共鳴。冷戰時期科學家的處境與立場、知識嵌入社會的情況，都幫助我們看清知識創造中的矛盾。本文中討論到的所有科學家都沒有置身事外的選項，否則就不可能繼續從事科學研究。就算他們自己沒有參與國防研究，他們訓練出來的學生也會。既然如此，他們是如何合理化這種困境？對現在的科學家又有什麼啟示？

我所討論的那代人，在一九三〇年代做學生時，在正規教育中學到的科學是開放、普世、國際化、致力於「人類福祉」的事業；然而在冷戰最嚴峻的時期從事科學，很多研究必須保密、不能公開，為民族主義服務而不能貢獻給全世界。研究目的也不是促進人類福祉，而是製造會傷害人類的精密科技產品，包括新的武器、新的監視系統、新的資訊系統，甚至是透過心理學來發展新的刑求技術。經濟被拖垮、引發流行疾病的生物武器根本就與「大眾健康」相反。從物理學到社會學，各領域的專家都必須調整研究內容來支援國家，科學家過去受的訓練讓他們認為自己的工作是創造對社會有益的知識，卻發現實際上參與的工作**與此大不相同**。美國科學促進會、美國微生物學會、美國化學學會等專家組織組成了一個委員會，專門討論「社會議題」，在一九五〇、六〇、七〇年代都撰寫了關於科學與「人類福祉」的聲明；與此同時，學會成員正在研發武器，為國防產業工作。

　　為了讓科學擺脫暴力的糾纏，二十世紀出現了一些公關策略，最終卻限制了科學，把它安安全全地趕出廚房、診所、街巷，還有最重要的——戰場。很多科學家在純知識及應用知識之間劃出清楚界線，利用這種隱含道德意義的策略，來維護技術事實的純粹核心——**純科學是無辜的，科技**則是槍枝、火藥、瞄準器、核子武器、化學武器和心理戰。這種策略往往會變成階級劃分，科學家跟建築師、醫生那些「把手弄髒」的專業人士不一樣。

　　我想指出，這也可能影響到大眾對科學知識的觀感，讓科學知識從日常生活中隱身。

　　歐蕾斯柯斯建議我們用批判的角度去思考大眾對科學的信任。顯然我們應該相信科學的原因，並不是因為科學永遠是對的、正確的、精確的。從來就不是這樣。儘管科學中有人為因素，容易受到誤解、會出現錯誤、不正確的信念、社會偏見等等，科學仍然值得信賴，這是因為不斷有辛勤的人們投入科學，它的過程完整且可靠；也是因為科學已經在許多方面轉化了人類的生活，這些轉變既深刻又顯而易見。

　　歐蕾斯柯斯提出的所有做法都很有幫助，卻不一定能帶來真正的影響。她請我們把知識的脆弱視為信任的來源，指出人們應該相信科學，正是因為這個系統能反應證據、觀察和經驗。如果把日常科技也加入這個可以催生信任的組合，歐蕾斯柯斯的論證可能比她所想的更強大。人們將發現一些熟悉的事物十分具有說服力。對許多人來說，日常科技是如此可靠，而且可能是他們最靠近科學知識的時刻，他們比想像中更接近科學。

科學史學者謝平在《紐約客》的書評中討論了科技史家艾傑頓的書《老科技的全球史》。他寫道自己正在家中廚房寫作，被科技環繞：無線電話、微波爐、高級冰箱，他還用筆電工作。文中指出，如果沒有這些科技知識產品，「我們的生活將會面目全非」。[30] 艾傑頓的這本書十分挑釁，書中探討了「克里奧」科技，直白地說就是所謂「貧窮世界」的科技。[31] 克里奧這個詞通常用來指外來事物的在地衍生，例如一九五〇年代底特律出產的汽車，至今仍在哈瓦那的街上跑。這個詞通常不會拿來指涉精巧、創新、高貴的知識，但歐蕾斯柯斯讓我們看到精英科學產出的過程可能也很「克里奧」，東拼西湊一些資料和想法，只要行得通就好，並非從一開始就完美無缺或很先進。創造科學的社會並非理想化的，也無關乎純真理的知識系統，科學中會出現誤解、混亂或錯誤。但我們已經做到最好了，而且通常它都行得通，就像智慧型手機一樣。

我們隨時都沉浸在科學中，卻不太討論這件事。科學在我們生活中扮演的角色常常被視為理所當然，或者藏在黑盒子裡。很多質疑氣候變遷或疫苗的人，在要部署無人機當做戰爭科技，或在推特發文時，可是一點都不猶豫。無人機的歷史仰賴層層疊疊好幾種不同的科學理論與實作，可以追溯到幾十年前。同一時間，創造論的支持者利用網路宣傳他們的想法，而網路是因為國防支持數學、電磁學、物理學等科學研究才出現的。這麼說來，不管是信任科學還是不信任科學，都是選擇性差別待遇，都有偏見。美國的政治領袖控制世界上最強大的軍事系統，是科學家和工程師把它打造得那麼強大。然而平心而論，這些高科技技術官僚的成就，這些實際上真的「有效」的武器系統，似乎並未讓科學事業做為整體令人信服。

最近我一直想起已故的薩根，因此我要在此引用他的話：「我們生活在一個強烈仰賴科學和科技的社會，而幾乎沒有人能理解任何科學和科技。」我同意他說我們的社會是如此強烈地仰賴科學與科技，但對於他說幾乎沒有人對此有任何了解，我就比較保留。人們了解日常生活中環繞我們的事物，只是顯然沒有把它們視為科學。

因此，或許我們需要冷凍豌豆知識論。研究歷史會發現，冷凍豌豆牽扯到的科技可不比無人機少，我在前文已經提過，這包括探勘石油的地理學、單體化學和多體化學、衝擊農業育種的演化綜論、新的遺傳學和基因改造生物、對保鮮的科學了解、溫度變化的問題、細菌學的發展，甚至是社會科學的知識，像是行銷、影像和說服的心理學理論，都在二十世紀重塑了消費者經驗，幫助廠商說服民眾購買和食用冷凍豌豆。[32]

你可能不在意冷凍豌豆，這也不怪你，但我想用這個常見且看似簡單的食品科技，來指出由科學打造的世界有多麼容易被忽略，幾乎像是刻意被設計成隱形了。科學家從很久以前就開始系統化地拉開自己與科技的距離，可是科技是他們洞見和理解的產物。距離是拉開了，但得到人們愛戴和信任的是科技。通常會說科學的聲望和合理性「向下」流動到科技，但這兩者位置可能需要對調一下，讓科技的信任、效能、價值證明和「用處」流動回科學。這對科學、對世界都會是件好事。

回應

　　二十世紀下半葉的科學家努力強調科學和科技的差別，林蒂精彩地解釋了他們如何建立這個論述，以及背後的動機。冷戰期間，科學家對於打造大規模核子武器的計畫心存疑慮，這種矛盾心理（某種程度）體現在他們堅持把科學和科技區分成兩個領域的態度上。科學與科技可說是「互不相涉的權威」，這裡借用了古爾德描述科學與宗教關係的知名學說，只是古爾德強調對兩個領域都要尊重，而林蒂則指出，科學家想建立的論點，是兩者不但有別而且不平等——科學有別於科技，而且優於科技，因為科學在道德上比較純粹。為了追求這種純粹，必須把兩者分開討論。

　　科學史學者採納這個框架，不願承認科學和科技有緊密連結，用到的知識也密不可分，反而強調兩者具有不同性質，組織結構彼此獨立，組成人員也幾乎不重疊。科技史學者不同意其研究對象較為次等，但同意科技與科學要分開討論且兩者十分不同，並宣傳這個想法。科學史和科技史兩門專業就像平行軌道一般沒有交集，雙方對此都沒有意見，其中很多人更偏好如此。

我認為林蒂教授這個觀點完全正確，我最近寫完了一本書，主題是美國冷戰期間的海洋學，書中也討論了類似的事情。美國海洋學者通常低估了科技在其研究中扮演的角色，甚至完全否認。[1]這些科技元素通常與潛艇武器有關，例如拿來運送（我們所謂的）大規模毀滅性武器。

通常科學家受到國安限制，不能討論這些關聯，因此要知道他們心裡做何感想並不容易。不過還是有些科學家明確表示道德疑慮，也有些科學家雖然相信對抗蘇聯的威脅是當務之急，但懷疑是否該讓軍事駕馭他們的科學研究。要避開道德問題的一種方法，就是堅信自己的研究並沒有被套牢，相信就算美軍是出研究經費的人，科學家還是對知識進展保有控制權。[2]有了這種純科學的意識形態框架，科學家才能讓他們創造的知識與美國政府可能會（透過軍隊）拿這些知識來幹的勾當保持距離。科學家對外這樣宣稱，內心可能也真的相信，因此在這些海洋學家中，很多人堅稱他們追求的是「純科學」，儘管事實顯然並非如此。

許多美國人並不了解科學與科技在過去或現在的關係，如果知道上述這段歷史，對此就不會太意外。但我也在想，造成這個現況應該還有很多其他因素。有很多原因都讓美國人混淆科學和科技，包括小學和中學課程中幾乎完全沒有工程教育，除非大學讀工程，不然一個人可能從來都沒有機會接觸任何工程學，對於工程師平常在工作上會如何應用科學，一點概念也沒有。相對地，學校在教授科學時也鮮少提到實際應用，而科普寫作中充斥著一堆歷史學家看不下去的迷思。在我看來科學與科技的關係還不算什麼大問題。

因此我認為，科學家和歷史學家在一九五〇至六〇年代的說法，不太可能是導致現況的主因。沒錯，當代最資深的科學家是在冷戰中成長的世代，林蒂所不滿的「不同且不平等」框架可能被他們傳承下來；不過現在也是生物科技傲視群雄的時代，生物科技這個名稱本身就宣示了它同時是科學也是科技，而且不斷提醒著人們科技正是我們應該相信科學的理由。[3] 可是這也沒讓基本教義派的宗教信徒相信演化論，或是讓基本教義派的自由市場支持者接受人為氣候變遷的事實。

生活科技中的確埋藏著大量的科學知識，從道路到橋墩，從智慧型手機到筆記型電腦，當然也包括冷凍豌豆。在公共論述和教育中把這件事講清楚，能夠提醒人們科學在日常生活中的作用是有直接證據的。但我懷疑效果能否如林蒂所想的那麼好，因為就算清楚知道科學存在於手機裡，人們也不太可能就此改變對氣候變遷的立場。

原因很簡單，美國人並非單純地拒絕科學，而是當特定的科學主張或結論與他們的經濟利益或愛護的信仰衝突時，才會拒絕相信。這個說法已經得到認可，許多研究都顯示事實如此。例如最近一份美國文理學院的報告，就顯示大部分美國人並沒有全面拒絕科學，但如果他們對演化生物學的理解與其宗教觀點衝突，或是認為氣候變遷的科學與其政治經濟觀點衝突，就會拒絕這些科學主張。最明顯的就是，很多美國人心滿意足地相信 DNA 上攜帶著遺傳物質，同時卻拒絕接受 DNA 組成在時間長河中會逐漸改變，而這個過程叫做演化。[4]

更何況，這種扭曲的心態並非美國獨有，也不是現在才出現。在二十世紀的德國，也有人也不願相信愛因斯坦劃時代的相對論研究，覺得那威脅到了他們的理想主義本體論。[5]拒打疫苗的歷史和疫苗一樣悠久，十九世紀末英格蘭不願意接種天花疫苗的人之多，使得一八九八年訂定的疫苗法案必須納入「良心條款」，允許家長因個人宗教因素不讓孩童接種疫苗。[6]

解釋手機如何運作，可能會讓人更愛手機，但光憑這個恐怕無法改變大眾對演化論的想法，人們把這看作兩回事。

林蒂論述中最失敗的一點，恐怕在於她忽略了一件已知的事實：近幾十年來，有各種團體利用讓部分美國人拒絕相信氣候科學或演化論的價值觀，來達成自己的社會、政治或經濟目的。近來研究發現，如果讓人們看到這些操弄的具體事例，並解釋假訊息如何運作，是可以改變他們的觀點和態度的。庫克等人稱之為「打預防針」：在不失控的情況下，接受少量假訊息就像打疫苗,可以讓人們對假訊息產生免疫力。[7]

此外,林蒂提出的解決方案也把實用與真實混為一談,這點哲學家長久以來已經多次強調。說某件事可行,是在說在這世界上它能為人所用。手機讓我們遠距通話,而且不用電纜,筆記型電腦讓我們能簡便地儲存和取得大量資訊,疫苗能預防疾病,冷凍技術讓我們在產季很久之後還能享用鮮蔬。沒有人懷疑這些技術很好用,因為我們眼見為憑,但要證明技術背後的理論為真,那就是另外一回事。

我們可以辯解說,每當我們使用一件科技產品,就是在執行一次雖然微小卻很重要的實驗,確認這項科技可行(或是不可行,這有時候會發生,冷凍豌豆可不好吃)。但這與證實那些拿來設計、製造和使用科技產品的理論,是非常不同的。原因很多,在此僅討論三點。

首先,手機並非單一理論的具體呈現,研發手機綜合了許多不同科學理論和實作,包括理論電磁學、資訊科技、電腦科學、材料科學、認知心理學等等,也包括各種工程和設計實務。我們可以辯稱,手機的成功確定了所有這些理論和實作都是正確的,然而這個概念上的關聯對大部分使用者而言十分模糊。

第二,林蒂論點的前提是,科技的成功證明了其背後的理論,但這是肯定後件的謬誤,是反對假說演繹模式的邏輯核心,我們在第一章中討論過這種模式。(扼要重述:一個

理論通過一項測試，並不能證明這個理論就是正確的。其他
理論也可能預測出相同的結果，實驗中的兩個或多個錯誤也
可能彼此抵銷。只因我的理論在一個測試中可行就認為它是
真的，這是一種謬誤。）

　　第三，我們可以用布魯爾強而有力的論點來反駁林蒂論
點中的「理論先行」謬誤。讓我們看看飛機的例子：

　　在人們心中，飛機應該算是最能彰顯科學成功的事物。
幾個世紀以來（可能更久）人們都夢想飛行，鳥類能飛，昆
蟲也可以，某些哺乳類也能滑行一段距離，為什麼我們不
行？二十世紀早期，聰明的發明家克服了飛行器比空氣重的
挑戰，很快我們就有了商用飛行器，如今飛機旅行對許多美
國人來說就跟冷凍豌豆一樣家常便飯。林蒂對這類日常科技
寄予厚望，希望透過它們解決知識論的問題。她不是唯一做
此想的人。一九九〇年代，當科學面對社會建構主義的挑戰
時，一些科學家試圖捍衛科學理論的真實性，他們常常援用
飛機的例子──如果飛機背後的理論只是社會建構出來的，
如果科學家只是基於社會原因暫且接受這個理論，而非因為
實證上認為它是**真的**，那飛機怎麼可能真的飛上天？

　　面對此種論述，布魯爾揭露了令人吃驚的歷史事實：早
在人們理解飛行的運作原理之前，工程師就已經把飛機做出
來了。事實上，當航空理論宣稱比空氣重的機器不可能飛行
之時，這類機器已經在空中翱翔好幾年了。布魯爾解釋：
「早期的飛行器已經成功應用了，而機翼是如何產生飛行所

需的升力，這個問題還懸而未解。」飛行器在技術上的成功，並不代表我們在理論上正確了解了空氣動力學。

　　飛行器的科技領先理論，這或許是歷史上的例外，但在科學史致力於排除科技史的那個年代，科技史的一大斬獲便是證明，有許多科技是在相對獨立於科學理論的情況下發展出來的，二十世紀之前尤其如此。很多科技創新都是從經驗中取得成果，而它們與「科學」的關係是事後才建構出來的。[8] 林蒂的講法認為，與今日世界息息相關的科學可以透過科技的成功來博取人們的信任，就算有違史實也沒差。也有人認為，很多在十八、十九世紀甚至二十世紀早期被視為正確的想法，如今已經被推翻，那麼既然當今精緻複雜的科技可以運作，背後的理論就一定是對的。或許吧，但這只能讓時間來證明。

第四章
相信科學的理性原因

馬克‧藍格

　　為什麼應該相信科學？這個問題很容易讓人頭昏腦脹，想要放棄。我們可能會認為，嚴謹地應用科學方法整體而言達成了很多成就，發現了很多真相，也摒除許多錯誤想法，而這正是相信科學的理由。但這種說法很快就會遇到瓶頸，別人可以反問：憑什麼認為當今的科學想法包含很多真相？答案顯然是因為現代科學的意見與我們**相信**的事情一致。但如果我們現在之所以相信這些事情是因為科學（這很有可能），那我們就只是在一個迷你的迴圈裡打轉，試著用科學來維護它自己，這是不可能成功的。

　　這種循環論證很難避免。若要論證我們應該相信科學，是因為科學發展已經成功預測了很多現象，也帶來科技成就，科學讓我們清楚預知採行某種公共衛生措施會有什麼成果，也告訴我們電路該如何配置。歐蕾斯柯斯教授表示科學在這方面過去表現還不錯，因此可以下結論說我們應該相信科學。

　　然而這個推理**本身**就是一種科學應用：先指出目前經驗中的某種模式（科學在過去運作良好），接著把這些資訊當作證據來說明此種模式未來將持續出現。這是典型的**科學推論**。然而我們的目標，是要從根本上討論是否應該信任科學推論，那麼使用科學推論來論證，似乎就很有問題。（歐蕾斯柯斯教授提到，孔德建議我們以科學方法來研究科學家，藉此支持科學。有鑑於以上原因，這種做法容有疑慮。）

　　歐蕾斯柯斯教授提到的另一個想法也可以用循環論證來反對：當科學社群有採用同儕審查或其他一致同意的科學化做法時，我們尤其應該相信科學；也就是說，當得到認可的科學專業人士，在受認可的特定領域中，以受認可的科學方式執行專業工作時，我們應該相信科學。是誰來認可他們？判斷一個人是專家的理據何在？是因為他得到其他專家的背書嗎？而其他專家之所以擁有專家的地位，也是因為得到其他專家的背書？如我所說，這樣無窮回溯、不斷繞圈圈下去，人們很容易被搞得頭昏腦脹，然後就放棄了。這種專家為其他專家擔保的模式，會被美國企業研究院或年輕地球創造論者批評為近親繁殖，也不難想像。

　　這種質疑殺傷力很強，但卻有知名的哲學起源，可以追溯到十八世紀的休姆 [1]，休姆通常被認為是提出「歸納法問題」的人（「歸納」指的是一種推理方式，像是科學中以證據來確認假設。）這種常見的質疑甚至可以追溯到更久以前，像是十七世紀的笛卡兒 [2] 和一世紀的恩披里科。恩披里科這段話很有名：

> 宣稱自己能判斷何為真實的人，必定擁有一套關於真實的**判準**。而這套判準，要嘛**未曾**經過判斷得到認可，要嘛**已經得到**認可。如果**沒有**得到認可，怎能說它值得信賴呢？……但如果**已經得到**認可，那拿來認可它的，依然是要嘛有得到認可要嘛**沒有**，如此這般無限下去。[3]

全盤懷疑論者想讓大家茫然無助，要對抗它至少有兩種方法。一是指出，把科學當作一個**整體**來做判斷，是不合理的要求，這就像是要求一個人證明我們應當相信理性而非宗教、樂觀態度、占星術，如果你提出一個應當相信理性的**理性原因**，就已經預設了你想證明的事情為真；相對地，如果你提出的原因是**非理性**的，那根本不算是做出合理判斷。這是個陷阱，如果根本不可能找到理由，甚至是原則上沒辦法有個理由，那你乾脆拒絕這種要求。如歐蕾斯柯斯教授所言，科學最重要的特色之一是自我修正，**任何**科學理論都有可能出現危機，我們可以仔細檢驗它，然而理性上，**不可能所有科學理論都同時**陷入危機。[4]

要克服懷疑論導致的暈頭轉向和無力感，還有第二種方法。為何我們應該相信科學這個問題，可以換成以下問法：科學家一開始先做出一大堆觀察，理論上這是科學研究的第一階段，起碼是邏輯上的第一步；第二階段，科學家利用這些觀察來證實某些理論，預測在其他各種條件下會有什麼觀察結果，或是揭露無法透過觀察而理解的原因，以及導致觀察結果的機制。第二階段的道理何在？過去的觀察結果是安全保守的基礎，但我們為何能藉著歸納**一躍而起**，冒險預測未來的觀察結果、尋找未知的機制？歷史上，哲學家多次嘗試在給定第一階段的情況下尋找第二階段的理據，但通常都只引發各式各樣更多的問題。[5]

現在我們要挑戰的問題是：如果已經**給定第一階段**，該如何證明第二階段是合理的？這就要用上我所說的，打擊令人暈頭轉向的懷疑論的第二種方法。這種方法指出，其實在第一階段中，我們就已經理所當然地認為第二階段的所作所為是合理的，我們已經預設觀察之後應該要接著執行某些特定的步驟。畢竟，如果我要觀察某個現象，我必須先相信自己**有資格**做這些觀察，也就是說因為我受過某些訓練，有能力用看的、用聽的、用聞的或用其他任何方式，來判斷情況是如何如何。當然我不是完全不可能出錯，但可以說我夠可靠，在這件事情上可以相信我（除非有明確的理由能質疑我的正確性）。若非有這種額外的自信，我要怎麼能光明正大地說我確實觀察到了某個現象？

但要怎麼**判斷**這種額外的自信有沒有道理呢？這必須仰

賴我過去做過的觀察聲明。我**過去**的行為顯示，當我聲稱觀察到了某個現象，通常都是出於事實，也只根據事實。那麼在**未來**當我聲稱觀察到某個現象時，我也可以合理地相信自己應該不會出錯。像這樣的泛化顯然已經超出過去觀察的範圍，因此當我們在進行觀察時，必定已經認同超越過去觀察的泛化是合理的。哲學家賽勒斯討論過一個相似的論點：

> 傳統上對歸納跳躍的「迷思」認為，歸納是從觀察的基礎出發，任何對事實真相的看法都不會汙染到觀察。這根本不是迷思，而是荒謬……從安安全全地單純描述特定情境，上升至高難度的行為，例如提出律法般的斷言或解釋，該如何為這種跳躍找到理據？如果所謂的歸納法問題指的是這個，那它根本不成問題。[6]

截至目前為止，我所討論的都是把科學**視為**一個整體，要求找出相信這個整體的理由，但這種要求之所以有問題，正是因為把科學視為一個整體。這種**一概而論**的要求，跟為何要信任**特定的**科學結果，應該分開討論。後者屬於**零售**的問題，跟打包問題不一樣，是**可以**回答的，不會落入循環論證，只要訴諸其他科學發現就可以解決。歐蕾斯柯斯教授的案例研究都說明了這點，在她所舉的例子中，參與者需要為某些科學假設提出實證，沒有任何一個案例要求參與者為科學整體畫押背書。[7]

　　然而在某些情況下，當理論中有很大一部分都受到質疑時，這種打包／零售的分野就會出現問題。歐蕾斯柯斯教授提到，哲學家孔恩[8]懷疑科學革命是否理性，對後世有很深遠的影響。在「科學革命」中「典範」整體受到質疑，根據孔恩的說法，科學革命就是「典範轉移」（這個詞因孔恩而普及）。互相敵對的典範之間，對於科學家能直接觀察到什麼事實、要使用什麼測量儀器、要如何詮釋理論選擇的標準，例如簡潔、觀察精確、解釋力、成果豐碩等等，都有非常不同的想法。歐蕾斯柯斯教授提到，孔恩認為敵對的典範之間共同點非常少，很難有一個標準能讓人從中做出選擇。而當盛行的典範受到質疑，也就是危機發生時，需要判斷該把哪個理論當成新典範（或是要堅持原本的典範），此時敵對的典範之間所共享的中性基礎是如此貧乏，沒辦法由此發展出任何有力的推論，來讓任一者取勝。如歐蕾斯柯斯教授所說，這便是孔恩所謂的「典範不可共量性」。

　　於是在危機之中，一個針對**特定**科學理論的**零售挑戰**，變成了對所有科學成果的**全面挑戰**。如果科學**方法**和科學**理論**互相滲透，有什麼判斷方法可以支持其中一個典範而否認另一個，而不落入循環論證嗎？換句話說，孔恩非常成功地論證了科學**方法**和科學**理論**之間並沒有清楚界線，科學家相信某種方法可行，是因為科學家抱持某種世界觀，而如果理論和方法互相滲透，那麼當科學理論改變時，科學方法也會改變。所以說，並不具有恆久、中性的方法，可以評斷敵對的兩個典範孰是孰非，儘管它們的共同基礎可能包含數學、演繹邏輯、機率理論，也都不足以做為共同基礎，在此問題上做出中立的決定。這是孔恩對我們提出的挑戰。

面對孔恩的挑戰，一種有力的回覆是承認：沒錯，演繹邏輯、運算法則、機率理論或任何其他在科學中恆久中立的共同基礎，都**不**足以在科學危機裡決定相互敵對的典範哪個可以勝出。儘管如此，相對於純粹討論**所有**的危機，在**特定某個**危機之中，敵對的典範間共同基礎會比較多。對於不同的危機，額外的共同基礎可能很不相同，富有創意的科學家可以分別針對各個危機，找出站穩共同基礎的方法，儘管薄弱，卻能從中提煉出強而有力的推理，支持其中一個候選典範勝出。

讓我們快速看看這個例子：伽利略年代的地球物理（terrestrial physics）遇到了危機，而他成功找出一種方法，從薄弱的既有共同基礎中得出強而有力的論證。伽利略提出，如果一個物體由靜止開始自由落向地球，那麼在每一段接續的時間中，這個物體移動的距離會以奇數增加，也就是說如果第一段時間物體走過的距離是 1s，那麼在接下來的時間間隔中移動距離就會是 3s, 5s, 7s, 9s, 11s ...。[9] 其他科學家提出別的想法，與伽利略的「奇數定則」競爭，法布里說移動距離是以自然數序列增加（也就是 1s, 2s, 3s, 4s, 5s, 6s），勒開澤認為距離增長是 2 的指數（也就是 1s, 2s, 4s, 8s, 16s,

32s ...）如果地球物理沒有一個可共享的典範，科學家們就沒辦法同意要用什麼儀器才能精準測量時間和距離，也沒辦法決定當理論沒有完美符合觀察時，有哪些情況可以怪罪干擾因素（例如空氣阻力）。如此一來，就算有個**實驗**支持某一方理論、反對其他理論，它也是無效的。

儘管如此，在巴里亞尼一六二七年寫給卡斯特利的一封信中，記錄了伽利略有個強大的論證，讓**他的**想法贏過其他對手。[10] 他的論點是，對手提出的法則如果在以特定單位（例如秒）來度量時間時成立，那在以其他單位來度量時間時就會出錯。讓我們把這些法則認為物體在單位時間內移動的距離寫出來：

法布里：1s, 2s, 3s, 4s, 5s, 6s ...

勒開澤：1s, 2s, 4s, 8s, 16s, 32s ...

然後把時間單位改成原本的兩倍長，在這個新的時間間隔中，物體移動的距離將變成：

法布里：3s（= 1s + 2s）, 7s（= 3s + 4s）, 11s（= 5s + 6s）...

勒開澤：3s（= 1s + 2s）, 12s（= 4s + 8s）, 48s（= 16s + 32s）...

這些數字和他們的說法不符。例如，如果說距離是以自然數增長，那當我們變換單位時，距離變成 3s, 7s, 11s，就違反了這個說法，因為比例不是 1：2：3。

因此，這些與伽利略競爭的想法如果在一個單位系統中成立，就肯定不會在其他單位系統中成立。伽利略的論點用今天的術語來說，就是他的競爭對手都沒有符合「因次齊一」。簡單來說，「因次齊一」可以這樣定義：

一個關係 R 是「因次齊一」的，指的是如果 R 在一個單位系統中成立，邏輯上 R 也會在任何其他單位系統中成立。對於相關量質的各種基本單位（例如長度、質量、時間）皆是。[11]

當然，有些關係就算不符合因次齊一也可以成立。舉例來說，在某個特定的日子，我兒子的體重會等於我的年齡，這個關係要成立，必須我兒子的體重以磅來計算，我的年齡則以年來計算。因此這層關係**不只是**我兒子體重和我年紀的關係，也關乎到度量兩者所使用的**特定單位系統**。

當一個物體自由落下時，在相同時間間隔內移動距離的關係，是**獨立於**度量單位的。在伽利略時代的地球物理危機中，這是少數各方勢力都默認的基礎信念。關係存在於**距離**之間，用哪種特別的單位來測量都沒有影響。可以推測，法布里和勒開澤都沒有想到要說明他們相信這裡所處理的關係是因次齊一的，但他們並不需要明說，大家也都能了解。據我所知，他們兩人都沒有指明應該用什麼單位來測量時間和距離。伽利略說既然他們的想法都不符合因次齊一，就不可能是這個問題的正解。

相對地，伽利略的想法本身**有**符合因次齊一。拿他所提出的距離（1s, 3s, 5s, 7s, 9s, 11s ...）把時間單位換成兩倍，我們會發現在這個比較長的時間間隔中，物體移動的距離是 4s (= 1s + 3s)、12s (= 5s + 7s)、20s (= 9s + 11s) ...，4：12：20 等於 1：3：5，正是伽利略所提出的奇數定則。[12]

自由落體移動距離的關係是因次齊一的，在以上這個**特定的**危機之中，大家有這個默契，但並非所有危機的共同基礎都是這個。可能需要像伽利略這樣足智多謀的科學家，才有辦法從如此稀薄的共同基礎中找出強而有力的論點，來支持其中一個競爭理論。想在危機中找出有力的推論肯定很難，但並非不可能。（我認為在面對許多紛爭時，我們可以把這個教訓謹記在心，即便不是科學也一樣。）

最後我想再提一件事，根據二〇一二年的蓋洛普民調，46% 的美國人不相信演化論可以解釋人類起源。[13] 同一年，眾議院**科學**委員會的一位議員指稱演化論和大霹靂是「從地獄冒出來的謊言」。[14] 美國人是否相信氣候變遷正發生，與他們的政黨傾向高度相關。[15] 在這種政治氛圍中，我認為我們更需要好好討論科學的理性基礎。我們哲學家喜歡在課堂上拆解事物，喜歡指出各種厲害的科學推理背後有什麼邏輯破綻，但我們必須超越不可共量性、不充分決定論、杜恩－蒯因論題、新歸納之謎、垂死的劃界問題[17]，以及悲觀歷史後歸納論證。[18] 在合理的範圍之內，我們必須**肯定**科學推理背後蘊含的邏輯，學生們有能力領會這點，而且也渴望見到這種論述，這是我們的責任，為了學生，也為了我們自己。

回應

我們為何應該相信科學？藍格認為這個問題「很容易讓人頭昏腦脹，想要放棄」，許多看似有潛力的答案最終都淪為循環論證。例如，由經驗證據來推理（像我討論的那些科學史案例），本身就是一種科學（即透過經驗）論證的形式。使用科學風格的推理來捍衛科學風格的推理，這恰恰是循環論證的定義。此外，如果說因為科學是有專家擔保的結論所以我們應該相信科學，那就必須先問要怎麼判斷一個人是專家？當然了，答案也是由專家來認定，因此這也落入循環。

但真是如此嗎？取得學位、有相關研究發表在同儕審查的期刊上、獲獎，這些表現都清楚區分了專家與一般人。記者有時會問我：「要怎麼知道所謂的專家真的是專家，不是在騙？」我的答案是：「找出他們是受哪個領域的訓練、在該領域中有哪些作品發表，可以從這些開始。」當然，藍格教授指出訓練是由其他專家來帶領，這點沒錯，專家的養成需要另一位專家，看來我們還是沒有擺脫循環。然而這邊有一個突破點，就是我們很容易透過社會身分來區分專家與非專家。這點其實很值得一提,不難察覺到大部分否認氣候變遷的人其實並非氣候科學家,反對演化論的人大部分都出自非科學領域。中立的非專業人士可以辨識出哪些人是專家,並了解專家們做出了哪些結論、沒有做出哪些結論。

社會身分並不能告訴我們某位專家是否值得信賴,但的確能讓我們知道一個人是不是專家。或者這麼說吧,有些人**自稱**專家,但其實不是。同樣地,要區分研究機構(例如普林斯頓大學、勞倫斯利物浦國家實驗室)和有政治目的的智庫(例如美國企業研究所、發現研究所)也(應該要)很簡單。記者往往失於區辨兩者,比較大的原因是要趕截稿,而非因為很難理解。

當然我已經強調,專家可能會出錯。(不然我們根本沒必要提出這些問題。)科學是人類行為,自然可能出錯。共識並非真理,共識是一種社會狀態,並非知識的狀態,但我們得用共識來替代真理,因為我們無法完全確定真理是什麼。

更何況共識直接關係到知識,歷史案例已經告訴我們,科學家會走偏,通常都是在**缺乏**共識的時候。因此我們必須接受這個指標實際上不是對稱的,我們永遠無法完全確定我們是對的,但還是可以透過某些指標來知道出錯了。

這正是共識之所以重要的原因。同樣重要的是辨識詐騙、名人、立意良善但受到誤導的普通人,並對他們的言論保持懷疑。如此我們才能看清楚誰是專家,知道專家說了什麼、他們的言論依據何在。

　　針對這個兩難，藍格提出的解決之道，是檢視過去的爭論最後是如何解決、如何達到共識。他告訴我們，即使在雙方最針鋒相對的時候，還是可能找到一些論證，讓科學上意見相左的雙方都能信服。在物體移動的時間與距離關係上，伽利略說明只有他的理論滿足因次齊一性，也就是不管用哪個單位來量測都可以成立（而且據說是任意什麼單位都可以），藉此說服了同代人他的理論比較好。藍格的結論是：「想在危機中找出有力的推論肯定很困難，但並非不可能。」

　　這個根據史實而來的論證很妙，但還是把特定科學案例泛化到科學整體了。（藍格本身同意這是個問題。）或許這樣泛化會有問題，但藍格也認為我們需要試試看。當然，這就是本書的重點所在。

第五章

另一種帕斯卡的賭注

如何在風險社會中做出
值得信賴的氣候政策評估

伊登霍弗、郭瓦須

表面上，川普政府其實是接受氣候科學的，只是他們不願意為減緩氣候變遷付出太多努力。氣候變遷帶來的衝擊可以用經濟來衡量，也就是計算「碳社會成本」，二〇一七年十月美國環境保護署的新提案十分不尋常[1]，他們認為在未來短期內每多排放一公噸二氧化碳到大氣中，只需要付出一到六美元的社會成本。歐巴馬執政時期估算的碳社會成本是每公噸45美元，相比之下新數字極為樂觀。歐巴馬政府把氣候變遷在全球帶來的損失都算進去，而美國環保署新算的這個數字只納入美國國內的損失。如果政策制定者和投資人以新的建議數字當作決策基礎，美國就沒什麼理由要大刀闊斧來執行氣候政策。要計算這種損失，前提是相信背後的氣候科學。這個例子尖銳地說明，在科學上達成共識不代表一定能在政策上達成共識，相反地，計算碳社會成本會牽扯到價值判斷，這部分很容易起爭議。因此在川普宇宙中，氣候科學無法促使美國提出有魄力的氣候政策、維護公共利益，或是投入國際合作以發揮更大的影響力。反之，只要對未來世代不管不顧、把公共利益視為全球主義者的廢話，美國就不需要再信守歐巴馬時期的承諾。人類造成了氣候變遷，對此科學已經達成共識，但不同的「價值向量」和政策路徑仍有討論空間，有鑑於此，我們應該好好分析專家研究中事實與價值的角力、科學專業的角色，以及該如何設計政策。在必須面對「因為現代化本身而首次出現某些危險與不安」的風險社會（risk society）中，這真是萬分迫切。[2]

　　歐蕾斯柯斯的論述強而有力地佐證了科學的可信度，她討論了科學的社會面向、科學承載了價值、科學可能會出錯，以及在什麼條件下科學能做到客觀。她也指出，許多懷疑論者常在公開討論氣候變遷時轉移話題，大多數情況下懷疑論者不再質疑氣候變遷有可靠又充足的證據、是人類造成而且已經迫在眉睫，反之，他們反對的是**應對**氣候變遷的政策，認為那可能會對經濟或社會帶來他們不樂見的影響。他們怯於公開對話，明確表示他們擔心的是（政治上）應對氣候變遷的種種做法，只一味地不願承認氣候變遷是科學問題。他們不斷要求學術社群在科學上繼續釐清氣候變遷，就算接受了也拒絕相信氣候變遷會帶來嚴重傷害，川普政府最新估算的碳社會成本就是一個例子。更何況在他們看來，以證據為基礎的研究永遠都有不確定性，不確定的程度永遠都無法低到讓他們接受氣候政策。

如此說來，氣候變遷的爭議難解之處，不見得是對氣候科學缺少信任，而是雙方對於該如何設計氣候政策意見相左。[3] 要解決這個重大的問題，任何講道理的答案都要（如歐蕾斯柯斯正確指出的）考慮到分歧的倫理價值、對跨世代及世代間正義的想法、各方的優先考量與利益。除此之外，也必須慎重地從社會科學來評估行動或不行動的代價、氣候政策帶來的共伴效益和意想不到的社會副作用。自然科學和科技本身沒辦法決定怎樣的氣候政策才是妥當，固執地堅稱氣候科學是事實，以此對抗懷疑論者，只會讓環境爭議雪上加霜。[4] 歐蕾斯柯斯說明了自然科學可信度該有的判準，但沒有充分回答以下問題：當眾人的價值觀如此分歧，科學專業人員所提出的政策評估有可能值得信賴且合乎情理嗎？[5] 如果可能的話需要什麼條件？有鑑於此，我們需要思考該如何全面、跨領域地評估複雜的社會經濟與政治。在此問題中，歐蕾斯柯斯強而有力的可信度判准該如何具體說明、應用或修正，才同樣能引領社會科學？

歐蕾斯柯斯並沒有強調氣候政策具有不確定性，她把帕斯卡的賭注[6] 應用在氣候政策上時（見表一），用的是一個簡化的版本。歐蕾斯柯斯指出強力的氣候政策能有所裨益，就算最後發現目前科學所支持的人為氣候變遷是錯的，我

表一

	氣候變遷帶來災難的機率（p）	氣候變遷無害的機率（1-p）
強力的氣候政策	微小的災損（E）+減緩氣候變遷所需的成本（C）	減緩氣候變遷所需的成本（C）
沒有氣候政策	不可逆的嚴重災害（V）	淨成本＝0

們依然能從中得益。一個風險中立的人在 $p > C / (V-E)$ 的時候，會選擇強力的氣候政策。換句話說，無論氣候變遷發生的機率有多大，只要減緩氣候變遷所需付出的成本是負的，那麼選擇大力的氣候政策絕不會錯，因為氣候行動會帶來共伴效益。舉例來說，逐步淘汰煤炭可以減少地區空氣汙染，或是降低一個國家對進口石化燃料的依賴。川普政府想的和歐蕾斯柯斯不同，他們把災損（V）估得很低，以至於在評估怎麼做才對美國社會最好時，需要投入大量資源的氣候政策就顯得不太合理，就算氣候變遷非常有可能造成災害也一樣。

氣候政策這場賭局的報酬有多高，不能單從大自然的狀態來評斷，應該要透過一個社會學習過程逐漸摸索出答案。歐蕾斯柯斯這套「大力推行氣候政策不會讓你後悔」的說法，在多數專家眼中是太樂觀了一點。[7] 川普輕忽的態度也一樣可悲，他太小看未來氣候災害會帶來的危害，忽略了氣候變遷會危及全體人類，而且大部分災害是不可逆的。理性的決策者會立即全面減少碳排放，並根據對未來災損、減排成本和其他風險效益等各方面的最新見解，設計出適合氣候政策的社會集體學習過程。這個社會學習過程會借鑑事後回溯政策分析中的證據，來確定哪些政策工具適用、哪些則否，近日歐盟碳交易市場[8]的分析就屬於此種研究。學習過程會反反覆覆，這種性質使它無法一步到位，但可以成功朝多政府層級的氣候政策邁進，同時避免不可逆的鎖定效應。如果民主社會認為氣候變遷危及到當今和未來的社會，想要好好處理，就需要理性討論，透過學習過程找出替代方案、可行的解決方法，並了解這些做法會帶來什麼影響（通常不能確定）。在此種討論中，必須檢驗不同政策路徑各自的風險與優缺點，也要考慮政策在不同領域、治理層次和時間尺度上會互相依賴。如此一來，在許多可能的未來景況中，最終發現我們錯誤地假設了氣候變遷是人類引發的也不是毫無可能，即便如歐蕾斯柯斯所言，這是個相對極端的想法，而且可能性不高。

　　制定氣候政策要面對很多難題，最重要的有：如何衡量和比較各地之間的氣候災害？如何制定各國要為二氧化碳排放付費的價格？碳價計畫應該納入哪些行業？碳價的分配效應會對社會各群體帶來什麼影響？發展生質能源會影響糧食安全、導致森林砍伐、危及生物多樣性，這些副作用要如何透過政策來緩解？補助再生能源的時機與規模為何？風力發電機建在哪裡才能讓社區接受？核能發電有何效益與風險？
國際技術轉移做到什麼程度是合理的？負排放科技（移除大
氣中的二氧化碳）、太陽輻射管理的潛力如何，有什麼風
險？電動車大幅成長對就業有何影響？

　　目前針對氣候政策的好幾項決策要嘛效果不彰，要嘛缺
乏效率，主要原因正是沒有好好回答以上問題。這些問題十
分複雜，需要嚴肅、整體的規劃，才能透過學習過程找出可
行的政策路徑。而要做到這點，前提是不同學科之間彼此合
作，從各自的觀點和角度進行科學探索，一起研究不同的政
策路徑會對社會造成什麼影響。[9] 氣候政策需要一個更複雜
的帕斯卡賭局，有鑑於氣候變遷帶來的破壞可能不可逆，這
點更顯必要。在風險社會中，政策評估要負起主要的舉證責
任，證明某個氣候政策比其他可能的替代方案好。政策評估
必須以聯合國永續發展目標及其他政策目標與價值為標準，
來考量一個政策的整體效果、副作用和共伴效益。在利害關
係人和決策者的共同參與下，科學專業人士可以成為政策備
選方案的繪圖師，而領航的仍是決策者。[10] 我們非常欣賞歐
蕾斯柯斯對於（氣候）科學可信度的想法，但必須強調，當
務之急是聚焦政策評估，讓公眾可以針對不同解決方案及其
可能帶來影響好好辯論。

　　事前和事後政策評估中若出現價值判斷，往往會引發質
疑，對於要如何設計出合理的政策並取得信賴，這點確實是
關鍵挑戰。如歐蕾斯柯斯所說，在科學研究中事實和價值總

是難分難解，無論是認知上、知識上或倫理上的價值。[11] 科學知識內含的倫理價值不是每個人都同意，我們實在意外歐蕾斯柯斯沒有進一步討論在此情況下怎樣才能做到客觀。歐蕾斯柯斯只提到，她希望人們所深刻在乎的價值共同點可能比大家普遍認為的更多。對倫理共同點有如此信心實在很了不起。討論價值觀並找出共同之處的確令人嚮往，然而她也承認人們的基本價值觀可能天差地別，而且價值觀往往會透過複雜的方式影響政治選擇，其中充滿不確定性。一些西方國家的政治分歧會愈演愈烈，價值觀分歧是個重要的原因。

　　牽涉到價值觀的政治議題是可以理性討論的，我們有很好的理由可以相信這點，就算議題已經有部分流於意識形態之爭、幾乎變得像「宗教」衝突也一樣。好幾個世紀以前，帕斯卡試圖用理性來討論最基本的宗教問題，也就是神是否存在。這是個革命性的嘗試。帕斯卡推論，就算人們最後發現神不存在，比起不信神，奉行宗教生活對個人損害還是比較小的。帕斯卡的賭局講求實用，雖然還是有一些缺點，像是他只討論了少數幾種可能情況，但這卻是史上第一次有人提出一個思考架構，來討論如何在不確定的情況下做決策。杜威的實用主義哲學進一步發展這個架構[12]，與帕斯卡相似，杜威也強調有必要從哲學上探討和衡量一個特定的假設可能導致什麼特定的實用結果，無論是規範性的、方法學上的或觀察上的假定都必須這麼做。所有科學或非科學的假設都可以視為一種手段，用來達成與人類有關的實用目的，形成一個目的－手段連續體。[13]

　　杜威認為，雖然承載價值的科學主張會出錯，它還是有可能值得信賴且客觀，包括用來評估政策或牽涉到倫理之辨的科學主張也都如此。以杜威的觀點為基礎，我們把假設視為一種手段，有機會藉由它來解決問題，如果能據此得到可信賴的實用結果（也就是說這個假設能夠一而再、再而三地以可靠的方式，把懸而未決的問題狀態轉化為確定的狀態），那就可以相信這個假設。根據這種「自然實在論」，成功的實用主義探究結果可以舉一反三，類推到相似情況；只要還過得去，它也可以視為一種經驗累積，有機會讓假設取得資格，變成客觀、「有道理的信念」，成為進一步探究的前提。[14] 目的合理不代表手段也合理，兩者都需要透過實用結果來批判衡量。例如，如果連最好的可行氣候政策都會帶來嚴重的副作用，那可能就需要重新思考原本的政策目標，或背後隱含的價值。

　　這種杜威式對可信度的觀點與歐蕾斯柯斯大致相仿，但又有一些細膩的不同。做實驗的概念來自自然科學的成功，但如今各式各樣的探究活動也都能做實驗，與價值觀息息相關的問題也是。更何況，決定性的「實際影響」遠不止於政策有效與否，**所有**對人類存在重要的面向都要算在內，像是精神層面的影響。

　　在氣候變遷這種涉及價值觀的政治議題中，科學家該做的並非搬出事實、聲稱它是價值中立的，或是遊說大眾接受某個特定的政治選項。科學家可以幫助利害關係人，讓大家的討論更具建設性。從杜威思想出發，我們建議在考量種種未來景況和政策路徑時，不只要達到公開透明的科學評估標準，還要常態性地把多樣的價值與原則納入考量，像是平等、自由、純粹、民族主義等等。我們可以透過跨領域和領域間合作的方法，在利害關係人的共同參與下，批判性地比較與衡量各個備選政策路線會帶來的多種實際影響。[15] 所謂的影響不只包括狹義經濟意義下的成本效益，也包括對社會重要的事情、所有會影響政策合理性的事情。例如當政策侵害到人們的基本權利或違反程序時，「成本」可以說高得令人生畏。

　　當政策因為忽略了牽動社會的價值觀或其他因素而產生嚴重副作用或侷限時，用以上方法來衡量政策路線有機會讓我們修正原本被視為理所當然但其實帶有偏見的價值、原則或政治目標，或至少重新詮釋它們。各方利害關係人可以用這種方法來釐清彼此的政治立場，或找出看似迥異的觀點之間有哪些交集，至少在政策工具和路徑上有可能找到雙方都同意的方案。舉例而言，自由左派和保守右派還是可能針對有效碳價達成共識。

　　用杜威式的方法來處理涉及價值觀的政策評估，其精髓在於能夠把原本吵翻天、難分難解的政治衝突，轉化成較有建設性的討論和學習過程，藉此來思考政策備選方案及其複雜的實際影響。把政策路徑視為構想中的假設、目的－手段連續體中的手段，然後透過目的、手段和結果之間相互回饋，謹慎地探討與衡量政策路徑在未來會造成哪些直接間接影響，這麼做可以創造可靠的知識。更進一步來說，正是因為政策評估中所探討的未來備選政策路徑有辦法涵蓋幾個主要派別的重要價值與政治信仰，且來自不同背景的利害關係人皆積極參與評估過程，才讓它具有正當性。

我們提出的這個模式與當前做法大不相同，在探討科學與政治互動的文獻中也頗罕見。例如我們的模式強調，沒有「價值中立的方法」可以評估政策路徑，還有政策目標、手段、實際影響之間的互相回饋至關重要。目前的政策評估通常只會研究少數幾項備選政策，衡量標準也很狹隘，沒有紮實的跨領域合作，也沒有確實根據政策會帶來的實際影響，來評估背後的政治目標和倫理價值。想知道不同的政策將如何塑造未來，就不能只是討論或推銷，更重要的是向所有參與人士學習，比如學習以不同的方式來表達問題，或是學習不同的世界觀。

總結來說，像是氣候變遷這樣棘手又牽扯到大規模風險的議題，要制定相關公共政策等於是在不確定的狀況下做決策，此時非常仰賴大眾對全面政策評估的信任。歐蕾斯柯斯強而有力地論證了為何應該相信科學專業，我們修改和具體說明了她的論點。我們認為就連與科學相關的政策評估，也都可以做到值得信賴且合理正當，儘管其中可能牽涉許多有爭議的價值判斷。我們需要以跨領域的方式，由多方利害關係人一起探索未來備選政策路徑及其可能帶來的各種實際影響，才能讓社會透過學習過程的方式來了解特定路徑的利弊得失，最終這能引領我們重新看待原本既定的價值、政策目標和手段，並在分歧的價值之間找出實務上可能的交集。反之，一味堅稱科學是「事實」，或從抽象層次批評右翼政治的信念和價值，只會導致無意義的意識形態衝突。我們需要的是合作，以包容的學習過程來探索未來的種種可能性，承認價值觀很多元，並帶著批判精神來了解。民粹主義捲土重來，很重要的一個原因是價值觀分歧，要回應這個情況，以上是一種深具潛力的方式。

回應

　　伊登霍弗和郭瓦須討論了科學知識和公共政策的關係。恐怖的人為氣候變遷正在威脅人類的生命、自由、財產、生態多樣性的未來和自由民主社會的穩固，世界現況如此，科學和政治的關係並非無關緊要。可惜氣候變遷的科學共識並未帶來政治上的共識，兩位作者表示這確實不可能，因為政策制定比起科學發現牽涉的層面更廣，而且牽涉到的價值選擇必定遠超乎科學研究本身內建的價值觀。有鑑於此，他們認為需要進一步探索「科學專業的角色，以及該如何設計政策」，來幫助我們了解，在面對急迫、有爭議且涉及價值判斷的政治議題時，該如何從科學邁向政治。

這些都沒錯，但和本書討論的問題沒什麼關係。

我提出「為何要相信科學？」這個問題，是因為近幾十年來，有些人士和團體很努力在削弱大眾對科學的信任，藉此阻擋有科學背書的政策行動。氣候變遷是一例，但也不止於此。在美國，很多不同議題都出現這種情況，從疫苗是否該強制接種、殘留農藥的危害，到同性伴侶撫養的孩子能否跟異性伴侶的孩子適應得一樣好（至少不要更差）。我仔細研究了這些議題在美國的情況，至少在這個國家，情況並不如伊登霍弗和郭瓦須博士所說「氣候變遷的爭議難解之處，不見得是對氣候科學缺少信任，而是雙方對於該如何設計氣候政策意見相左。」我的研究已經指出，這些情況（大部分）根本不是**出於**對科學缺少信任，而是出於經濟上的自私自利，或認同特定的意識形態，這些人是蓄意妨礙大眾討論氣候變遷。

康威和我在二〇一〇年的著作《販賣懷疑的人》中指出，對（大部分）否定氣候科學的人來說，他們的原則立場並非認為科學家、經濟學家和環保人士提出來解決人為氣候變遷的**政策不好**，而是**根本不想要任何政策**。[1]由於經濟利益或自由市場的意識形態（或兩者皆是），他們不希望看到政府採取任何行動來限制造成氣候變遷的化石燃料，或調漲其價格，他們想要的是保持原狀。他們很清楚，只要誠實計算氣候變遷會帶來多少破壞，基本上就等於是在說現狀需要改變，於是他們試圖削弱大眾對科學的信心，讓大家不信任這種計算。他們破壞科學的信譽，把科學說成政治策略，大眾對科學缺乏信心正是（他們蓄意造成的）結果。

既然如此，如果我還期待說明相信科學的理由便能扭轉氣候變遷否定者的立場，那就太可笑了。但我還是希望這本書能回答某些讀者的問題。有時候某些人提出這些問題是為了達成政治目的，儘管我完全不同意他們，這些問題還是有道理的。

我們需要更加了解科學在政策中如何應用（或為什麼缺席）嗎？當然需要，單憑科學無法告訴我們該怎麼做才能面對氣候變遷帶來的破壞（或其他複雜的社會挑戰），伊登霍弗和郭瓦須博士解釋了這點。但自然科學的確讓我們知道，如果一切照舊，海平面會上升、生態多樣性會消逝、人類會受苦受難；社會科學進一步告訴我們，人類將要付出幾兆美元的成本來應付氣候災害，最後讓大家都變窮，這些錢本來可以花在更有意義的事情上。這本書的重點是在解釋自然科學和社會科學值得我們信賴的原因。聯合國政府間氣候變遷專門委員會提出報告的目的，是蒐集、判斷、評估科學證據，提供資訊給擬定政策的人，我們是否應該進一步思考、找出信任這類科學評估的基礎？當然需要。

我沒有在本書討論這個議題，並不是認為它不重要，反之，我已經寫另一本書來討論這個題目了！[2] 不過要認真回答一個問題，說「去讀我的另一本書」可不是個好答案，所以我還是多嘴幾句：

　　政策評估和一般科學很不一樣。顧名思義，需要政策評估的時候是問題已經出現了，某個政府單位需要相關資訊，讓他們制定政策時可以參考。通常這會有時間限制，報告必須在某個記者會、議院會期、國際會議之類的活動舉行之前準備好，就算相關的科學研究還在進行或還不完整，也期待這份報告能提供一個答案。這些都很棘手，再加上還得考慮複雜的道德問題和政治現況，政策評估不像科學一樣能隨心所欲。

　　一般的科學有時也會面對真實世界已經發生、可能發生或有人說會發生的問題與威脅，克拉克打從心底相信讓女性受高等教育是有害的。但這跟科學評估有個差別：IPCC 是聯合國氣候變遷綱要公約的一部分，後者正式表明人為氣候變遷會威脅到永續發展（在此，價值觀是前提：因為認可永續發展的價值，才需要組成委員會）。這個國際政府機構徵詢科學人士的意見，要求他們作為一個群體，從科學的角度來評估眼前的挑戰，提出科學共識，也就是現有的科學知識。沒有人問克拉克醫生他對女性科學教育有什麼意見，沒有一個機構在等他的答案。因此對於克拉克的研究，我們可以很明白地說：這只是單一作者的單篇研究，在這個問題上科學離達成共識還很遠，沒有要提出什麼解決方法，甚至連所謂的問題都不存在。

　　伊登霍弗和郭瓦須認為氣候變遷議題之複雜，需要「嚴肅、整體的規劃，才能透過學習過程找出可行的政策路徑」，而且任何的學習過程都必須包含自然科學、社會科學，以及來自法律、政府、宗教和人文學科的觀點。我贊同這個想法，他們的立場和我提出的論述完全可以並立，我也同意必須在討論中納入價值，價值觀不同是政治和社會產生衝突的核心原因。但我還是認為，爭執雙方對倫理觀念的交集，往往比表面上看起來更多。伊登霍弗和郭瓦須訴諸「基本權利」和「聯合國永續發展目標」（這背後當然有價值觀），也認為「牽涉到價值觀的政治議題是可以理性討論的」，他們的這種說法已經含蓄地同意了我的想法。人們並非事事意見相同，但有某些事情是絕大多數人都同意的，而且很多事情是很多人都同意的。

我們的論述相得益彰，因為我們都呼籲要多加討論價值觀在科學和政治上扮演的角色。我並非天真地認為只要公開表明價值觀，世界就會一切完好，我想說的是，如果可以清楚說出眾人價值觀相符之處，就有可能在某些議題上克服因價值**看似**衝突而產生的不信任。但這對大多數自然科學家來說，很難做到。

原因是，價值中立的基準已經深植在多數科學家心中，科學家覺得在實踐和討論科學時，需要隱藏或抹去他們的價值觀。[3] 我要說這是不必要的，而且可能適得其反。例如許多科學家儘管本身沒有宗教信仰，價值觀卻和宗教信徒有部分重疊。宗座科學院的一系列會議充分展現了這點，出席會議的科學家和神學家當然不可能對所有事情想法都一樣，但我們找到了很多基本的共同點，為教宗關於氣候變遷與不平等的通論《願祢受讚頌》打下基礎[4]，教宗方濟各把這件事寫得很清楚。

人是如此多元，永遠不會對所有事情都持相同看法，我的基督徒朋友相信耶穌基督的神性，而我不相信，這很難改變。我想強調的不是在理論或倫理上取得共識，而是只要我們都認同某一些價值，找到討論的共同基礎，一些原本看似壁壘分明、無法解決的問題就有機會解決。或許不只是氣候變遷，而是所有事情盡皆如此。

第六章
科學的現在與未來

克勞斯尼克

　　這篇評論受到歐蕾斯柯斯博士啟發，但並不是從科學史或科學哲學的角度，而是從科學參與者的角度出發，來觀察我們這個事業的現在與未來。

　　我相信科學的目標是追求真理，我也相信科學方法。我樂見當代社會看重科學研究、資助我們的工作、在新聞媒體上給科學很多聲量。我希望更多年輕人選擇從事科學，我希望科學學門和專業協會能蓬勃發展，我希望科學研究經費增加，我也很期待在未來的幾十年，能看到科學以建設性的方式展開新發現。

　　為了幫助科學蓬勃發展，我和羅格斯大學的焦辛教授一起在史丹佛大學行為科學先進研究中心創立了科學實務典範小組。科學成功的故事在歷史上數也數不清，雖然好幾次誤入歧途，最終都能很快回到正軌，因此我們大可以滿心歡喜

244

地看待長期的科學歷史。但科學的現代史卻令人憂心，現在已經不是某個特定的研究出錯了，在過去十年來，我們發現許多科學領域成效不彰，需要大幅改造，我將在本文中概述這個情形。

讓我從社會心理學說起，這是我博士研究的領域。斯塔佩爾成為《紐約時報》的關注焦點，因為他假造數據，發表了超過一百篇論文到心理學頂尖期刊上。[1] 事發之後多篇論文撤銷，年輕的合作者在其中吃盡苦頭。

貝恩是康乃爾大學知名的社會心理學家，他在頂尖的社會心理學期刊上發表論文，宣稱證實超感知覺是真的[2]，引起一陣騷動，因為他的結果一看就讓人覺得難以置信，而且也沒辦法重現。

巴夫是耶魯大學的教授，他的好幾項社會心理學研究都非常受歡迎。但一群年輕學者試著重現他的一項研究卻失敗了，大家也開始懷疑他的其他研究是否能重現。[3] 諾貝爾經濟學獎得主卡恩曼敦促巴夫教授面對批評，好讓心理學界搞清楚哪些實驗發現是真的，但到目前為止巴夫教授都沒有回應。

雷勒討論所謂「減弱效應」的文章[4]，一度是《紐約客》雜誌下載次數之冠。在文中，心理學家斯庫勒表示他發現了語言遮蔽這個重要現象，然而他鑽研愈深，發現效應逐漸減弱，直到完全消失為止。

另一篇標誌性論文寫到了所謂的「巫毒相關」。[5] 在許多神經科學研究發表的論文中，顯示大腦活動與心理學實驗的其他指標有超高的關聯性，但後續發現是研究人員透過操縱研究手法，捏造出這些相關。[6]

想想金巴多那項監獄實驗，在史丹佛大學心理系的地下室隨機把受試者指派為警衛或囚犯。[7] 幾年前 BBC 試著重做同樣的實驗，但沒有觀察到同樣的結果。[8]

社會心理學中最出名的研究之一，是費斯廷格的認知失調實驗，他記錄了人們面對一項任務時，付給他一塊錢跟二十塊錢的差異。[9] 這項研究幾年來被引用了無數次，但就我所知，從來沒有成功再現過。更重要的是，費斯廷格本人自己已經說了（這段話還很有名）他是跑了這個實驗好幾次、修改方法，才終於讓它「成功」。而所謂成功，就是創造出他想要的結果。

再來一個例子，一篇關於所謂「偏頗吸收與態度極化」的論文。[10] 作者的結論是，如果一個人閱讀一組平衡的證據，其中一半能支持他的結論，另一半會否定他的結論，則這個人對證據的判斷會受其偏好影響，最終鞏固他的信仰。結論是，閱讀一組平衡的證據會讓人們看事情的觀點變得比本來更極端。[11] 然而米勒等人已經告訴我們這篇論文採用了不恰當的測量方法，得出錯誤的結果。原論文已經被引用超過 3,000 次了，但米勒博士的論文只被引用 136 次，看來並非科學成功自我修正的好例子。

這些事件並非個案，我沒有刻意挑可悲的故事來講。

《紐約時報》網路版的新聞標題寫道：〈研究指出，很多心理學發現都是誇大〉[12]，文中指的研究是諾賽克等人在二○一五年做的，他們隨機選擇心理學中一些有名望的發表，試圖再現。同一則新聞在紙本上的標題是〈大部分心理學發現都無法再現〉，這正是該論文的結論：隨機選擇一些研究，積極再現其結果，大多數都以失敗收場。

不只是我的研究領域心理學，政治科學也有這個問題。一篇發表在《科學》上的文章題為〈交流可以改變想法〉，旨在探討登門拜訪能否改變人們對同性婚姻的態度。[13]論文主要作者聲稱他有蒐集數據，但事實上整篇研究都是假造的，東窗事發後也被《紐約時報》寫進新聞。[14]而在經濟學中，好幾篇論文都寫到當研究者企圖再現一些實證研究，結果大部分都無法重現。[15]在最近美國、英國、以色列的大選中，民調結果都無法預測選舉結果，而且錯得離譜。[16]

物質科學中也出現同樣問題，安進藥品對此有清楚的說明，這家公司的科學家試著再現 53 項指標研究，都是發表在最有聲望的期刊如《科學》、《自然》和《細胞》上。[17]安進原本嘗試以這些研究為基礎來開發新藥，卻一直失敗，於是研發團隊退一步回到基礎，想確定他們讀的這些期刊能否信任。團隊由一百位科學家組成，他們試圖重現的研究中有 89% 失敗了。[18]當安進科學家聯絡其中一項研究的作者，告訴他團隊試了好幾次想再現他的實驗結果，卻無功而返，原作者的說法是他們自己也失敗了非常多次，才終於產出想要的發現。

當安進將此事公開，拜耳藥廠說他們也有同樣的經驗。[19] 拜耳試著再現 67 份已發表的發現，其中 79% 無法重現。化學裡同樣的問題也很嚴重，近年來愈來愈多論文中出現經篡改的圖片，讓研究結果看起來比實際上好。[20] 在生態學、遺傳學和演化生物學中，許多發現在發表後就消失了，同樣的結果再也沒有重新出現過。[21] 與此趨勢一致的是，「論文撤銷觀測站」記錄的遭撤銷公開文獻數量暴增。

史丹佛科學實務典範小組向工程師討教他們是否有類似經驗，得到的答覆讓我們大為震驚。我們問工程領域是否有再現和誠信的問題？他們的回答是：「說實話，我們不相信任何來自其他實驗室的發現。」我們又問：「你相信自己實驗室的發現嗎？」他們說：「有時候吧。」

這是怎麼回事？在工程領域中，研究人員往往會刻意保留某些關鍵原料資訊，以免讓競爭對手奪得先聲，例如率先研發出續航更久的電池。

那麼像是醫藥這樣性命攸關的領域，又如何呢？伊恩尼迪斯執行衛生研究的後設分析數十年，他的一篇論文估算臨床前醫學研究的重現率，發現超過一半的研究一次都沒辦法再現。這麼低的再現率，等於每年讓 280 億美元的研究經費付諸流水。[22]〈為何多數已經發表的發現都是錯的？〉一度成為 PLOS One 期刊下載最多次的論文。[23]

這一切是怎麼發生的？當這些案例層出不窮，顯然麻煩大了，我們還可以相信科學很美好嗎？一個答案是，現代有些科學家做事情的方式適得其反、有害無益。

其中之一是數據篩選（p-hacking，也譯作 p 值操縱），也就是操弄和美化數據，以得到想要的結果。另一個問題是實驗的樣本數太小，如果一次樣本數很小的實驗結果不如預期，研究者可以揚棄這次實驗，再做一次小規模實驗，直到哪次運氣好，剛好做出想要的結果，因為每次實驗的成本很低。還有一個問題是統計計算出錯，導致對研究結果的再現率過度有信心。某些統計測試方法比較容易呈現顯著結果，而某些研究領域已經常態性地蓄意使用這些會導致偏誤的統計方法。如果他們採用適當的計算方法，統計結果應該會顯示要對某些結果保持懷疑。某些物質科學領域在進行實驗時從來不隨機指派，也不使用統計顯著測試，這讓研究者很容易被誤導。

統計分析有時會意外出錯，因此檢查是必須的。然而當結果符合預期，科學家通常會很振奮，想要慶祝；當結果不如預期，他們或許會比較有動力重新檢查研究，因此更有機會抓出錯誤。如此一來，符合預期的結果如果有錯，可能也比較難抓到。

科學家的實際工作情形不盡如人意，這些情況到底有多普遍？一項調查顯示，許多心理學家說他們都曾採用不理想的做法。[24] 我們一而再、再而三地看到無法再現的研究結果，恐怕不是意外。

面對如此事實，我們科學家都渴望能找到解決問題的辦法，為此我們必須知道為何某些科學家會如此行事。不幸的是，原因很嚇人。在個人層次，科學家本身各有動機，許多科學家想要成名，想要拿到研究經費，想要獲得終身職，想要其他外部工作機會來賺更多。有人想要晉升，想要加薪，想要創立公司致富，想要受到同行尊敬，想要受到非科學家的人尊敬，等等等等。

一位科學家如果靜下來捫心自問，他非常有可能會承認，幾乎無時無刻，環境裡（學術領域之中或外界）的這些動機都深刻地影響著每一個人。不需要知道研究經費是來自埃克森美孚還是國家科學基金會，我們身處的工作環境就是充斥著以上種種誘因。

如果達成這些個人目標的方式，是盡可能保持正確、發表能代表事實的結果，那也不會出什麼問題，可惜制度層級的原因又把我們拉離正軌。我們的制度重視生產力，獎勵能大量發表的成員，不獎勵厚積薄發的人。大部分的研究領域都著重創新，喜歡出人意表的發現。史丹佛大學是這麼教育心理系研究生的：不要浪費時間發表大家已經認為是真理的事情，研究目標應該是創造驚豔世人的結果。如果設定了這種目標，難道研究者還應該時時自問事實是否真的如此令人驚訝？出人意料之外的結果是否有違當前的理論和證據、很可能不是真的？

制度重視統計顯著的結果，因此期刊也比較不願意刊登發現某個現象並不存在的研究，這使得已發表研究中的錯誤需要更多時間才能被發現。

研究者想要發表的東西很多：想要發表新穎、違反直覺的研究，想要講一個好故事，想要捍衛他們先前的發表和名聲。他們不想承認自己沒有預測到會發現什麼，或是事情與所料不同。他們想要宣傳這些發現，愈快愈好，新聞媒體也蜂擁而至。

這一切都得到社會制度的鼓勵：大學愈來愈常用論文發表數量和引用次數來決定要給誰終身職或晉升誰。期刊不喜歡一團亂的結果，也不想看到研究發現之間彼此衝突；創新的發現比較快獲得期刊散布宣傳。新聞報導有時也造成問題，媒體追求簡單、普遍適用的結論，但有時候一些主張要用量化來呈現會比較洽當。儘管資訊流傳不再需要紙本，期刊仍有頁數限制，這讓研究方法無法寫得太詳盡。期刊特別喜歡某一類發現，有時候與特定政治目標有關。當然還有，研究助理總是想取悅實驗室主持人，使得他們在產出特定某些發現時更為積極。

以上觀察大多出自我的推測，我所說的每件事都可能是錯的，但也可能被我講中一兩點。據我所知，目前還沒有人測試過這些可以解釋科學家行為的理論，既然我們已經發現科學文獻和大眾媒體中充斥著沒辦法重現的研究，就應該開始測試這些理論。我們自以為對研究主題很了解，實則不然。既然如此，我們必須擁抱問題，著手找出原因，然後根據實證證據顯示有效的方法來重建科學。

因此，這是關乎社會科學和行為科學的問題，也是關乎人類心理的問題。這不是化學問題，不是物理問題，是關於直覺的問題。這個問題需要以實證為依據來研究，需要理論支援，並用嚴謹的方法來探討。

至於現況該怎麼解決？已經有許多辦法提出，但在我看來大多都治標不治本，讓人一時感覺良好，但不知道實際上能否真的促進科學研究的效能。

我們能得出什麼結論？首先，我不認為研究經費來源是科學界的主要問題，事實上我覺得這只是枝微末節。有非常多資助研究的政府機構或私人基金目的單純是支持科學，讓科學發現盡快出現，並沒有其他意圖。

問題的根源並非經費來源，而是科學運作環境中固有的獎勵機制。單看是誰在資助研究，就決定要對一整群研究拒絕或買單，恐怕是搞錯重點了。問題在於新科技加速了科學進展，我們希望這是讓科學更有成效，但反之，科學現在要嘛是進展仍然十分遲緩，要嘛就是發表了一大堆錯誤的發現。

接下來該怎麼走？首先，我們應該承認問題，醫生向病患隱瞞他已經罹癌並無益處；第二，我們需要找出問題行為的真正原因，而非推測；第三，我們需要找出解決方法，消除沒有建設性、會讓科學走上歧途的誘因；最後，我們應該用科學家的態度，來測試這些解決方法的成效。

這些想法受到歐蕾斯柯斯博士的演講和文章啟發，希望能夠做為補充，聚焦於當代歷史和科學的現況。我希望提出這些想法，能鼓勵所有科學家在此刻停下來反思，試著從過去的科學中學到教訓，重新導正整個領域的現況與未來，有效達成科學的目標。

回應

克勞斯尼克教授呼籲大家嚴肅面對當代科學中的重大問題：「再現性危機」[13]，這個問題可能會削弱大眾對科學的信任，也反駁了我的論點。我在前文指出，只要負責檢驗科學主張的社群能夠多元化並接受同儕批評，這個集體過程通常就能得到可信賴的科學結果。

這個問題是這樣的：有許多廣為人知、發表在知名期刊上的論文（其中一些還得到大量引用）結果沒辦法再現；有些論文遭到撤銷，人們稱之為「撤銷危機」。[14] 大部分關於再現危機及解決之道的討論，都圍繞在心理學和生物醫學領域。[15] 然而克勞斯尼克教授卻說這個問題關乎現代科學整體，是因為結構性的誘因促使研究者快速發表，而犧牲了謹慎和誠信。或許克勞斯尼克是對的，但他舉的例子全都集中在心理學和生物醫學，而且針對後者也只討論藥物臨床試驗。統計分析是這兩個研究領域的核心，而且我們也已經知道誤用統計的情形（主要是數據篩選）在這兩個領域常常出現。

科學研究普遍使用統計來測試顯著性，然而在二〇一九年，一篇發表於《自然》的論文呼籲大家重新思考這項成規。通常在一項測試沒有達到代表統計顯著的 0.05 時，科學家會宣稱這個效果不存在，但這篇文章認為這個標準並不能證明效果不存在；同樣地，兩組樣本的差距沒達到代表統計顯著的 0.05，並未證實它們沒有差別，但科學家也總是這樣說。[16] 作者呼籲，不要再把 p 值當作二分法的標準，而且要「揚棄整個統計顯著性的觀念」；超過 800 位科學家連署支持該篇論文，顯然是個備受關注的議題。我們可能會因此認為，這個問題在所有高度仰賴統計的領域中都很嚴重，尤其是教育學生統計工具是「黑盒子」的領域。[17]

這種想法也有證據，我與同事在最近一系列論文中，證實了科學家在計算歷史溫度時使用了不恰當的統計方法，加上社會與政治上的壓力，使得許多氣候科學家推導出錯誤結論，認為全球暖化停止、「暫停」了，或是在二〇〇〇年代曾「短暫中斷」過。[18] 儘管我們的研究已經指明這點，錯誤印象仍然存在：一篇政府科學部門的部落格文章提出誤導性的問題：「為何過去十年來，地球表面溫度不再上升？」二〇一八年這篇文章更新，告知讀者：「自從上次更新後，從一九九八年到二零一二年的平均全球表面暖化減緩（相較於前三十年）顯然已經結束了。」[19]

可以從這些講法看出科學家是怎麼給自己留面子，當證據顯示過去十年來地球表面溫度並沒有停止上升，他們只好換句話說，把停止、暫停和短暫中斷改成「減緩」。這個講法反映出二〇〇〇年後暖化速度趨緩的事實，但這是以人為氣候變遷發生的時期為基準比較出來的結果。

換成這種說法好像沒什麼差，在某些人看來只是在玩文字遊戲，但並非如此。眾所皆知，地球的氣候會週期性起伏，因此儘管大氣中溫室氣體穩定累積，行星溫度上升的速度卻會變化。科學家有預測到這點，但如果其他條件不變，整體而言氣溫還是會上升；實際測量到的也是如此。換句話說，沒有任何異常或出乎意料的事情發生，觀察到暖化減緩並不是什麼科學新聞，也不是我們認知錯誤，並不需要額外加以解釋。然而許多科學家卻把它說成這個樣子，使得科學社群和公共領域都出現很多誤導性的對話。[20]

如此看來，應該可以推論統計誤用不只局限在心理學或生物醫學中。但科學領域真的普遍都出問題了嗎？要回答這個問題，證據就顯得有些模糊。克勞斯尼克教授如此強調嚴謹的實證研究，我非常意外他會用少數證據推論出如此概括性的說法，還把八竿子打不著的事情混為一談。

他在文章開頭說了一則詐欺新聞：有個教授在上百篇論文中竄改數據，還成功發表於頂尖期刊。這當然是爛事，但詐欺是所有人類活動都會出現的行為，在科學中有比在金融業中更常出現嗎？比起不動產呢？或是礦產探勘？文中沒有足夠資訊讓我們判斷這點。[21] 但這的確可以讓我們思考為何這次造假事件沒有更快被發現？這提醒了我們，科學（一如其他人類活動）需要監督，我們需要思考科學是否需要更完善的監督機制。

克勞斯尼克接下來講的事情就完全不同了：一篇論文宣稱證實了超感知覺，「引起一陣騷動，因為他的結果一看就讓人覺得難以置信。」這與詐欺截然相反，科學本來就應該這樣運作：一篇發表論文中的論點強烈、令人意外、難以置信，隨即受到嚴厲批評與檢視，心理學社群拒絕相信它。有人可能會認為這篇論文打從一開始就不該發表，但如果科學應該要對多元想法保持開放（我認為應該要），那就無法避免有時會有不正確、愚蠢甚至荒謬的東西發表出來，我們不能單單因此就怪罪科學；反之，這正是科學社群依然保持開放的證據，就算是有些人認為不該討論的想法，也一樣能被看見。

接下來我們看到近代心理學史上最著名（應該說惡名昭彰）的一個實驗：知名的史丹佛監獄實驗。我們得知 BBC（本身並非科學機構，不禁讓人好奇其動機及可能的偏見）試著再現這個研究，但失敗了。[22] 現在我們考慮兩個研究，比較研究一和研究二，該如何看待兩者？有四個選項：

研究一正確；研究二有缺陷所以無法再現其結果。

研究二正確；應該考慮否決研究一。

兩項研究皆不正確，但是錯在不同地方。

兩項研究皆正確，只是在執行條件不同。執行者的

操作方法有所不同，兩項研究結果的差異可以解釋
這造成了什麼影響。

沒有進一步的資訊，就無法判斷以上四者何者為真。[23]

克勞斯尼克教授把這些研究當作科學深陷困境的證據，但他所說的大多是單一研究，事後也被證明是錯的。我前文的宗旨就是要強調，科學知識從來不是由單一研究所創造，無論是多知名、多重要或設計得多好的研究都一樣。不斷檢驗主張，才能創造出可信賴的科學知識，而且檢驗過程的關鍵在於包含多元觀點，用多種方式蒐集證據。這也就是說，不能把單一篇論文當作可靠科學知識的基礎。現在想想，我們可以說史丹佛大學的監獄實驗過譽了，那不過是單一研究而已。

愛因斯坦一九〇五年著名的狹義相對論論文可以說明這點，許多人只知道這篇論文，認為愛因斯坦憑一己之力推翻了牛頓力學，但這是個錯誤想法，不了解歷史的人才會這樣想。是許多愛因斯坦的同代人共同打下的基礎，才讓一九〇五年這篇論文成為可能，得到眾人信任（最知名的是勞倫茲）；很多後續研究進一步在知識上鞏固了一九〇五年的論文。廣義相對論也一樣，包括數學家諾特在內的許多科學家一同幫助愛因斯坦解決困難的理論問題，而英國的愛丁頓爵士執行實驗證實了這個理論，並說服世界這個理論是對的。[24]

因此可以說，克勞斯尼克教授的評論強化了我對共識的論點：我們應該對任何一篇科學論文保持懷疑。科學發現是循序漸進的，而非透過單一事件完成，在過程中，許多暫時性的主張（可能是大部分暫時性的主張）將被證明是不完整的，甚至是錯誤的。如同最近多位美國國家科學院前主席強調，否決和撤回論文的時機如果恰當，可以視為科學在糾正自己，是理所當然的。[25] 傳統上，我們將此過程稱為**進步**。

必須承認，由於科學知識在未來可能遭到挑戰，要把它當作決策基礎就顯得有點為難，如果不能知道當下成立的主張之中有哪些能夠持續、哪些會被否決，我們該怎麼做？這是我提出的核心問題之一。因為無從得知哪些當下成立的主張能夠延續，最好的方法就是考量科學證據的強度、科學意見的論點，以及科學知識的發展過程。這就是共識之所以重要的原因，如果科學家對一件事還有爭議，那如果條件允許，我們最好都「等著瞧」。[26] 如果目前實證證據還很薄弱，那可能需要做更多研究。

儘管不確定未來的科學知識會長怎樣，也不該把這當作拖延的藉口。流行病學家希爾的名言是：「所有科學成果都是不完整的，無論是觀察或實驗。所有科學成果都有可能被進階知識推翻或修正，但這不代表我們可以隨意忽視既有的知識，或是延遲當務之急的行動。」[27] 依據能掌握的資訊來做決定，並準備好隨時依據新出現的證據調整計畫，這在任何情況下都言之成理。[28]

　　回到心理學，有一起我認為是近來該領域最惡名昭彰的事件，足堪稱為壞科學的代表，我很訝異克勞斯尼克教授竟然沒有提及。「關鍵正向比例」的研究者聲稱有個非常特別的數字：2.9013，可以在許多方法中用來區分心理健康和不健康的人。[29] 這篇論文在二〇〇五年發表，被引用超過一千次，直到二〇一三年研究生布朗和物理學家索卡、心理學家弗里曼重新分析數據才揭穿。[30] 現在想來，這篇論文當初會得到廣泛接納，實在有點荒謬，其主張大膽得接近異想天開，令人難以置信。這個「比例」的有效數字高達五位數，實在精準到不合理；文中用到非線性動態理論，也已經暗示它不過是趕流行。[31] 然而重點是，這只是單一篇論文，或許很多人引用，但不代表專業人士已經達成共識。

　　克勞斯尼克教授沒有將此案例納入討論，或許是因為這顯示心理學在某些方面真的很有問題，而克勞斯尼克不想要得出這種結論。或許因此，他大筆一揮，用籠統的詞彙來討論所有科學領域。我覺得這實在令人遺憾，因為這樣的討論無法幫助我們釐清問題的程度和本質。他告訴我們政治科學中出現了一個詐欺的案例，以此暗指整個領域都有問題；他使用「物質科學」一詞，討論的卻只有生物醫學；他暗示在工程中這些問題「並不常見」，但只提出傳聞和八卦；所有來自物理學、物理化學、地質學、地球物理學、氣象學和氣候科學的證據，都付之闕如。他自己也承認，他對這起所謂的危機的起因的觀察「大多出自推測」。

再來談談所謂的論文撤銷數目「暴增」。現今全世界的論文發表總數也暴增，這種宣稱並無意義，重要的衡量指標是撤銷*率*。讓我們看看數字：史丁等人於二〇一三年總結，撤銷率從一九九五年開始增加，然而從一九七三年到二〇一一年的整體撤銷率，是 2 萬 3,799 篇論文中有一篇會被撤銷，也就是 0.004%（分析此期間發表的 2,120 萬篇論文而得）。二〇一二年方志文等人則指出，科學論文因為詐欺而撤銷的機率，從一九七五年來增加了十倍左右，但整體撤銷率仍然小於 0.01%。恐怕很難把這樣的數字看作科學普遍出現了危機。[33]

更何況，現在論文撤銷率增加，代表什麼意義也還不清楚，歷史學家沒有仔細研究過這個問題。「撤銷」（retraction）這個詞，過去大多用來指新聞，直到最近才改變。[34] 根據史丁等人二〇一三年的論文，最大的生物醫學論文索引網站 PubMed 上最早被撤銷的科學論文，是在一九七三年發表、一九七七年撤銷。[35] 這個時間點相對晚近，從歷史看來卻不意外，因為在過去要更正錯誤的科學主張，通常是由後續論文做出修正，或者直接忽略掉。如今我們所宣稱的撤銷危機，是因為「論文撤銷觀測站」這樣的網站而廣為人知，又透過粉絲專頁和社群媒體上的標記推波助瀾。[36]

論文撤銷觀測站在二〇一〇年推出，可能意味著撤銷這件事在最近變成問題，也可能意味這個問題最近才得到大眾關注。我只是有所懷疑，但在此我要提出一個大膽的想法：

撤銷的觀念在近年來變得普及，是因為大眾對科學的監督加強了，使得過去能讓錯誤主張自然淘汰的運作機制，在如今變得不合時宜。如果撤銷在過去不那麼常見，如今卻很頻繁，可能代表科學中的詐欺和錯誤愈來愈嚴重，但也可能單純表示有更多人在監督科學，有些錯誤在過去可以容許，被視為科學進展中自然的元素，不會造成什麼問題，如今卻不能接受。換句話說，無論是好是壞，顯然我們對科學怎樣才算是出問題的觀念，已經跟以前不同了。

克勞斯尼克教授舉的例子，大部分來自心理學和生物醫學，這符合上述的詮釋。這些領域與大眾福祉息息相關，而且研究成果可能對社會和商業造成很大的影響。他舉的兩個發現生醫研究再現率低的例子，是由安進和拜耳藥廠執行的，這絕非巧合，這些公司承受鉅額的財務風險，而最終賺賠仰賴科學研究成果。在高風險的領域中，競爭壓力的確可能讓科學家急著發表，事後才發現研究有瑕疵。大眾傳播媒體也最關心這些領域，但媒體時常光憑單一研究就做成新聞，而未來的研究不見得會支持這些發現，這可能也造成大眾對整體科學現狀的印象有所偏差。

我想不到地形學、古生物學中有什麼重要論文撤銷的例子 [37]，不過最近水文學中有個引發高度關注的案例，值得一提。發表於頂尖同儕審查期刊的一項研究表示水力壓裂作業並不會影響地下水，研究結果引起媒體關注，因為這似乎抵銷了大眾對壓裂的疑慮。然而後來發現這項研究有利益衝突，部分經費來自一家天然氣公司，公司還提供樣本、參與實驗設計，論文作者之一也在這家公司任職。論文作者群並未揭露這些可能造成偏見的因素 [38]，為此，這家期刊啟動調查，並請我就揭露經費來源的必要性撰寫一篇論文（我已經完成）。[39] 同時，關於天然氣油井和地下水汙染地點之間距離的其他研究，得到了相反的結論。[40] 我們並不知道在這場辯論中，雙方何者在科學上正確，但我們確實知道其中一方有利益衝突，可能影響他們的研究成果。[41]

　　我們能從這件事學到什麼？最顯而易見的是，同儕審查這道程序並不完美，差勁或偏差的論文還是能夠發表。已經有人證實，有許多研究化學物質如何影響內分泌系統的已發表論文，所使用的實驗小老鼠是已知對此效應較不敏感的品系。[42] 研究人員為何要這樣做？可能只是意外，不清楚這些品系比較不敏感；也可能是刻意為之；也有可能是由於研究者心知贊助者想要看到什麼結果，潛意識中出現偏差。科學論文很複雜，如果研究方法看起來合乎標準，審查者可能不會仔細檢視每個細節，但若是知道該研究出現特定結果能讓贊助者從中獲利，可能就會做得謹慎一點。

　　我們也必須承認，有時候論文遭到撤銷並**不合理**，是社會或政治壓力造成的 [43]，我們無法判斷這種情況有多常見，根據既有證據很難判斷。這引發了另一個疑問：問題是全球化的嗎？克勞斯尼克引用的論文全都來自英語期刊，也就是說大部分來自英語世界的研究者和機構。在英國，近年來大學評鑑和資助研究的變化，大大加重了科學家的壓力，促使他們多多發表。在美國，成功申請經費的比例比起一九六〇年代減少非常多，研究者的競爭變得更高壓，使他們更想產出時髦的結果，以期在下一回合經費申請時勝出。這些因素造成的壓力使研究人員必須產出更多研究結果，而不能花太多時間來檢查結果。我們必須執行實證研究，來看看遭撤銷的這些論文是出自哪些國家。

　　快速發表、趕快進行下一個能吸引資金的計畫，在這些壓力下產出的當代科學很可能普遍出現問題，然而克勞斯尼克提出的理由不是這個。雖然他說這些問題在於科學中蔓延，但他舉的例子大部分都局限於幾個特定領域，而且都出自英文期刊。並不是說其他科學領域就沒有問題，但克勞斯尼克的論述從明顯出問題的領域一路滑坡到其他領域。

　　他的論述中，最無法令我信服的莫過於缺乏清楚、量化證據就做出以下評論：「不需要知道研究經費是來自埃克森美孚還是國家科學基金會」、「我不認為研究經費來源是科學界的主要問題……有非常多資助研究的政府機構或私人基金目的單純是支持科學，讓科學發現盡快出現，並沒有其他意圖。」對此，克勞斯尼克在邏輯上和實證上都錯了。邏輯上他錯在非此即彼：就算再現性問題被認證普遍存在，也不能說研究中就不可能存在其他嚴重問題。實證上，我們已觀察到強力的證據顯示，由自利團體出資的研究中出現了很多負面效應。

　　菸草產業長久以來都贊助科學研究，我們已經清楚了解他們的目的是要誤導大眾，透過延遲知識鎖合＊來規避法律責任，阻礙政府制定限制吸菸的公共政策。更重要的是讓癮君子繼續吸菸，來維持公司盈利。[44] 幾乎所有研究此議題的學者一致認同菸草產業大獲全勝。吸菸和癌症的關係在一九五〇年代就已提出，但美國的吸菸率一直到一九七〇年代才開始明顯下降，此時菸草產業的策略逐漸為人所知，因此變得比較沒用。[45] 我們無法證明如果菸草公司沒有這樣做，情況會不會比較好，但既有證據強力顯示，如果菸草產業沒有干涉科學研究和科學社群，應該會有更多人更快戒菸，許多生命將得到拯救。

　　菸草的故事臭名遠播，但並不獨特，學者早就指出，在殺蟲劑等合成化學物質、基因改造作物、含鉛油漆和製藥上，圖利自身的產業資助科學研究都影響了整個領域。[46] 現在則有人指出，有不成比例的環境研究經費來自化石能源產業。[47] 儘管後者的效果還不明顯，仍可以合理假設他們會造成影響，最小的影響是改變研究計畫的關注焦點（例如強調碳捕捉能夠解決氣候變遷，而不重視能源效率），也有可能左右對科學結果的詮釋。[48]

＊　譯注：Epistemic closure，原本是哲學知識論用語，意指若一個人知道一個信念 P，同時他也知道 P 蘊含著 Q，那我們就可以說這個人知道 Q。

　　另外還有個值得注意的問題：人們愈來愈難區分正當的科學和仿科學，甚至科學家也是。（我用仿科學這個詞來指涉某些文獻，包括一些同儕審查期刊。它們包裝成科學的樣子，但卻沒有堅持科學的標準，像是方法自然主義、公開揭露完整數據、願意根據數據來修改假定。）[49] 造成這些問題的是以營利為目的的掠奪式（predatory）研討會和期刊。

　　各種型態的科學騙局在近年來層出不窮，其中有些顯然純粹是為了盈利。研討會收取高昂的報名費或發表費，許多科學家用研究經費支付這筆費用。去年，一個由土耳其家族經營的仿科學機構靠著研討會和期刊，總共賺了約四百萬美元。[50] 其他可能是為了銷售菸草、藥物等管制商品而故意假造訊息，提出未經證實或已知錯誤的主張，然後宣稱他們得到「同儕審查科學」的背書。[51]

　　〈假科學製造工廠〉一文發表於二〇一八年，文中，研究人員分析了 17 萬 5,000 篇發表在掠奪型期刊上的論文，發現大量證據證明許多論文和研討會是由大型公司贊助的，其中包括菸草公司菲利普莫里斯，這家公司用科學騙局來促銷和捍衛自家產品，美國法院已判定他們詐騙。[52] 這份報導提到的其他公司包括製藥廠阿斯特捷利康、核能安全公司法馬通。掠奪型期刊發表這些公司的研究，讓他們可以聲稱自己的研究「經過同儕審查」，以此暗示在科學上成立。這種傷害也滲透到學術單位，近一步模糊了正當科學和仿科學的界線，研究人員在這類期刊中發現了有數百篇論文來自學術界重要的研究單位，包括史丹佛、耶魯、哥倫比亞和哈佛大學。[53] 學術單位的作者是否明白他們投稿的期刊是一場騙局？我們並不清楚，可能有些人知道，有些人不知道。《紐約時報》把這個現象稱為「假學術」，很多人已經認識到此種現象存在，維基百科上也有「掠奪型研討會」的條目。[54]

新創公司也可以利用仿科學，為他們所提出的新藥與治療方式創造似是而非的科學基礎，像是第一免疫公司「在這些掠奪型期刊上發表數十篇『科學』論文，讚揚 GcMAF 癌症療法的成效，但這種療法根本沒得到證實……第一免疫的執行長諾克斯沒有得到核准就想要生產醫療產品，今年即將於英國受審。」[55]

這種行為會混淆專家社群，當然也會傷害科學。不過專家通常都能看出仿科學中的瑕疵，即使偶爾會上當，大部分時候還是能分辨出來。我認為更大的傷害在於，當大眾知道有愈來愈多這種腐敗行為，可能會變得不相信科學整體。學術機構中的科學家必須注意這個議題，尤其是科學經費來源和贊助科學的目的，科學家也應該堅持無論如何都要完整揭露經費來源，並拒絕簽署任何要求不揭露或不公開的協議，以及相關獎金與合約。在這點上，克勞斯尼克教授和我都同意，科學家應該潔身自愛。

克勞斯尼克教授舉了一個例子，說明了潔身自愛很難做到：安進藥廠試圖再現刊登於《科學》、《自然》和《細胞》上的論文，這些期刊都是最好的，會拒絕大部分的投稿者，並以其刊登內容的重要性為傲。然而如同克勞斯尼克教授提到的，許多科學家承受了服務單位的壓力，想盡辦法躋身這類優秀期刊，可能會讓他們傾向於誇大研究的創新程度與結果的顯著程度。但是說到底，**安進這份研究又有多可靠**？

不知為何，在第六章第十八條註釋中，克勞斯尼克引用的並非安進的研究本身，而是一份非常有趣和有用的心理學再現研究。該篇研究特別強調，在科學中追求創新和追求再現有時會形成張力，但是兩者缺一不可：「創新指出所有可能的方向，再現性指出可能性最高的那一條，兩者相輔相成才能帶來進展。」[56] 這篇論文有討論安進的研究，不過很簡短，以下是作者們的說法：「在細胞生物學中，兩間產業實驗室（安進和拜耳）的報告顯示，在他們檢驗的標誌性研究中，成功再現的機率是 11% 和 25%……這樣的數字令人震驚，但也很難理解，因為他們並未進一步提供研究、方法和結果的細節。既然不透明，重現率那麼低的原因就無從得知。」我們無從得知為何安進科學家不提供這份研究的細節，事實上他們發表的文章並非經過同儕審查的研究論文，而是兩位作者的「評論」，一位任職於安進，另一位在學術單位。[57] 文中具體提出的問題是：腫瘤學的「臨床前試驗得到的證據不盡如人意」，他們的建議也同樣是針對腫瘤學研究。[58]

癌症令人恐懼，在科學上也很棘手，有些初步研究看起來很有展望，最終卻無法轉化成有效的療法，作者提出了很多原因來解釋這件事。他們也提到：「我們從一開始就認為有些數據可能站不住腳，因為本研究所檢視的論文是我們精挑細選出來的，內容全然創新。」[59] 換句話說，樣本是挑選過的，特別聚焦新奇的結果，一般在評估生醫研究能否重現時可不會這麼做。必須承認他們得到的再現率 11% 真的很低，但真的有「令人震驚」嗎？既然挑選這些論文的**原因**就是它們的結果既新奇又出人意表，那麼進一步探討後發現其中多數無法成立，我覺得一點都不意外。如同我在整本書中不斷強調的，科學知識是由許許多多理論和觀察共同構成，單一篇論文不是也**不能**做為科學證明。如果製藥公司是依據未經充分證實的科學主張來設計臨床試驗，那當然會出問題，但不見得是**科學**的問題。

　　我同意克勞斯尼克教授所說，有些科學家的行事不夠理想，有些問題需要公開承認和處理，這正是寫作本書的目的！但如果我們把問題過度泛化，並且忽略經費來源（或其他任何形式的偏差），那麼無論是要讓再現危機緩解或解決其根源，都會變得非常困難，幾乎不可能達成。

　　克勞斯尼克教授強調我們需要整體計畫，這本書正是此計畫的一小部分：討論科學學術的歷史和哲學。他認為科學家急於發表研究、誇大研究結果的新奇程度，是因為他們「希望發表……違反直覺的發現」以及「不想承認他們沒有預測到會發現什麼」，這兩者自相矛盾。依照前者，科學家會追求違反直覺的結果，挑戰普遍接受的知識，這是波柏的核心想法；第二種想法認為我們應該要能預測發現到的事，則是假設演繹科學模式的重點所在。在第一章中，我們看到這兩種模式都有嚴重的邏輯瑕疵，也都不能精確描繪實際的科學活動。如果科學家的追求的確如克勞斯尼克教授所言，那他們真是大錯特錯了，如果是這樣，我希望這本書能幫助他們了解科學可以帶來什麼、不能帶來什麼。

後記

　　真實感、假新聞、另類事實。從二〇一六年末這幾場演講在普林斯頓大學坦納講座發表以來，分辨真假，也就是何為資訊何為造謠這件事變得愈加急迫，大眾也意識到這點。[1]氣候變遷就是個證明，過去兩年間美國被颶風、洪災、野火重創，讓一般大眾清楚看到這顆行星上的氣候正在改變，且代價愈來愈高昂。否認此事不再只是冥頑不靈，而是殘酷的行為。美國民眾現在知道人為氣候變遷帶來的威脅是真實的（世界上很多人早就知道了）[2]，然而我們應該怎麼做，才能說服那些還在否認的人？這些人包括美國總統＊，他讓美國退出國際氣候協定，還把氣候變遷說成一場「騙局」。[3]

　　不僅如此，大眾依然對很多其他議題感到困惑。數百萬美國民眾拒絕讓孩子施打疫苗。[4]嘉磷塞農藥至今仍合法，而且廣泛使用，儘管有愈來愈多證據顯示它有害。[5]至於防曬乳呢？

　　在這種社會氛圍下，可能會有人覺得這本書的論述太過

＊　譯注：此指川普。

學術，事實知識在社會與政治上面臨如此艱困的挑戰，我們應該專注這些面向，而非討論知識論。《販賣懷疑的人》一書致力於描寫因意識形態而反對科學資訊傳播的活動，身為此書共同作者，可能有些人會期待我繼續講這些事情就好。但這樣就錯了。

康威和我在該書中說明，「販賣懷疑的人」核心策略就是創造一種印象，讓大家認為在某件事上相關領域的科學還沒確立，還有很多事情存在爭議。如果我們順著他們的話回答，提出更多事實，堅持事實**就是**事實，那他們就贏了，因為他們已經成功讓大家覺得現在事情**有**爭議。要面對販賣懷疑的行徑，我們不能提油救火，而是要切換辯論重點。方法之一，是揭發否定科學的行為背後有何意識形態和經濟動機，讓大家看到這些人之所以反對，並非出於科學，而是政治。另一種方法是解釋科學如何運作，並承認在多數狀況下，我們有充足理由去相信已經確立的科學主張。在《販賣懷疑的人》書中，康威和我用的是第一種方法，在這本書中我則嘗試第二種方法。

本書旨在論證，「為何相信科學？」的答案，並不是科學家用了什麼魔術配方（所謂的「科學方法」）可以保證結果為真。這種想法在教科書中屹立不搖，也是大眾對科學的印象，但細觀歷史則非如此。仔細觀察科學的樣貌，會看到一群專家集體活動，利用許多不同的方法來蒐集經驗證據，由證據推導出來的主張需要經過批判檢驗。

　　科學方法很多元，但可以找到一些共同要素，其中之一是對自然世界的經驗和觀察，另外則是以這些經驗和觀察為基礎形成的主張必須經過集體批判的檢驗。第一章的論述便是指出大眾對科學的信任基礎，在於科學家持之以恆地探索自然世界，並結合科學活動中的社會性質，包括對科學主張提出批判性質問等做法。

　　所有的社會協定都仰賴信任，其中許多需要專家參與，無論是醫生、牙醫、水電工、黑手、會計、審計人員、稅務人員、不動產師。就算是買雙鞋子，量測尺寸也仰賴我們對賣家的信任。如果不再信任專家，社會也會跟著停擺。科學家是我們之中研究自然世界、釐清其中複雜問題的專家。和其他專家一樣，他們會犯錯，但他們具備的知識和技術對我們其他人來說很有用。科學（包括社會科學和自然科學）與水電工等其他行業的關鍵差別在於，其核心是透過社會過程來檢驗主張。

　　批判性檢驗科學主張這件事，並非由個人獨立完成，而是一種集體活動，由一群受過嚴謹訓練且通過認證的專家透過專門組織來執行，例如同儕審查的專業期刊、專家工作坊、科學學會的年會、對政策的科學評估。[6] 這個過程的關鍵是**修訂**，許多同儕審查論文在發表之前會修改好幾次，無論是非正式的在研討會或工作坊中提出初步結果、請同事評論草稿，或正式由期刊編輯安排同儕審查。在此過程中，作者不斷修改文章，回應審查者的建議，讓成果變得更清楚及正確。如果發表之後被發現錯誤，期刊可能會勘誤或撤回論文（就此而言，撤銷論文本身可看作一件好事）。哲學家蘭吉諾把批判性檢驗和修訂的過程稱為「轉化型質問」，人類學家拉圖稱之為「試煉場」，* 歷史學家魯維克強調正是這種過程，讓針對某個問題的新穎解釋逐漸發展、得到接納，最終成為**事實**，廣為流傳。[7]

科學家交流想法，有時也會有些火藥味，好不容易爭取到的知識成績一旦受到質疑，會有這種反應也在情理之中。唇槍舌戰本身並不代表事情出了問題，就算是非常情緒化的辯論也一樣。（反之，這可能是科學正確運作的徵象，因為科學家認真面對挑戰，而非忽視或隨便打發。）在辯論過程中，新穎的主張逐漸為各方所接受，最終被視為客觀的真實。因此如果要問科學結論是否合理，科學研究中的社會面向就至關重要，因為它幫助我們確認哪些結論是比較不個人化、比較可靠的，而非只是某些人或主流團體的意見。通過批判性檢驗的主張變成既定的**事實**，許多既定的事實又組成科學**知識**。

---

* 編按：拉圖曾將科學知識場域比喻成一個「試煉場」（agonistic field）（1981，P211）。在這場「試煉場」中有三個元素：一些銘文載體（問卷、生物檢定法、質譜儀等等），聖經以及試煉場這個場域。科學家得以透過操作這些銘文載體去修改聖經中的某一些片段。同時在這個試煉場中，與他立場相反的人也會阻止科學家修改聖經的片段。

　　了解這個情況，就可以解釋一件看似矛盾的事情：科學探索中會同時出現創新與穩定。創新讓科學家提出新的觀察、想法、詮釋、嘗試調和競爭的主張；批判性檢驗則引導科學家，共同決定哪些想法應該在世界上繼續流傳，讓知識性主張穩定下來。了解這個情況也幫助我們欣賞一件看似矛盾的事：討論科學的社會性質，是對科學最強而有力的辯護。這麼做一度被視為在攻擊科學。[8]

　　即便如此，如果想要捍衛科學免於意識形態和經濟利益的攻擊，我們除了得有這個意願和能力，來解釋相信科學的基礎，也得了解科學的限制，並明確指出來。這代表要清楚說明會讓科學出錯的各種狀況。第二章中探討了幾個事後看來確實是科學家弄錯的案例，在此我們看到有三件事特別重要：(1) 共識；(2) 多元；(3) 在方法學上開放並保持彈性。

　　共識在我們的討論中不可或缺，原因很簡單，因為我們並沒有辦法**真的確定**任何科學主張是否正確。柏拉圖以降（或許包括更久之前）的科學家長久以來已經認識到，我們無法獨立、不透過中介地直接接觸真實，因此也就沒有獨立、直接的手段，可以判斷一項科學主張到底有幾分真。我們永遠無法完全**確定**，但專家共識可以做為一種替代，雖然無法知道科學家是否已經找到真相，但可以知道他們是否已經確定了某種想法。有時候我們說過去的科學家「弄錯了」，但在更詳盡檢驗之後，會發現事實上當時科學家對該議題並未達成共識，優生學就是一個例子。

　　多元化很重要，因為在其他條件不變的情況下，無論是怎樣的主張，在多元的環境中都比較有機會得到多種角度的檢驗，讓可能存在的缺點顯露出來。在同質性高的群體中，共享的偏見容易被忽略。在第二章中，我們不只看到能量有限理論體現了美國十九世紀末盛行的性別偏見，也看到雅可比博士指明這些偏見，從而揭露這個學說在理論和證據上都有嚴重瑕疵。我們也看到社會主義遺傳學家特別大力反對優生學，他們借鑑於政治觀點，質問許多優生學理論和手段中顯而易見的階級偏見。不是只有社會主義者懷疑優生學，但社會主義對階級的敏銳意識，在一系列對優生學的異議中舉足輕重。

　　在方法學上保持開放和彈性也是必要的，因為當科學家執著於方法，可能就會因為某些理論或數據不符合標準，而忽略、貶低、拒絕它們。我們可以看到這種事情發生在大陸漂移理論的歷史上，美國科學家偏好歸納方法，拒絕這個不符合他們的理論。在避孕藥的歷史上，婦科醫生拒絕採用病人的病例報告，他們認為病例報告是主觀的，所以不可信。而要衡量我們該不該用牙線潔牙，雙盲試驗根本不可能執行。

　　這些見解清楚顯示，想要判斷當代科學主張是否合理，我們並非手無寸鐵。我們可以問：有共識嗎？執行這個研究的科學社群有接納多元的參與者和多元的思想嗎？他們有沒有從不同觀點來思考這個議題？他們有沒有對不同的方法學取向保持開放？他們是否留心所有相關證據，有沒有錯漏或漠視重要的證據？他們有沒有避免對方法執迷？

　　在本書結尾，讓我舉最後一個例子：防曬乳。科學家在動物實驗中發現某些防曬乳的常見成分（尤其是二苯甲酮）可能干擾內分泌運作，這很多人都知道。[9] 二苯甲酮對珊瑚也有毒[10]，夏威夷禁止販賣含有二苯甲酮的防曬乳，很多消費者（包括我）轉為使用以礦物為主的配方。[11] 然而近來有些科學家和醫生對防曬這件事本身提出質疑，二〇一九年一月，《戶外探索》雜誌報導，有一項新證據顯示擦防曬的傳統智慧並沒有帶來我們以為的好處。

　　文章的焦點人物是一位「叛徒」皮膚科醫師維勒。維勒相信曬太陽能降低血壓，從而降低心臟病和中風的風險，這是工業化世界的兩大死因。如果維勒是對的，那麼廣泛使用防曬乳的習慣，可能會對健康帶來負面影響。在文章標題上，這家雜誌挑釁地問道：「防曬乳是新的人造奶油嗎？」[12]

　　他們從曬太陽與健康業已確立的關聯開始討論，文中這樣寫道：「離赤道愈遠，高血壓、心臟病、中風及整體死亡率都增加，在較陰暗的月份也會增加。」但陽光是導致這些的原因嗎？畢竟地中海型氣候區的食物往往比較好（想想義大利和挪威）；人們在夏天通常吃比較多新鮮蔬果、活動也比較多；也有可能是在漫長蕭瑟的冬日處理冰雪讓生活壓力比較大？無論如何，起碼有一項有做到控制變因的研究顯示，造成影響的因素**正是**陽光，自願參與的受試者（沒有擦防曬）在曝曬相當於三十分鐘夏季陽光的光線後，血壓下降了。而且也有已知機制可以解釋這種關係：血液中的硝酸會使血管擴張，從而降低血壓，而曬太陽可以增加血液中的硝酸。如此一來，曬太陽增加硝酸，硝酸降低血壓，低血壓降低心臟病和中風的風險。大部分人都可以免費曬到太陽，聽起來還不賴嘛，所以快把防曬乳丟掉，直接出門吧？這就是《戶外探索》雜誌作者的結論，他還質疑：「我們怎麼會錯得那麼離譜？」

是「我們」搞錯了嗎？講精確一點，是科學家（或醫生）搞錯了嗎？如果只讀這篇文章，你的結論會是：的確，他們錯了。例如美國皮膚科醫學會建議「所有人」都要擦防曬，在早上十點至下午兩點之間盡量待在陰涼處，穿著保護皮膚的衣物，例如長袖、長褲、帽子、太陽眼鏡，並且從飲食中攝取維生素 D。「不要刻意去找太陽曬」，這項建議並沒有附加條件 [13]，《戶外生活》這篇文章稱之為「零容忍」立場。

然而這篇雜誌文章的結論有很多問題，文章主要根據的是維勒醫師一篇尚未發表的研究。讀者讀到：「維勒最大型的研究即將在二〇一九年發表。」或許這項研究會讓整件事翻盤，但在它經過同儕審查、得到發表之前，我們無法判斷此事，《戶外生活》雜誌也無法。

維勒已經與其他人共同發表過兩篇論文，分別在二〇一四與二〇一八年。兩個研究的樣本數都非常小，分別是 24

人（18 位男性、6 位女性）與 10 人（皆為男性）。已經有大量證據顯示曬太陽會有負面影響（會造成皮膚癌）。無論這些研究發現了什麼，要以這麼小規模的研究來一概否定既有的科學證據，都十分不智。

更何況，這些研究的發現根本**沒有**支持雜誌文章信誓旦旦所下的結論。

二〇一四年那篇論文發現，當曝曬人工 UVA 紫外光的量，相當於在地中海地區曬半小時的太陽時，受試者的舒張壓會暫時降低（例如從 120 降到 117）。作者堅稱此結果非常顯著，他說「血壓下降不管多少，都能保護人們免於致死的中風或心血管疾病……此研究中觀察到的改變程度夠大，可以據此標準化不同緯度居民的死亡率差異。」如果他們觀察到的血壓下降能夠維持，那還說得過去，但硝酸對血壓的影響是暫時性的，和長期心血管健康改善並沒有太大的關聯。[14] 除非人們**長時間**待在戶外，不然這項發現的顯著性實在不明顯，更不用提證實了。

二〇一八年的那篇論文則發現，曝曬紫外光對血液硝酸濃度及靜止代謝率有暫時影響，但**對血壓完全沒有影響**，這讓所謂的機制變得很有問題。《戶外生活》的言下之意是我們已經知道機制了，但事實上那只是個假設，這些研究就是要設計來測試這個假設的，而且最後還否定了它！更何況，如果某件事會造成某種影響，我們會期待看到劑量反應，也就是這種東西愈多，效果就要愈大。這項研究並沒有發現劑量反應，作者被迫承認研究「反駁」了他們的假設。兩項研究都使用人造紫外光，且只包含 UVA 波段，更讓我們無從得知曬自然的太陽光是否會有類似的結果。

或許有一天，有人可以證明維勒博士是對的，但目前陽光和血壓的關聯還很可疑，離證實就更遠了。相對地，曬太陽和皮膚癌的關係已經證實了 [15]，這就是為什麼皮膚科醫生會宣導要擦防曬和避免太陽曝曬，尤其是皮膚較白的歐洲、北美、澳洲和紐西蘭人更該注意。曬太陽在短期內可能造成曬傷，長期下來則會加速皮膚老化，或導致皮膚癌，包括致死的黑色素瘤，相關科學證據非常充足，且已經得到充分確認。

看看美國、英國和澳洲的重要皮膚科組織提出的指南，的確會發現他們的觀點與強調之處有些微不同。相較於美國的「零容忍」立場，澳洲防癌協會則是討論了曬太陽的風險和益處，提出「該曬多少太陽、如何保護自己過度曝曬的指引」。[16] 他們建議在紫外線指數超過三時要防曬（帽子、太陽眼鏡和防曬乳），也就是說夏季基本上都要防曬，冬季則不需要。[17]（這與美國主流建議不同，美國建議全年都要使用防曬乳。）不過這裡談及的曬太陽的益處與血壓無關，而是關於維生素 D。

「避免因過度曝曬導致皮膚癌風險增加，與曬夠多太陽以維持充足維生素 D 之間，必須達到平衡。」[18]

英國皮膚科醫師協會也宣導平衡的做法：

沒有人想要整個夏天都待在室內，的確曬一些太陽對我們是有益的，只要不要曬傷就好，曬太陽能幫助身體製造維生素 D，而且許多人在從事夏季戶外活動時也感到心情愉悅。

然而我們往往在太陽底下曝曬過度，這會導致多種輕重不一的皮膚問題，最嚴重的包括皮膚癌。其他夏季常見的皮膚問題包括曬傷、日光性皮膚炎和熱疹。此外，曬太陽會讓本來皮膚就有酒糟的人情況變糟。[19]

英國皮膚科醫生強調每個人狀況不同，並指出皮膚白皙的人容易曬傷，比皮膚黝黑的人更需要做好防曬。然而整體來說，他們的建議（至少在白皮膚人種的部分）大致上與美國皮膚科醫生相仿：戴帽子、用衣物遮蔽、戴太陽眼鏡來防曬，在沒有衣物覆蓋的皮膚上使用 SPF 30 以上的防曬乳，中午盡可能待在陰涼處。為了跟上時代，他們也建議使用 World UV，這款應用程式提供了「全球超過一萬個地點每日紫外線指數的即時資訊」。[20]

這告訴了我們什麼？關於要怎麼平衡皮膚癌（與其他皮膚傷害）的風險及曬太陽的益處（維生素 D 代謝），儘管皮膚科醫生之間意見並不完全相同，整體而言還是有共識，認為需要防曬。科學家並沒有搞錯，是《戶外探索》雜誌搞錯了。

　　當然，曬太陽的益處可能不僅止於維生素 D。加州人並不需要一個英國醫生來告訴他們出門曬太陽可以令人神清氣爽，人們會前往陽光普照之地度假不是沒有原因的。更何況，皮膚科醫生的關注焦點是在保護皮膚免受陽光傷害，要蒐集證據來研究曬一點太陽是否對人體有益，在這方面他們動作可能比較慢。相對於英國與澳洲醫生，美國皮膚科醫生的立場很強硬，這點也饒富趣味，不過美國在很多事情上立場都比澳洲強硬。

　　想要做出好決策需要全面的資訊，想要維持健康也不是只要避免致癌物質就好 [21]，還需要放鬆、休養、減少壓力等等，這些方面歐洲人和澳洲人似乎做得比美國人好多了，科學在這方面的研究也比較少。宇宙間無奇不有，不是哲學全能夢想得到的*，科學所知也還有限。

　　我們不知道的事情很多，但對於我們已知的事，沒有理由不相信科學。信任科學並不是要盲目信任或全盤相信，而是在面對無憑無據的懷疑論者時，對專門研究特定領域的科學家發現，保持合理的信心。

---

*　譯注：此段出自《哈姆雷特》，翻譯改自梁實秋本。

謝辭

在本書寫作過程中，我的研究生 Aaron van Neste 不吝投入大量時間，多方幫助我，若沒有他的才幹，這本書就無法完成。我也要深深感謝 Erik Baker、Karim Bschir、Matthew Hoisch、Stephan Lewandowsky、Elisabeth Lloyd、Matthew Slater、Charlie Tyson 及一名匿名人士對本書初稿提出評論。還有我以前與現在所有學生，我和他們一起思考這本書中提到的問題。無論弗萊克對思想集團的看法正確與否，我個人的思考模式從來不是笛卡兒式的。

書中提到的許多想法，是多年前我在加州大學聖地牙哥分校（UCSD）的「科學活動研究計畫」中提出的，我要感謝 UCSD 過去和現在的同事們：Bill Bechtel、Craig Callender、Nancy Cartwright、Jerry Doppelt、Cathy Gere、Tal Golan、Philip Kitcher、Martha Lampland、Sandra Mitchell、Chandra Mukerji、謝平、Eric Watkins 以及 Robert Westman，多年來我與他們討論了許多重要問題，像是科學知識的基礎、真實、信任、證明與說服等等。如今我繼續與哈佛大學科學史系的同事們討論這些問題，在此也要感謝他們，尤其是 Allan Brandt、Janet Browne、Alex Cszisar、Peter Galison 和 Sarah Richardson。我還要感謝「評鑑評估計畫」的同仁 Keynyn Brysse、Dale Jamieson、Michael Oppenheimer、Jessica O'Reilly、Matthew Shindell、Mark C. Vardy 與 Milena Wazeck，他們幫助我探討與分析科學家真實的行為。

　　如果沒有以下這些人的支持，這本書就不可能成真：馬塞多、Melissa Lane 和普林斯頓大學坦納講座委員會；普林斯頓大學出版社的 Al Bertrand、Alison Kalett 和 Kristin Zodrow。此計畫經費由坦納基金會補助。（在此聲明，我與該基金會在財務上沒有利益往來。）

　　而最重要的，我要感謝歷代所有科學家，他們辛勤工作，贏得我們的信任。我這本書能夠稍微報答他們。

注釋

前言

1. Talha Burki, "China's Successful Control of COVID-19," *The Lancet: Infectious Diseases* 20, no. 11 (October 8, 2020), https://doi.org/10.1016/S1473-3099(20)30800-8.

2. Pablo Gutiérrez and Seán Clarke, "Coronavirus World Map: Which Countries Have the Most COVID Cases and Deaths?," *The Guardian*, October 16, 2020, https://www.theguardian.com/world/2020/oct/16/coronavirus-world-map-which-countries-have-the-most-covid-cases-and-deaths; "COVID in the U.S.: Latest Map and Case Count," *The New York Times*, July 20, 2020, https://www.nytimes.com/interactive/2020/us/coronavirus-us-cases.html; Henrik Pettersson et al., "Tracking Coronavirus' Global Spread," CNN, accessed October 19, 2020, https://www.cnn.com/interactive/2020/health/coronavirus-maps-and-cases.

3. "Mortality Analyses," Johns Hopkins Coronavirus Resource Center, accessed October 19, 2020, https://coronavirus.jhu.edu/data/mortality.

4. 越南有人口超過 9,700 萬，但二〇二〇年十月十九日為止新冠肺炎死亡人數只有 38 人。美國人口是越南的 3.33

倍，3.33×38=127。"Vietnam COVID 19 Deaths—Google Search," accessed October 19, 2020, https://www.google.com/search?q=vietnam+COVID+19+deaths&oq=vietnam+COVID+19+&aqs=chromVietnam%20has%20a%20population%20of%2095%20million,%20but%20it%20has%20seen%20a%20tiny%20number%20of%20covid.0C19%20deaths:%2035e.1.0i457j0i20i263j69i57j0i20i263j0j69i60l3.5002j0j9&sourceid=chrome&ie=UTF-8.

5.   "The Aging Readiness and Competitiveness Report: Germany," AARP, 2017, http://www.silvereco.org/en/wp-content/uploads/2017/12/ARC-Report-Germany.pdf. Cf. Deidre McPhillips, "Aging in America, in 5 Charts," *US News & World Report*, September 30, 2019, https://www.usnews.com/news/best-states/articles/2019-09-30/aging-in-america-in-5-charts.

6.   "Pneumonia of Unknown Cause—China," WHO (World Health Organization), January 5, 2020, http://www.who.int/csr/don/05-january-2020-pneumonia-of-unkown-cause-china/en.

7.   "Archived: WHO Timeline—COVID-19," WHO, accessed October 19, 2020, https://www.who.int/news/item/27-04-2020-who-timeline--covid-19.

8.   Julia Naftulin, "WHO Says There Is No Need for Healthy People to Wear Face Masks, Days after the CDC Told All Americans to Cover Their Faces," Business In-sider, accessed October 18, 2020, https://www.businessinsider.com/who-no-need-for-healthy-people-to-wear-face-masks-2020–4.

9.   同前引文。

10. 現在我們已經確實知道口罩能夠防止病毒傳播，而且效果可能比預期的更好。例如參見：Stephanie Innes, "COVID-19 Cases in Arizona Dropped 75% after Mask Mandates Began, Report Says," *The Arizona Republic*, accessed October 19, 2020, https://www.azcentral.com/story/news/local/arizona-health/2020/10/09/covid-19-cases-az-spiked-151-after-statewide-stay-home-order-and-dropped-75-following-local-mask-man/5911813002。我在其他文章中討論過，從科學邏輯上，口罩應該至少有某些用處，見：Naomi Oreskes, "Scientists Failed to Use Common Sense Early in the Pandemic," *Scientific American*, November 2020, https://www.scientificamerican.com/article/scientists-failed-to-use-common-sense-early-in-the-pandemic.

11. "Vietnam COVID 19 Deaths—Google Search."

12. Todd Pollack et al., "Emerging COVID-19 Success Story: Vietnam's Commitment to Containment," *Our World in Data*, June 30, 2020, https://ourworldindata.org/covid-exemplar-vietnam; Thi Phuong Thao Tran et al., "Rapid Response to the COVID-19 Pandemic: Vietnam Government's Experience and Preliminary Success," *Journal of Global Health* 10, no. 2 (July 30, 2020), https://doi.org/10.7189/jogh.10.020502020502.

13. George Black, "Vietnam May Have the Most Effective Response to COVID-19," *The Nation*, April 24, 2020, https://www.thenation.com/article/world/coronavirus-vietnam-quarantine-mobilization; "How Did Vietnam Become Biggest Nation without Coronavirus Deaths?," Voice of America, June 21, 2020, https://

www.voanews.com/covid-19-pandemic/how-did-vietnam-become-biggest-nation-without-coronavirus-deaths.

14. Tran et al., "Rapid Response to the COVID-19 Pandemic."

15. National Oceanic and Atmospheric Administration, "2020 Atlantic Hurricane Season," https://www.nhc.noaa.gov/data/tcr/index.php?season=2020&basin=atl.

16. 關於反專家，見：Adapt by Sprout Social, "Combating Anti-Expert Sentiment on Social," May 8, 2018, https://sproutsocial.com/adapt/anti-expert-sentiment。針對新冠肺炎疫情，其中一位帶來嚴重負面影響的反專家是 Scott Atlas，他是放射科醫師，也是政治立場鮮明的保守派智庫胡佛研究院的資深會員，他沒有免疫學、病毒學、流行病學或公共衛生專業，但卻成為川普的新冠肺炎顧問，提出與大部分公共衛生專家相悖的建議，包括 Anthony Fauci 和 Deborah Birx 博士都不同意他的觀點。見：Yasmeen Abutaleb and Josh Dawsey, "New Trump Pandemic Adviser Pushes Controversial 'Herd Immunity' Strategy, Worrying Public Health Officials," *Washington Post*, August 31, 2020, https://www.washingtonpost.com/politics/trump-coronavirus-scott-atlas-herd-immunity/2020/08/30/925e68fe-e93b-11ea-970a-64c73a1c2392_story.html。

另一個關於反專家亂搞新冠肺炎知識例子是美國經濟研究所提出的「大巴靈頓宣言」，見："AIER Hosts Top Epidemiologists, Authors of the Great Barrington Declaration," October 5, 2020, https://www.aier.org/article/aier-hosts-top-epidemiologists-authors-of-the-great-barrington-declaration。美國

經濟研究所顧名思義是個經濟研究所，不具有公認的生物學或醫學專業。很多這類機構都是為了宣傳特定政治理念而設立的，該研究所宣傳的是「自由貿易、個人自由，以及政府責任」。這些理念是好是壞不好說，但總之不是科學。美國經濟研究所也針對氣候變遷宣傳反科學的論述，通常就是大家耳熟能詳的，說氣候變遷微不足道、可以控制。例如他們最近的一份文獻，科學家所說的氣候變遷造成海平面上升會帶來的危險輕描淡寫帶過。但該文作者不是科學家，而是「金融與金融史的寫手、研究者、All Things Money 部落格的編輯。」見：Joakim Book, "The Tide-Theory of Climate Change," October 28, 2020, https://www.aier.org/article/the-tide-theory-of-climate-change。

疫情當然會影響到經濟，但大巴靈頓宣言主要討論的是**公共衛生該怎麼反應**。他們呼籲採納群體免疫策略，大多數公共衛生專家認為這不過是讓民眾生病去死的委婉說法。實際上，專家評估認為如果美國採取這種策略，可能會有超過兩億人染病，更可能導致超過兩百萬死亡。認為我們可以「適應」氣候變遷就好的論點就跟這個很像，我們當然可以，但代價是什麼？更何況，群體免疫的概念通常是透過施打疫苗來達成：要有多少比例的人打疫苗，才能保護整體人群？沒有疫苗的話，群體免疫通常代表至少 70% 的人染病之後，這個群體才能在整體上安全。見：Christie Aschwanden, "The False Promise of Herd Immunity for COVID-19," *Nature* 587, nos. 26–28 (October 21, 2020), https://www.nature.com/articles/d41586-020-02948-4; and Kristina Fiore, "The Cost of Herd Immunity in the U.S.," Medpage Today September

1, 2020, https://www.medpagetoday.com/infectiousdisease/
covid19/88401.

反對群體免疫策略最清楚的論述，是比較瑞典和挪威的疫情
後提出的。根據《自然》的報導，約翰霍普金斯大學統計：
「瑞典的新冠肺炎死亡人數（每十萬人計）是隔壁挪威的十
倍（瑞典每十萬人中58.12人，挪威每十萬人中5.23人）。」
瑞典的致死率（根據已知感染人數算出）也至少是挪威和鄰
近國家丹麥的三倍。見：Aschwanden, "The False Promise of
Herd Immunity for COVID-19"。瑞典的經濟依然受創，因為
全球經濟顧名思義，就是經濟會受到全球影響。

導讀

1. 見歐蕾斯柯斯與康威（Erik M. Conway）合著的《販賣懷疑
   的人》及同名紀錄片。

2. 見二〇一九年一月三十日美國哥倫比亞廣播公司晚間新
   聞：https://www.cbsnews.com/video/how-long-will-the-cold-
   snap-last/；以及二〇一九年一月三十日公共廣播電視公司新
   聞 Dr. Jennifer Francis 的片段：https://www.pbs.org/newshour/
   show/-why-the-midwests-deep-freeze-may-be-a-consequence-of-
   climate-change

3. 普林斯頓大學出版社將本書初稿交付匿名專家審查，他們的
   意見非常詳盡且有建設性，對本書修訂和增補大有助益。

4. 我曾在一場由 Harvey C. Mansfield 主持的哈佛大學政府學系
   研討會上，聽到政治哲學家 Joseph Cropsey 說：偉大的心靈
   能超越許多時代偏見，但沒有任何人能超越所有他時代的偏
   見。

第一章

1. 我不太想用「危機」這個詞，然而拒不相信疫苗相關的科學攸關生死，拒不相信氣候科學也是。

2. 但很多媒體特別挑這個想法來講，其中一些還宣揚陰謀論。Jones, "About Alex Jones."

3. Mnookin, *The Panic Virus*.

4. Miller, *Only a Theory*; "Evolution Resources from the National Academies."

5. Newport, "In U.S., 46% Hold Creationist View of Human Origins."

6. National Center for Science Education, "Background on Tennessee's 21st Century Monkey Law."

7. 試圖在課堂中教授創造論的歷史案例，見：Minkel, "Evolving Creationism in the Classroom."。更多創造論在美國的歷史，見：Larson *Summer for the Gods*; Numbers, *The Creationists*; Michael Berkman and Eric Plutzer, *Evolution, Creationism and the Battle to Control America's Classrooms*.

8. 見：Zycher, "The Enforcement of Climate Orthodoxy and the Response to the Asness-Brown Paper on the Temperature Record"; Hayward, "Climategate (Part II)"; Sample, "Scientists Offered Cash to Dispute Climate Study"; Union of Concerned Scientists, "Global Warming Skeptic Organizations"; and Sachs, "How the AEI Distorts the Climate Debate."

9. Sachs, "How the AEI Distorts the Climate Debate."

10. Zycher, "Shut Up, She Explained."

11. Richards, "When to Doubt a Scientific 'Consensus.'"

12. 並不是說科學的權威從未受到質疑，許多作家、詩人、宗教領袖及各界人士都質問過科學的價值。我想到的有雪萊在其經典著作《科學怪人》中控訴科學的驕傲自大、歌德的《浮士德》與其他浮士德傳說。許多藝術家和詩人都或含蓄或明確地批判科學，原因很多，包括對自然的幻滅（其中一例：Harrington, *Reenchanted Science*, 1999）。這裡我想指的是，科學做為「經驗」問題的權威來源，在近代西方文化中得到了普遍接納，這也是當前狀況讓我們如此吃驚的原因之一。

13. Bloor, *The Enigma of the Aerofoil* 強而有力地反駁了這種說法。也可以參考我在這本書中的討論：*Rejection of Continental Drift,* pp. 313–18.

14. Shapin, *A Social History of Truth.* 也可以參考：Frodeman and Briggle, "When Philosophy Lost Its Way."

15. Crosland, *Science under Control.* 這也是女性通常遭到排除的原因之一。

16. Bourdeau, "Auguste Comte."

17. 十九世紀世俗主義的興起，見：Weir, *Secularism and Religion in the 19th Century.*

18. Comte, *Introduction to Positive Philosophy*, on p. x.

19. 同前引書，頁 2。

20. Morris and Brown, "David Hume."

21. Comte, *Introduction to Positive Philosophy,* p. 4.

22. 同前引書，頁 4–5。

23. 同前引書，頁 23。

24. 「如何運作」用黑體字強調。正因如此我們認為拉圖事實上是實證主義者。同前引書。

25. 注意孔德並沒有將這個邏輯結論推演至與性別有關。
    Bourdeau, "Auguste Comte."

26. Richardson and Uebel, *Cambridge Companion to Logical Empiricism* 一書交替使用邏輯實證論和邏輯經驗論（有時也使用新實證主義）。二十世紀中期有些哲學家認為這些詞彙有不同意義，但他們只是少數。到了一九三〇年代，大部分討論者都偏好使用邏輯經驗論。

27. Ayer, *Language, Truth and Logic*, p. 13.

28. 同前引書，頁 11。

29. Friedman and Creath, *The Cambridge Companion to Carnap*; Quine and Carnap, *Dear Carnap, Dear Van*.

30. 本書中我主要討論它在科學哲學上遇到的挑戰。邏輯經驗論在數學界也遭遇重大挑戰，例如羅素和懷海德試著建立數學的邏輯基礎，但這超出我的專業範圍，也無意在此討論。

31. 波柏的批判理性主義直接關係到他的政治理念，他在所有作品中一直強調他的研究既關乎知識論也關乎政治：他相信科學研究和拒絕極權統治需要同一種懷疑態度。
    他的政治觀點和知識論思想都極度個體主義。他把《推測與駁斥》一書獻給海耶克。可能是因此，東歐反共產主義者大量討論了他的思想，新自由主義者也是。見：Mirowski and Plewe, *Road from Mt. Pelerin*.

32. Popper, *Conjectures and Refutations,* p. 46ff.

33. 波柏拓展他的觀點的方法，有時候反而讓它們變得沒有那麼堅實。如前所述，有鑑於他特別關注科學家個人的態度，他的理論看起來十分個體主義。但另一方面，他也提到客觀實際上不能靠科學家個人達成；反之，客觀來自科學理論本來就必須與他人討論才能得到嚴格測試。例如在 *The Myth of the Framework* 一書中，他明確反對以下想法：社群除非「有相同的基礎假定架構」否則不可能理性溝通。但他又同意這個迷思也有些道理，有建設性的理性討論要出現在「沒有共享相同架構的討論者之間，會很困難。」但無論何者，他都承認了科學討論是在團體中進行的。見：Popper, *Myth of the Framework*, 34–35。換句話說，理論測試不是只由個人執行，還必須向一整群專業人士報告測試結果。蘭吉諾在 *Fate of Knowledge*, 5–7 也提出類似論點。她指出，反駁的過程本身就需要其他科學家參與，其他科學家的批評能讓我們重新思考自己原本想法。波柏心目中的科學是「猜測與反駁」，反駁是其中的關鍵。因此就算是波柏也認為科學核心的批判是一種社會活動。換句話說，如果我們認真看待批評，就會發現社會層面對科學很重要，並非偶發現象，而是構成要素。

34. Sady, "Ludwik Fleck." 也可參考：Löwy, *The Polish School of Philosophy of Medicine.*

35. Fleck, "Scientific Observation and Perception in General."

36. Fleck and Kuhn, *Genesis and Development of a Scientific Fact,* p. 42.

37. 同前引書。

38. Longino, *Fate of Knowledge*, p. 122.

39. 弗萊克指出專家與非專家社群隔離的問題。專家「已經被塑型成某個樣子，永遠不可能逃脫傳統與集團的束縛，否則他就稱不上是專家了。」見：Sady, sec. 7。科學呈現在大眾面前時，不會展現它實際上流動和互動的一面，而比較像是固定的、已經完成的專案，這讓科學看起來比實際上更確實，也更像教條。

40. 杜恩與美國化學家吉布斯一起發展出一套數學，用來描述系統中物質的化學勢、溫度和壓力變化。我在當地質化學家時常常熬夜研讀這個。

41. 法文原文請見：https://archive.org/stream/lathoriephysiqu00un kngoog#page/n6/mode/2up

42. De Broglie, forward, in Duhem, *The Aim and Structure of Physical Theory,* p. xi.

43. 同前引書，頁 220。

44. 同前引書，頁 219。

45. 在此他試著分別實驗發現的定律和說明性的理論，例如 *F=ma* 是一種規律，而運動定律能夠解釋它。

46. Duhem, *The Aim and Structure of Physical Theory,* p. 180.

47. *Aim and Structure* 一書在一九〇六年出版，但根據德布羅意的說法，杜恩在一九〇五年就寫成此書，該年愛因斯坦發表了光電效應的研究。杜恩此處可能是指光電效應。

48. Duhem, *The Aim and Structure of Physical Theory,* p. 183.

49. 同前引書，頁 185。

50. 同前引書，頁 187。

51. 同前引書，頁 180。

52. 同前引書，頁 181。

53. 一九二〇年代魏格納就被這樣批評。見：Oreskes, *Rejection of Drift.*

54. Duhem, *The Aim and Structure of Physical Theory,* p. 217.

55. 同前引書，頁 212。

56. 同前引書，頁 270。可見杜恩其實沒有認為理論比實驗更重要，但這超出本章討論範圍。此處想強調的是，歷史讓我們對科學的長期發展有信心。

57. Zammito, *A Nice Derangement of Epistemes,* p.17 引述了這段話。要注意這句話清楚說明了他並沒有懷疑外在世界的存在，問題在於我們該如何看待來自外在世界的證據。

58. Quine, "Two Dogmas of Empiricism" 蒯因也強調所謂的「觀察背負理論」。杜恩強調所有實驗都需要儀器才能進行，而所有儀器都建立在理論之上：「沒有理論，就不可能調控任何儀器，也不可能詮釋任何結果。」蒯因更進一步發展這個想法，論證說沒有理論就沒有觀察。所有觀察都要在一個既存的理論架構上才能執行和詮釋，因此觀察本身不能獨立存在。

59. Zammito, *A Nice Derangement of Epistemes*, p. 20.

60. 同前引書。

61. Conant, *Harvard Case Histories in Experimental Science Volume I.*

62. Fuller, *Thomas Kuhn: A Philosophical History for Our Times*; Reisch, "Anticommunism, the Unity of Science Movement and Kuhn's Structure of Scientific Revolutions"; Galison, "History, Philosophy, and the Central Metaphor."

63. Fleck and Kuhn, *Genesis and Development of a Scientific Fact.* 我認為這點非常重要，而且這種人不只是可能被大家看作怪胎，他們還真的可能是怪胎。

64. Kuhn, *Reflections on My Critics*, on p. 247.

65. 我在大學時與一群朋友（都是野心勃勃的科學家）一起讀

《科學革命的結構》，我們很喜歡這本書，因為它看起來很實際。在孔恩的描述中，科學家並不會質疑其研究領域中的重大假定，的確很像在說我們的教授。

66.　孔恩本人否認這點，他後來花了很多時間鑽研語言哲學，試圖把科學轉譯的問題當作廣義轉譯問題的一部分來解決。

67.　Lakatos, *Criticism and the Methodology of Scientific Research Programmes*, on p. 181.

68.　Kuhn and Conant, *The Copernican Revolution*, p. 182.

69.　我的一位學生問孔恩的想法和弗萊克有何不同？在歷史上，孔恩對英語世界的影響力比弗萊克大得多，就美國而言弗萊克的觀點是近年才重新發現的（例如：Harwood, *Ludwik Fleck and the Sociology of Knowledge,* 1996）。從歐洲觀點來看，可以說孔恩大量援用弗萊克的想法，而且沒有充分說明。但孔恩大量援用的東西很多，《結構》一書沒有提供詳盡的參考書目。最近 Mosner, *Thought Styles and Paradigms* 一書指出學者太急著把兩人的哲學畫上等號。對我而言它們最明顯的差別在於弗萊克講的比較像演化，不像孔恩那麼強調科學革命具有突然分裂的特性。

70.　Zammito, *A Nice Derangement of Epistemes*。社會學家受到 Peter L. Berger 與 Thomas Luckman 所著的 *The Social Construction of Reality* 這本書影響多深？這個有趣的問題仍待討論。這本書在一九六六年發行，定位很難詮釋，因為作者刻意省略過往學者的名字（見：*Social Construction of Reality*, p. vi），認為這會讓書中論點顯得混亂。不過他們有說明受到奧地利哲學家 Alfred Schutz 的影響，而 Schutz 與新自由主義的一位創始人 Ludwig von Mises 頗有聯繫。Zammito（頁 124–25）

認為 Berger 和 Luckman 是繼承了美國實用主義者 George Herbert Mead 的傳統，並指出他們對知識的社會學影響並不大。他認為科學活動研究中的社會建構更像是在回應法蘭克福學派。

71. Barnes, *Interests and the Growth of Knowledge.*

72. Bloor, *Knowledge and Social Imagery*, p. 7.

73. Shapin and Schaefer, *Leviathan and the Air-Pump*, p. 332.

74. Sokal, *Beyond the Hoax*; Gross and Levitt, *Higher Superstition*; Gross, Levitt, and Lewis, *The Flight from Science and Reason.*

75. Barry Barnes, quoted in Zammito, *A Nice Derangement of Epistemes,* p. 134.

76. 見：Zammito, *A Nice Derangement of Epistemes* 以及 Hacking, *The Social Construction of What?* 通常認為「社會建構」一詞是出自 Berger and Luckmann, *The Social Construction of Reality* 一書。

77. Barnes, *Scientific Knowledge and Sociological Theory*, p. vii.

78. Zammitto, *A Nice Derangement of Epistemes*, p. 52.

79. Bloor, *The Enigma of the Aerofoil*, conclusion.

80. 關於這點，可參考我對 Miriam Solomon 的批評：Oreskes, "The Devil Is in the (Historical) Details."

81. Feyerabend, *Against Method*, pp. 18–19. 也可參考：Motterlini (ed.), *For and Against Method.*

82. 值得注意的是，多元化有利於產出創新與實用的結果，商業界現在已經普遍接受這點。案例見：Page, *The Diversity Bonus*，以及：Lowery, "Why Gender Diversity on Corporate Boards Is Good for Business."

83. David Bloor, *The Enigma of the Aerofoil.* 重新討論了這點。這本書寫得非常好，應該得到更多關注。

84. Feyerabend, *Against Method*, p. 5.

85. Latour, *Science in Action.*

86. 也可參考：Galison and Stump, *Disunity of Science.*

87. 二十幾年前我就主張實證知識的夢想已經破滅了。John Sterman 則指出經濟學還是可能做到。見：Oreskes et al., 1994, *Verification, Validation, and Confirmation of Numerical Models in the Earth Sciences*, and Sterman 1994, *Letter*。也可參考：Ladyman et al., *Every Thing Must Go.*

88. Weinberg, *Facing Up*。事實上這說明了一件很重要的事，稍後也會論及：我們不該相信科學家在其專業領域以外的言論。Weinberg 非常厲害，他的研究是二十世紀物理最重要的發展之一，並在一九七九年贏得諾貝爾獎。但他這番話反映出他要不是對科學史十分無知，就是對來自其他領域的證據視而不見，兩者皆顯示專業是沒辦法在領域間轉移的。我們應該相信 Weinberg 對物理的討論，但不該相信他所說的歷史。

89. 必須強調，這個時期幾乎所有女性主義科學哲學家（例如 Evelyn Fox Keller、Ruth Hubbard、Scott Gilbert、Anne Fausto-Sterling，甚至是 Donna Haraway？）都不認為她們對科學的批評代表她們本質上是相對主義。Keller、Hubbard 和 Fausto-Sterling 本身是科學家，可以確定她們（和蘭吉諾與哈定一樣）想做的是打造更好的、較不受偏見影響的、更客觀的科學。參考資料包括：Keller, *Reflections on Gender and Science*, Hubbard, *Politics of Women's Biology*, Fausto-Sterling,

Myths of Gender.

90. 這個觀點假定組成成員的多元可以導致知識的多元。這點我會在第二章討論。

91. 關於客觀性及哈定等左派學者因客觀「相對」立場遭到批評，我的學生 Charlie Tyson 提出了一個有趣的想法：二十世紀中期的保守派知識分子和媒體行動主義者，如 William F. Buckley 等人，曾經因為觀點太偏激而被排除在某些討論之外，於是他們自行創立期刊來宣傳保守觀點。Tyson 認為他們不只是在控訴主流媒體偏頗，而是從本質上拒絕客觀性的概念，或者可以說他們把客觀性視為和公正性相同，並認為自己的偏頗意見合情合理。早期保守派媒體行動主義的重要出版品 *Human Events* 的宗旨就反應了他們的想法：「*Human Events* 是客觀的，目標是正確呈現事實。但並非沒有立場，我們看待事情的方式偏向有限立憲政府、地方自治、私人企業和個人自由。」（Hemmer, p. 32）於是這些媒體行動主義者在報導中把偏見和立場說成合情合理的價值。現在的保守派人士控訴媒體和大學「自由偏差」實在是很諷刺（Hemmer, p. xii）。格羅斯和李維在《高級迷信》一書中，把客觀的通用觀點與「學術左派」劃上等號，完全是個錯誤。實際上我認為 Buckley 等右翼評論者才是在反對客觀性，而哈定等左翼評論者是在追求增進客觀性。

92. Harding, "Women at the Center"。典型的反對意見，見：Hicks, "Is Newton's *Principia* a Rape Manual?"。保守派對女性主義學術理論的回應，見：*Righting Feminism: Conservative Women and American Politics*。現在回頭看，哈定在 *The Science Question in Feminism* 中用了許多「我們如何、他們如何」

的說法，這是她如今不會贊同的，見：Flores, "Beyond the Secularism Tic—An Interview with Feminist Philosopher Sandra Harding"。但如果說挑釁的目的就是要引起討論，她顯然做到了。

93. Longino, *Science as Social Knowledge*, 79; Harding, *The Science Question in Feminism*; Solomon, *Social Empiricism*.

94. Bernard, *An Introduction to the Study of Experimental Medicine*.

95. 必須注意，只讓一位女性或有色人種加入同質性很高的社群並無法解決問題，因為單一個人可能會覺得挑戰主流世界觀太不保險。

96. Longino, *Science as Social Knowledge*, p. 216.

97. 同前引書，頁80。也可參考我在第二章中討論的能量有限理論。

98. Longino, *Science as Social Knowledge*.

99. 同前引書。

100. 這個論點是理論而非實際觀察，沒有實際證據可以支持蘭吉諾，部分原因是女性在二十世紀早期失去了在科學學術界中的地位，而在蘭吉諾寫下這些觀點時，女性才剛開始爭取回到科學界，見：Rossiter, *Women Scientists in America*。Londa Schiebinger 舉例說明，科學界中的女性協力開創了新的研究領域，並在許多研究主題中提出不一樣（而且更好）的理論，見：Schiebinger, *Has Feminism Changed Science*。然而如同所有想證明多元化科學社群能創造較佳理論的嘗試一樣，這些研究遇到一個困難：在科學中我們無法判斷什麼叫做「較佳」。商業界的研究清楚顯示多元化團隊表現更好，從各種標準來看都是。甚至這項發現還被戲稱為「多元化紅利」。商業社群已經很習慣這點，認為多元化不只在道德上是正確的，更能帶來收益，見：Page, *The Diversity Bonus.*

101. 見註釋 89。

102. 同前引書，頁 79。

103. Smithson, "Social Theories of Ignorance," in Proctor and Schiebinger, *Agnotology*。也可參考：Giddens, *Consequences of Modernity.*

104. Oreskes et al., "Viewpoint," p. 20.

105. Oreskes, "Why We Should Trust Scientists."

106. 克勞斯尼克在本書中質疑這些假定，我在後續回覆會重新提到。

107. Longino, *Fate of Knowledge*, pp. 106–7.

108. Yearley et al., "Perspectives on Global Warming."

109. 關於知識是否受黨派影響，見：Staley, "Partisanal Knowledge: On Hayek and Heretics in Climate Science and Discourse."

110. Oppenheimer, Jamieson, Oreskes, et al., *Discerning Experts.*

111. Laland et al., "The Extended Evolutionary Synthesis"; Laland et al., "Does Evolutionary Theory Need a Rethink?"

112. Laland, "What Use Is an Extended Evolutionary Synthesis?"

113. 這個議題牽涉到演化理論是否陷入危機、延伸演化綜論是否會因此成為新的典範。Kevin Laland 說不會，哲學家 John Dupre 說會。案例請見：Coyne, "Another Philosopher Proclaims a Nonexistent 'Crisis' in Evolutionary Biology."

114. Oreskes, *The Rejection of Continental Drift.*

115. Neumann, "Can We Survive Technology?" Saxon, "William B. Shockley, 79, Creator of Transistor and Theory on Race."

116. Redd, "Werner von Braun: Rocket Pioneer."

117. Laura Stark 指出，人們往往假設專業經驗和知識能夠轉化成「罕見的能力，判斷研究主題之外其他知識的品質、真實性和倫理。」她沒有明說這種假定是錯的，但提出了許多科學史上的證據，她在機構審查委員會的研究也支持這個結論。見：Stark, *Behind Closed Doors*, p. 31.

118. 關於非科學的專業人士，見：Epstein, *Impure Science.*

119. Mohan, *Science and Technology in Colonial India.*

120. Goonailake, "Mining Civilizational Knowledge."

121. Ellis et al., "Inpatient General Medicine Is Evidence Based"; Ernst, "The Efficacy of Herbal Medicine—an Overview."

122. Goonatilake, "Mining Civilizational Knowledge."

123. Scott, "Science for the West."

124. Semali and Kincheloe, *What Is Indigenous Knowledge?*; Schiebinger and Swan, *Colonial Botany.* 對於該如何把原住民知識理解為科學，Scott, "Science for the West" 一文很精彩，他討論了普遍情況並特別提到克里的狩獵活動。提出這個問題的則是：Agrawal, "Dismantling the Divide between Indigenous and Scientific Knowledge."

125. Walker, "Navigating Oceans and Cultures."

126. Conis, "Jenny McCarthy's New War on Science"; Campbell, "The Great Global Warming Hustle."

127. Madsen et al., "A Population-Based Study of Measles, Mumps, and Rubella Vaccination and Autism"; Taylor et al., "Vaccines Are Not Associated with Autism: An Evidence-Based Meta-Analysis of Case-Control and Cohort Studies." 也可參考這本書中的討

論：Mnookin, *Panic Virus*.

128. Latour, *We Have Never Been Modern*; Latour, *Politics of Nature*; Shapin and Schaefer, *Leviathan and the Air-Pump*.

129. Pearce et al., "Beyond Counting Climate Consensus"; Oreskes and Cook, *Response to Pearce (In Press)*; Rice, "Beyond Climate Consensus."

130. *Positively False*: *Exposing the Myths around HIV and AIDS* 一書的作者 Joan Shenton 在經歷嚴重的醫源性疾病後，開始質疑當代醫療和大型藥廠的關係，接著她開始否定 HIV 和愛滋病之間的關聯，然後又變得懷疑並拒絕相信氣候變遷。我曾在一場研討會上與 Joan 共進晚餐，相信她的醫源性疾病經歷是真的，但我不能接受她滑坡謬誤到懷疑和拒絕科學本身。

131. "Pope Claims GMOs Could Have 'Ruinous Impact' on Environment."

132. Zycher, "Shut Up, She Explained."

133. 這裡顯然得引用我自己的研究：Oreskes and Conway, *Merchants of Doubt,* and Supran and Oreskes, *Assessing ExxonMobil's Climate Change Communications*。除了我們，也有很多記者、憂思科學家聯盟和非營利組織都記錄過產業如何混淆視聽，見：Banerjee, Song, and Hasemyer, "Exxon: The Road Not Taken"; Union of Concerned Scientists, "Exxon Mobil Report: Smoke Mirrors and Hot Air"; "Exxon Climate Denial Fund-ing 1998–2014"; and The Royal Society, "Royal Society and Exxon Mobil."

134. Supran and Oreskes, *Assessing ExxonMobil's Climate Change*

Communications.

135. Proctor and Schiebinger, *Agnotology*; Proctor, *Golden Holocaust;* Michaels, *Doubt Is Their Product*; Markowitz and Rosner, *Deceit and Denial*; Nestle, *Soda Politics.*

136. 本文還在草稿階段時，一位審書人提到機密科學研究及產業內部未發表的研究的問題。我的下一本書 *Science on a Mission: American Oceanography from the Cold War to Climate Change* 會討論機密研究，我在書中論述，事實上這些研究保密並沒有對海洋學造成嚴重的負面影響。機密研究可以是科學的，重要原因之一是這類研究其實大部分都有經過同儕審查，只不過是在保密的期刊上。它們可能不算「公共」知識，但還是有經過專家社群檢驗，有受到批判性質問。（例如，聲學的機密研究並不只提交給美國海軍，也會有其他機構擁有國家安全許可的研究者檢驗。我認為這個檢驗系統不完美，但它畢竟存在。）這就符合了我在文中提倡的標準。反之，有許多產業「內部」的研究報告並沒有經過公開檢驗。這位審書人也提到，許多菸草產業的科學「當然沒有公開」，但「這不表示那就不是科學研究。」這個說法很有趣，但我認為如果研究沒有發表，那麼任何檢驗流程勢必都是在內部執行，也就是說沒有公開。正因如此，這些研究也會受制於我所反對的利益衝突。像是我自己過去在採礦產業工作，為公司寫過一些科學主題的報告，但沒有發表。我沒有把這些報告放進我的履歷，我很想說那些報告中有科學研究的元素，但事實上它們就不是科學，因為它們沒有受到公開檢驗。你不會在任何科學引文索引或 Google 學術搜尋中找到這些報告，這應該也很合理。

137. Proctor and Schiebinger, *Agnotology*; Proctor, *Golden Holocaust;* Markowitz and Rosner, *Deceit and Denial*; Nestle, *Unsavory Truth;* Oreskes and Conway, *Merchants of Doubt.*

138. HADGirl, "10 Evil Vintage Cigarette Ads Promising Better Health." See also Brandt, *Cigarette Century.*

139. Oreskes and Conway, *Merchants of Doubt;* Michaels, *Doubt Is Their Product.*

第二章

1. Wang, " 'Post-Truth' Named 2016 Word of the Year by Oxford Dictionaries."

2. Colbert, *"Post-Truth" Is Just a Rip-Off of "Truthiness."*

3. Jasanoff, *States of Knowledge*; Latour, *Science in Action*。也可參考：Latour, *One More Turn after the Social Turn*。「共同產物」有很多不同用法,就跟所有廣泛使用的詞彙一樣,見：http://scitechpopo.blogspot.com/2011/02/explaining-co-production.html。賈瑟諾夫的學生 Clark Miller 總結這個觀點的關鍵概念是:「我們了解和呈現(自然與社會)世界的方法,與我們選擇在世界上生活的方法,無法分而論之。」(見：Jasanoff, *States of Knowledge,* p.2)某種程度上來說這個想法不容爭辯,沒有人可以脫離他所生存的世界。我擔心的是,如果說每一個知識主張都是共同產物,好像是在暗示建立該主張時,整體社會扮演的角色和該領域專家一樣重要,而專家甚至不可能從原則上脫離社會脈絡做出判斷。雖然我也同意實際上專家不可能完全超脫,但同樣不容爭辯的是,專家團體會遵循某些實踐方式或理想,期待透過足夠的實證證據來判斷知識主張，而且會努力擺脫經濟、宗教及其他因素的影響。例如追求客觀這個規範性理想對科學證據評估就非常重要，雖然科學從來沒有達到全然的客觀，也不可能做到，但把客觀性當作規範性理想的社群，很可能產出與其他社群不同的知識結論。

4.　信任、社會與文化認同的關係，見：Wynne, *May the Sheep Safely Graze?*

5.　Latour, Woolgar, and Salk, *Laboratory Life*, p. 285. 一位審書人詢問拉圖這句話是什麼意思。最好的辦法當然是直接去問他，但總之我對這句話的理解是，科學主張是表演，觀眾可以接受或不接受。

6.　Latour, "Has Critique Run Out of Steam?" 當然，拉圖大部分文章的精要就是要混淆事實與想法。最近拉圖承認氣候科學家在文化上失敗了，見：Latour, *Facing Gaia* and *Down to Earth*.

7.　同註 5。

8.　Leiserowitz and Smith, "Knowledge of Climate Change across Global Warming's Six Americas."

9.　James, "Pragmatism's Conception of Truth," p. 222.

10.　James, p. 222–23.

11.　Kuhn, *The Copernican Revolution*; Bloor, *The Enigma of the Aerofoil*.

12.　結構實在論者會說，過去的理論如果看起來行得通，那就不會全是錯的。它們一定傳達了自然世界的某部分真實，例如物理或數學結構上的一些元素。這是在說，舊理論和取而代之的新理論之間會有某種連貫性，即便不是內容，也可能是形式或架構上的。見：https://plato.stanford.edu/entries/

structural-realism/.

13. 媒體的角色可參考：Ladher, *Nutrition Science in the Media*。營養學中的統計誤用，見：Schoenfeld and Ioannides, "Is Everything We Eat Associated with Cancer?"。產業散布錯誤消息的負面影響，見：Lustig, *Fat Chance* and Nestle, *Soda Politics*.

14. Oreskes et al., "Viewpoint: Why Disclosure Matters." 我相信解決腐敗的方法其實很簡單，證據顯示妥善的自我察覺和揭露就可以避免許多事件，剩下的就該接受制裁。許多科學領域很少懲處違反學術誠信的人，就算有罰，罰則通常不重。科學家很少因為沒有揭露外部資金來源而受到處罰。

15. Cohen, *Revolution in Science*.

16. Oreskes, *The Rejection of Continental Drift*, introduction.

17. Laudan, "A Confutation of Convergent Realism"。對於此問題意識的進一步討論見：Musgrave, "The Ultimate Argument for Scientific Realism"。關於 convergent realism 的另一個討論，見：Hardin and Rosenberg, "In Defense of Convergent Realism"。科學實在論相關論述的詳盡總結和分析，見：Psillos, *Scientific Realism*.

18. Oreskes, *The Rejection of Continental Drift*.

19. 諾貝爾獎得主 Steven Weinberg 在著作 *Facing Up* 中宣稱「有些真實一旦發現，就會永遠存在於人類的知識當中。」見：Weinberg, *Facing Up*, p. 201. 從比較寬容的觀點來看，這個主張是說：是的，可能有這種真實存在，只是我們不知道是哪一個！但我認為有個更嚴肅的問題：科學家通常不太研究科學史，而且舊的知識通常都能用新的語言來表達，因此科學家往往並不知道有些知識已經遺失在漫長的時光之中，或者沒有意識到有多多。他們假設新的研究成果是加在、建立在舊的知識之上，而科學會逐漸累積，卻沒有發現許多舊知識已經被拋棄，或是在無意間遺失了。他們沒有認識到知識有兩個邊界，一邊是我們即將發現的，另一邊是很久以前發現、如今我們快要忘卻的。

20. 這讓我想起那個有名的笑話。有人問老人：「你在弗蒙特州住了一輩子嗎？」他回答道：「還沒。」

21. 這段節錄自：Oreskes, *The Rejection of Continental Drift*, p. 3.

22. 例如：Feldman, "Climate Scientists Defend IPCC Peer Review as Most Rigorous in History."

23. 這段敘述出自我以前學生的碩士論文，已徵得她同意，見：Katharine Saunders Bateman, "Sex in Education: A Case Study of the Establishment of Scientific Authority in the Service of a Social Agenda."

24. Showalter and Showalter, "Victorian Women and Menstruation," p. 86.

25. 據說川普總統相信類似的事情：每個人類都像某種一次性電池，擁有有限的能量。顯然這是他不運動的原因。這再次證明了老舊的觀點有時比我們想像的活得更久。見：Rettner, "Trump Thinks That Exercising Too Much Uses Up the Body's 'Finite' Energy."

26. 「能量主義」在十九世紀末期的生物學中很盛行，可以參考經典作品：William Coleman, *Biology in the Nineteenth Century*.

27. Bateman, "Sex in Education: A Case Study of the Establishment of Scientific Authority in the Service of a Social Agenda," p. 8.

28. Clarke, *Sex in Education; or, a Fair Chance for Girls*, p. 37.

29. Bateman, "Sex in Education: A Case Study of the Establishment of Scientific Authority in the Service of a Social Agenda," p. 9.

30. 同前引文，頁 3。

31. 公平而論，當時的教育家也有警告男性不該太常從事性行為，尤其是手淫。見：Barker-Benfield, *The Culture of Sensibility: Sex and Society in Eighteenth-Century Britain*. 但是男人可以透過自律控制性行為，女人則無法控制生殖系統。

32. Bateman, "Sex in Education: A Case Study of the Establishment of Scientific Authority in the Service of a Social Agenda," p. 4.

33. Clarke, *Sex in Education; or, a Fair Chance for Girls*, p. 140。此處也能看見達爾文思想的影響。

34. Paul, "Eugenic Anxieties, Social Realities, and Political Choices," pp. 676–77; Kevles, *In the Name of Eugenics*, p. 111.

35. Bateman, "Sex in Education: A Case Study of the Establishment of Scientific Authority in the Service of a Social Agenda," p. 16.

36. Clarke, *Sex in Education; or, a Fair Chance for Girls*.

37. Bateman, "Sex in Education: A Case Study of the Establishment of Scientific Authority in the Service of a Social Agenda," p. 20.

38. 同前引文，頁 23。

39. 同前引文，頁 25。

40. Hall, *Adolescence*, p. 589。一八七四年，麻州健康委員會對 160 位醫生和學校職員進行調查，結果發表於《大眾科學月刊》和克拉克一八七四年的著作 *Building of the Brain*，這本書是《教育體系的性別問題》的續作。這份調查詢問：「根據個人觀察，進入學校就讀比較可能對哪個性別造成健康傷害嗎？」109 位作答者說女性比男性可能，1 位說男性比女性可能，31 位說男女可能性一樣，4 位說都不會。120 位說進入青春期後可能性會增加。我們並不清楚這些作答者是如何選出來的。見：Bateman, "Sex in Education: A Case Study of the Establishment of Scientific Authority in the Service of a Social Agenda," p. 18。能量有限理論有時也會引用這項調查，但必須注意，這份研究沒有提出任何實證證據，本質上只是意見調查。當代科學中把專家意見徵集當成一種證據，我個人對這種做法存疑。

41.　最近 Dorothy E. Roberts 在哈佛大學坦納講座中指出，我們很容易想見類似的主張用新的遺傳學包裝，在今日或未來重新出現。Roberts, *The Ethics of Biosocial Science | The New Biosocial and the Future of Ethical Science.*

42.　這段討論出自我的第一本書：Oreskes, *The Rejection of Continental Drift.*

43.　同前引書，頁 65。Gould, *Ever since Darwin*, p. 161.

44.　Oreskes, *The Rejection of Continental Drift,* p. 120.

45.　同前引書，頁 126。

46.　同前引書，頁 156。

47.　Laudan, *From Mineralogy to Geology.*

48.　Oreskes, *The Rejection of Continental Drift*, p. 136.

49.　同前引書。

50.　Hallam, *Great Geological Controversies.*

51.　Chamberlin, "Investigation versus Propagandism."

52.　Oreskes, *The Rejection of Continental Drift*, p. 139.

53.　同前引書，頁 151。

54.　同前引書，頁 227。

55. 同前引書，第五至六章。

56. 同前引書，頁 192–96。

57. 最有名的例子是克萊頓，不過很多人都附和他的說法。可以參考：Crichton, "Why Politicized Science Is Dangerous"。他的著作 *State of Fear* 完全建立在氣候科學就是當代的優生學這個前提之上。我很意外研究優生學的歷史學家沒有在克萊頓一開始做此論述時就站出來反駁他，所以我就自己來，由此開啟了一連串思考，最終形成這系列講座。Oreskes, "Fear-Mongering Crichton Wrong on Science." 也可參考：Ekwurzel, "Crichton Thriller: State of Fear."

58. *Buck v. Bell*, 274 US. 4, 5, 9–10, 20, 76.

59. *Buck v. Bell*, 274 US.

60. Kevles, *In the Name of Eugenics*, p. 111.

61. 可能有些人認為「寬鬆」版本的優生學從未消失，例如胎兒如果有遺傳疾病，父母可能會選擇墮胎。我不確定這算不算優生學，在我看來，出於個人自由的生育選擇和政府強迫是截然不同的。但我也相信兩者可能有共同之處，例如 Comfort, *The Science of Perfection* 一書指出，優生學不只沒有消失，還是美國醫療的核心。

62. 勞克林的專業有點難判斷，他有受過教師培訓，教過農業，然後在一九一〇年進入優生學記錄辦公室。後來他在一九一七年獲得細胞學博士學位，然後就是惡名昭彰的絕育示範法，一九三六年他因為這項工作獲頒海德堡大學榮譽學位。見："Biography of Harry H. Laughlin."

63. Malthus, *An Essay on the Principle of Population, as It Affects the Future Improvement of Society. With Remarks on the Speculations*

of Mr. Godwin, M. Condorcet and Other Writers.

64. Galton, *Hereditary Genius.*

65. Galton, *Memories of My Life,* p. 331.

66. 在此聲明：我是搶救紅木聯盟的成員。

67. 一九二四年移民法案（詹森－里德法案）。

68. Gould, *Bully for Brontosaurus,* 162.; 關於希特勒，見：Spiro, *Defending the Master Race;* Kuhl, *The Nazi Connection.*

69. Grant and Osborn, *The Passing of the Great Race; or, the Racial Basis of European History. 4th Rev. Ed., with a Documentary Supplement, with Prefaces by Henry Fairfield Osborn,* p. 49.

70. 不過也有拉馬克學派的優生學。

71. 一九二一年，實驗演化研究站和 ERO 併入卡內基遺傳學系，系主任是達文波特。ERO 的工作在一九三九年結束。見：Allen, "The Eugenics Record Office"; Witkowski and Inglis, "Davenport's Dream," and Witkowski, *The Road to Discovery: A Short History of Cold Spring Harbor Laboratory.*

72. Davenport, *Eugenics, the Science of Human Improvement by Better Breeding,* p. 34.

73. 由 Mrs. Mary Harriman 出資，她是鐵路大亨 E. H. Harriman 的遺孀，其子 Averill 後來成為紐約州長。Comfort, *The Tangled Field,* p. 79.

74. 一九二四年移民法案（詹森－里德法案）。

75. 歷史學家發現巴克的女兒其實不是弱智，她八歲時死於結腸炎，死前由寄養家庭照顧，在學校表現良好。見：Gould, "Carrie Buck's Daughter"。一九七八年斯坦普訴斯巴克曼（*Stump v. Sparkman*）一案中，最高法院同意法官有權批准一位母親讓心智發展略為遲緩的十五歲女兒絕育的要求。女兒長大成人，結婚後發現自己已經被絕育，與丈夫一起控告印地安納州。這個案子一路上訴到最高法院，最高法院並未裁決法官的行為是對是錯，但結論法官不會被起訴，因為他是在執行司法工作。反對這項決定的人認為法官沒有遵守基本的正當程序，例如為女孩指派監護人。White, *Stump v. Sparkman*, 435 U.S. 349.

76. Proctor, *Racial Hygiene*, p. 101.

77. Kevles, *In the Name of Eugenics*.

78. 從這點可以發現優生學和能量有限理論的關聯，不禁讓我們好奇女性主義者反對優生學嗎？這個問題還有待仔細檢驗。Margaret Sanger 一九二二年的書 *The Pivot of Civilization* 好像展現出她那個年代普遍的保守優生學態度，見：Sanger and Wells, *The Pivot of Civilization*。然而為她作傳的 Ellen Chesler 提到，Sanger 對優生學的看法常被錯誤引用，尤其她創辦計劃生育聯盟後招來的敵人。Chesler 指出，桑格反對種族和族群的刻板印象，並且「認為貧窮源於取得資源的機會不同（包括避孕資源），而非本身能力、智力或人格低落而造成的必然結果。」見：Chesler, *Woman of Valor*, p. 484。天主教很多重要人物都反對優生學，包括教宗庇護十一世。他們認為這是不恰當地干涉了上帝的計畫，而衰退的原因並非遺傳，而是罪。見：Pope Pius XI, "Casti Connubii: Encyclical of Pope Pius XI on Christian Marriage to the Venerable Brethren, Patriarchs, Primates, Archbishops, Bishops, and Other Local Ordinaries Enjoying Peace and Communion with the Apostolic See."

79. Crichton, *State of Fear*; Dykes, "Late Author Michael Crichton Warned of Global Warming's Dangerous Parallels to Eugenics."

80. 這裡說簡單的答案,是因為也有人(例如凱維勒斯)認為優生學一詞有很多意思而且會隨著時間改變。但就算如此,重要的社會科學家和遺傳學家還是明確拒絕優生學運動的核心主張,並且清楚表達了立場。

81. Allen, *Eugenics and Modern Biology: Critiques of Eugenics, 1910–1945.* 82. Boas, "Eugenics," p. 471.

83. Boas, *Anthropology and Modern Life.*

84. Bowman-Kruhm, *Margaret Mead,* p. 140.

85. 歷史學家保羅・歐提茲認為歐洲更是如此,尤其在斯堪地納維亞,該地人口組成比美國同質性更高。她和凱維勒斯的研究顯示,美國當時擔心的移民族群,很大一部分以今日的標準來說會被認為是「白人」,例如愛爾蘭和義大利移民。最近一篇關於優生學針對非裔美國人的研究,見:Roberts, *Killing the Black Body.*

86. 並不是說只有支持社會主義的遺傳學家反對優生學,但社會主義者的反對意見與政治觀點相關,比較引人注目。非社會主義者美國遺傳學家認為我們應該多加了解遺傳和環境交互作用的例子,見:Jennings, "Heredity and Environment."

87. Oreskes, "Objectivity or Heroism?"

88. Kevles, *In the Name of Eugenics*, p. 167.

89. 同前引書,頁134。

90. Muller et al., "Social Biology and Population Improvement." 這個問題提出的方式揭露了當時全世界的狀況,不只限於德國。回答也很具啟發性。

91. 到頭來，每個領域都很「特別」，專業素養沒辦法跨越不同領域。

92. Muller et al., "Social Biology and Population Improvement."。也可參考 Darwin, "The Geneticists' Manifesto"。連署者包括赫胥黎與霍爾丹。

93. Kevles, *In the Name of Eugenics*, p. 261.

94. Muller et al., "Social Biology and Population Improvement, " p. 521.

95. 同前引文。

96. 同前引文。

97. 和穆勒一起簽署宣言的包括偉大的赫胥黎，他是現代演化綜論的奠基者之一，這個理論成功連結了達爾文的天擇理論和量化遺傳學。如同穆勒，赫胥黎也接受優生學的基本前提，不過他認為應該用「族群」當作研究單位，而非「種族」，這樣會比較精確。他也批評消極優生學，例如非自願絕育，但他支持自願絕育和生育控制，目標是鼓勵「消除幾種最低等的衰退類型」。在一九六〇年代，許多人預示現代醫學及食物供給進步將會救活許多本來會死去的人，實現人道主義的理想，而赫胥黎對此憂心忡忡，他認為這顯然是在反對大自然改進人類適應性的趨勢。赫胥黎相信，人類需要找方法來阻止這種劣生學效應，讓遺傳演化回到正軌，但他不知道該如何執行。他說：「我們必須想辦法讓事情回到往正面改善的古老方向。」Kevles, *In the Name of Eugenics*, p. 261.

98. Allen, *Eugenics and Modern Biology*, p. 315。也可參考：Spencer and Paul, "The Failure of a Scientific Critique," and *Did Eugenics Rest on an Elementary Mistake?*

99. Jennings, *The Biological Basis of Human Nature*。也可參考：
   Jennings, "Heredity and Environment," *Scientific Monthly*, 1924。
   關於詹寧斯及其他美國人對優生學的批評，見：Allen,
   Eugenics and Modern Biology: Critiques of Eugenics, 1910–
   1945. Allen 也討論到美國記者 Walter Lippmann 的反對意見，
   值得一讀。

100. Jennings, *Human Nature*, p. 178–79.

101. 同前引書。

102. 同前引書，頁 203–6。

103. 同前引書，頁 206。

104. 同前引書，頁 208。

105. 同前引書，頁 228–29。

106. Allen, *Eugenics and Modern Biology*.

107. 同前引書，頁 322。

108. 案例可見：Paul, Spencer, et. al. *Eugenics at the Edges of Empire*.

109. Allen, *Eugenics and Modern Biology*, p. 324 補充了很重要的一
   點：大部分科學批評都發表在科學期刊上，或者（透過信件
   等管道）私下表達，所以大眾無從得知。他寫道：「如此
   一來，普羅大眾顯然會認為優生學有得到科學／遺傳學社群
   的認可。」基於這個原因，他認為現在如果公共議題出現爭
   議，專家應該說明相關科學主張有哪些疏漏，這樣大眾才能
   了解這些批評。我同意這點，並且要補充，當公共論述與科
   學社群看法相左，科學家也應該向大眾聲明哪些議題已經取
   得共識了，像是疫苗安全。

110. Skovlund et al., "Association of Hormonal Contraception with
   Depression."

111. Bakalar, "Contraceptives Tied to Depression Risk."

112. McDermott, "Can Birth Control Cause Depression?"

113. Tello, "Can Hormonal Birth Control Trigger Depression?" 自我回報這個問題很複雜。病人在愛滋病危機中的角色,見:Epstein, *Impure Science*。我認為病人不一定有正確的判斷,但病人的回報一樣是種證據,醫生和研究者應該認真看待。

114. 想了解自閉症和疫苗的相關證據,可以從這裡開始:Mnookin, *The Panic Virus*.

115. Tello, "Can Hormonal Birth Control Trigger Depression?"

116. 要更了解科學中的量化統計,見:Porter, *Trust in Numbers*; Daston and Galison, *Objectivity*.

117. 誤診有多常見,見:Kirch and Schafii, "Misdiagnosis at a University Hospital in 4 Medical Eras"。行銷對處方開立的影響,見:Iizuka and Jin, "The Effect of Prescription Drug Advertising on Doctor Visits."

118. Jones, Mosher, and Daniels, "Current Contraceptive Use in the United States, 2006–10, and Changes in Patterns of Use since 1995."。批判性回顧請見:Schaffir, Worly, and Gur, "Combined Hormonal Contraception and Its Effects on Mood."

119. Christin-Maitre, "History of Oral Contraceptive Drugs and Their Use Worldwide."

120. Seaman and Dreyfus, *The Doctor's Case against the Pill*, p. 210.

121. 最近一項重要研究(又是在丹麥!)的結論是,女性使用激素避孕藥與自殺風險倍增相關。Skovlund et al., "Association of Hormonal Contraception with Depression."

122. Thompson, "A Brief History of Birth Control in the U.S."

123. Seaman and Dreyfus, *The Doctor's Case against the Pill*, p. 213.

124. 同前引書，頁 214。

125. 同前引書，頁 223。

126. Oreskes, "The Scientific Consensus on Climate Change."

127. Cook et al., "Quantifying the Consensus"; Cook et al., "Consensus on Consensus."

128. Behre et al., "Efficacy and Safety of an Injectable Combination Hormonal Contraceptive for Men."

129. 同前引文。該研究總結：「這種療法幾乎能夠完全抑制精子生成，效果是可逆的。相較於目前其他男性可逆避孕措施效果很好，造成輕微情緒失調的機會相對較高。」媒體報導包括：CNN, "Male Birth Control Shot Found Effective, but Side Effects Cut Study Short"; "Male Birth Control Study Killed after Men Report Side Effects"; Watkins, "Why the Male 'Pill' Is Still So Hard to Swallow."

130. Moses-Kolko et al., "Age, Sex, and Reproductive Hormone Effects on Brain Serotonin-1A and Serotonin-2A Receptor Binding in a Healthy Population"; Toufexis et al., "Stress and the Reproductive Axis."

131. Mayo Clinic Staff, "Antidepressants"; Oláh, "The Use of Fluoxetine (Prozac) in Premenstrual Syndrome"; Cherney and Watson, "Managing Antidepressant Sexual Side Effects."

132. Balon, "SSRI-Associated Sexual Dysfunction"; Rosen, Lane, and Menza, "Effects of SSRIs on Sexual Function."

133. Rosen, Lane, and Menza, "Effects of SSRIs on Sexual Function"; Block, "Antidepressant Killing Your Libido?"

134. Skovlund et al., "Association of Hormonal Contraception with Depression."

135. 見：Ziliak and McCloskey, *Cult of Statistical Significance* 以及本書中克勞斯尼克的討論。

136. Oreskes and Conway, *Merchants of Doubt*, p. 141.

137. Bill Bechtel 寫道，科學家時常用機制來解釋自然現象，尤其是生命科學；然而科學哲學中尚未充分討論機制在科學方法學中的角色，而比較關心演繹方法。Bechtel, *Discovering Cell Mechanisms*; Bechtel, *Mental Mechanisms*。也可參考 Carl Craver 的研究：Craver and Darden, *In Search of Mechanisms*; Machamer, Darden, and Craver, "Thinking about Mechanisms."

138. Saint Louis, "Feeling Guilty about Not Flossing?"

139. "Haven't Flossed Lately?"

140. Greenberg, "Science Says Flossing Doesn't Work. You're Welcome."

141. Clarke-Billings, "After Generations of Dentists' Advice, Has the Flossing Myth Been Shattered?"

142. Donn, "Medical Benefits of Dental Floss Unproven."

143. "Sink Your Teeth into This Debate over Flossing."

144. Donn, "Medical Benefits of Dental Floss Unproven." 這些報導都沒有提到牙線還有其他作用，包括用來逃獄："Inmate Recalls How He Flossed Way To Freedom"。也可參考："Haven't Flossed Lately?"

145. "Everything You Believed about Flossing Is a Lie."

146. Rubin, "At a Loss over Dental Floss."

147. O'Connell, "The Great Dental Floss Scam."

148. Rubin, "At a Loss over Dental Floss."

149. *Take Care Staff*, "How a Journalist Debunked a Decades Old Health Tip."

150. 同前引文。

151. Hare, "How an AP Reporter Took down Flossing."

152. Ghani, "The Deceit of the Dental Health Industry and Some Potent Alternatives"。營養當然很重要，基因也是，但現在問題是使用牙線有益嗎？所以在此不討論其他議題。

153. Donn, "Medical Benefits of Dental Floss Unproven."

154. 同前引文。

155. 同前引文，也可參考：Resnick, "If You Don't Floss Daily, You Don't Need to Feel Guilty."

156. Harrar, "Should You Bother to Floss Your Teeth?"

157. Hare, "How an AP Reporter Took down Flossing."

158. "About Us | Cochrane."

159. Sambunjak et al., "Flossing for the Management of Periodontal Diseases and Dental Caries in Adults."

160. 同前引文。

161. 效應值很小是指：「一個月的標準化平均差為 -0.36（95% 信賴區間 -0.66 到 -0.05），三個月和六個月的 SMD 為 -0.41（95% 信賴區間 -0.68 到 -0.14）和 -0.72（95% 信賴區間 -1.09 到 -0.35）。」

162. 菌斑指數（Silness-Löe index）是透過牙菌斑累積程度來評估口腔衛生。Moslehzadeh, "Silness-Löe Index." 標準化平均差用來表示指效應值。

163. Levine, "The Last Word on Flossing Is Two Words: Pascal's

Wager."

164. Bakalar, "Gum Disease Tied to Cancer Risk in Older Women"; Smyth, "Gum Disease Sufferers 70% More Likely to Get Dementia." 這篇文章底下的評論非常負面且充滿敵意，似乎很多人不能接受這種發現。為何《泰晤士報》的讀者會對使用牙線很重要這個想法那麼排斥？值得深究。

165. Saint Louis, "Feeling Guilty about Not Flossing?" 更多牙醫支持使用牙線的例子，見：Selleck, "National Media's Spotlight on Flossing Enables Dental Professionals to Shine."

166. Nancy Cartwright 指出，隨機控制試驗並不總是衡量醫療成效最好的工具：Cartwright, "Are RCTs the Gold Standard?"; Cartwright, "A Philosopher's View of the Long Road from RCTs to Effectiveness."

167. Cartwright and Hardie, *Evidence-Based Policy.*

168. 提出這點的是 Shmerling, "Tossing Flossing?"

169. Harrar, "Should You Bother to Floss Your Teeth?"

170. Rubin, "At a Loss over Dental Floss"。也可參考："The Medical Benefit of Daily Flossing Called into Question."

171. Bechtel, *Mental Mechanisms*; Bechtel, *Discovering Cell Mechanisms*; Craver and Darden, *In Search of Mechanisms*; Machamer, Darden, and Craver, "Thinking about Mechanisms."

172. Saint Louis, "Feeling Guilty about Not Flossing?"

173. Cartwright and Hardie, *Evidence-Based Policy.*

174. "The Medical Benefit of Daily Flossing Called into Question."

175. Saint Louis, "Feeling Guilty about Not Flossing?"

176. 同前引文。

177. Crichton, "Aliens Cause Global Warming"; Perry, "For Earth Day"; Bushway, "Eugenics"。其他例子還有很多。

178. "From the Editor."

179. Institute of Medicine (US) Committee on the Robert Wood Johnson Foundation Initiative on the Future of Nursing, "Transforming Leadership"; Editorial Board, "Opinion: Are Midwives Safer Than Doctors?"。也可參考：Bourdieu and Passeron, *Reproduction in Education, Society and Culture* 討論專家權威是怎麼出現和繁殖。我們不該單純因為「其他專業人士」的觀點「接地氣」就假設一定是對的。許多美國農民全力支持優生學，不過如此一來我們就得討論他們是不是真正的「專家」……

180. Finlayson, *Fishing for Truth*。關於農民，見溫恩的經典研究 *May the Sheep Safely Graze?*，以及他最近的作品："Participatory Mass Observation and Citizen Science." 病患也有掌握很多重要知識，見：Epstein, *Impure Science.*

181. Wynne, *May the Sheep Safely Graze?* p. 61.

182. Garber, *Academic Instincts.*

183. 相對地，當科學家離開他所熟悉的專業領域，我們有權謹慎看待他們的主張，甚至抱持警戒。我在其他作品中提到，「販賣懷疑的人」特徵就是他們會在自己的專業領域之外大放厥詞，且觀點和主流科學衝突。見第一章。

184. Wynne, *May the Sheep Safely Graze?* p. 74 and p. 77.

185. Mnookin, *The Panic Virus.*

186. Oreskes and Conway, *Merchants of Doubt*; Brandt, *The Cigarette Century*; Proctor, *Golden Holocaust*; Proctor and Schiebinger,

Agnotology; McGarity and Wagner, *Bending Science*; Wagner, "How Exxon Mobil 'Bends' Science to Cast Doubt on Climate Change"; Michaels, *Doubt Is Their Product*, 2008; Markowitz and Rosner, *Deceit and Denial*. 以下也很有幫助：Richard Staley, *Partisanal Knowledge: On Hayek and Heretics in Climate Science and Discourse*.

187. Mnookin, *The Panic Virus*.

188. https://www.nytimes.com/2015/01/04/opinion/sunday/playing-dumb-on-climate-change.html.

189. Bateman, "Sex in Education: A Case Study of the Establishment of Scientific Authority in the Service of a Social Agenda," p. 11.

190. 科技世界也有類似的想法，Emily Chang 討論過矽谷的「精英管理」，見：Chang, *Brotopia*.

191. Oreskes and Conway, *Merchants of Doubt*.

192. 溫恩一九九二年研究車諾比核災輻射落塵對坎布里亞牧羊人的衝擊，現在已成為經典。他的結論是一般民眾「證明了他們比科學家更能靈活反省知識現況。」（Wynne, *Misunderstood Misunderstanding*, p. 298）這個例子並不特殊，很多人都曾遇過科學家被問到該如何反思知識狀況時變得防衛心很重，把任何反省企圖都視為攻擊，即便有些要求的原意是讓科學變得更強壯、更客觀（見第一章）。溫恩提出的另一點也很重要，他指出「在真實世界中人們會遇到矛盾，事情會超出他們掌握範圍或無法解決，他們必須調適，試著與之和平共處。」然而「驅動科學的含蓄道德律令，是重整和控制世界，藉此消除矛盾和模稜兩可。」毫無疑問他是對的（但我會說，就算科學家不願意，他們還是身在真實世界中），不過在我看來有愈來愈多各領域的科學家已經認識到他們沒辦法重整和控制世界，必須設法與矛盾和模糊共存。在此，女性主義觀點再次派上用場，女性科學家同時要兼顧女人與科學家的身分，但世界告訴她們女性特質（感性）與科學家特質（理性）相斥。W.E.B. DuBois 這番話很有名：女性科學家可以說是活在某種「雙重意識」當中。也可參考：Wynne's follow-up paper, *May the Sheep Safely Graze?*

193. 的確，如果這件事沒有發生，我們現在就不會拿它來研究，只會把它看成一個錯誤想法⋯⋯

194. Rudner, "The Scientist qua Scientist Makes Value Judgments"; Douglas, "Inductive Risk and Values in Science," 2000; Douglas, *Science, Policy, and the Value-Free Ideal*; Elliot and Richards, *Exploring Inductive Risk.*

195. Stern, *The Economics of Climate Change*; Stern, *Why Are We Waiting?*; Nordhaus, *The Climate Casino.*

196. Brandt, *The Cigarette Century*; Proctor, *Golden Holocaust*; Michaels, *Doubt Is Their Product*, 2008; Oreskes and Conway, *Merchants of Doubt.*

197. Pearce et al., "Beyond Counting Climate Consensus."

198. Wynne, "Misunderstood Misunderstanding", p. 301.

199. Stark, *Behind Closed Doors*, p. 10.

200. "Gender Diversity in Senior Positions and Firm Performance." Discussed in Emily Chang, *Brotopia*, p. 251.

201. Heather Douglas, *Science, Policy, and the Value-Free Ideal.*

202. 常有人以此論點說明物理研究不需要多元化，Karen Barad 的著作 *Meeting the Universe Halfway* 討論了這點，書的開篇是 Alice Fulton 的美麗詩句：「因為我們沒有預料到的真實，很難突顯自己的存在……」

203. 我在其他著述中論及，第二次世界大戰如果沒有發生，大陸漂移理論可能在一九四〇年代就被接受了。但無論如何，當一九五〇年代晚期至六〇年代新資訊逐漸出現時，地球科學家還是擁抱了這些資訊，並快速發展出板塊構造理論。
Oreskes, *Science on a Mission: American Oceanography in the Cold War and Beyond.*

204. Duesberg, "Peter Duesberg on AIDS."

205. 迪斯貝格在個人網站上堅稱他的同行們不願意討論，並藉此要求研究資金，但他的大量發表記錄否定了這種說法。可能是因為他找不到經費支持他的研究假說，但經費本來就很競爭，審查人不想把錢花在他們認為不太會有成果的研究上也是合情合理。再次強調，他的同行可能判斷錯誤，但這跟打壓異議不一樣。

尾聲

1. Zycher, "The Absurdity That Is the Paris Climate Agreement."

2. 在這點上哲學家 Dale Jamieson 很有說服力。見：Jamieson, *Reason in a Dark Time*; and also Howe, *Behind the Curve.*

3. Heather Douglas 引用 Herrick, "Junk Science and Environmental Policy" 說明這點：批評者使用「垃圾科學」一詞來誹謗一些研究，來避免這些研究造成他們不樂見的影響，見：Douglas, *Science, Policy, and the Value-Free Ideal*, p. 11。不過她忽略了一點，這個詞並沒有被廣泛使用，而是由「產業」團體大肆宣揚，意在中傷會對他們產品與活動有不利影響的科學。同樣地，菸草產業也宣傳「真科學」這個詞，這樣就可以把他們想要毀謗的科學說成偽科學。它們透過公關公司的協助，創立了「真科學進展聯盟」，見：Oreskes and Conway, *Merchants of Doubt*. pp. 150–52。

4. Leiserowitz and Smith, "Knowledge of Climate Change across Global Warming's Six Americas"; 也可參考：Oreskes and Conway, *Merchants of Doubt*.

5. Moore, *Disrupting Science,* p. 23; Jewett, *Science, Democracy, and the American University*, particularly pp. 366–67.

6. Oreskes and Conway, *Merchants of Doubt*; Posner, *A Failure of Capitalism*; Brulle, "Institutionalizing Delay"; Dunlap and Brulle, *Climate Change and Society*; McCright and Dunlap, "Challenging Global Warming as a Social Problem"; McCright and Dunlap, "Social Movement Identity and Belief Systems."

7. Deen, "U.S. Lifestyle Is Not up for Negotiation"; "A Greener Bush."

8. Leiserowitz and Smith, "Knowledge of Climate Change across Global Warming's Six Americas."

9. Antonio and Brulle, "The Unbearable Lightness of Politics."

10. Numbers, *Galileo Goes to Jail and Other Myths about Science and Religion*, ch. 20.

11. K. Miller, *Only a Theory*, p. 139. 也可參考：Miller, *Finding Darwin's God*.

12. Proctor, *Value-Free Science?*; Douglas, *Science, Policy, and the Value-Free Ideal*.

13. Shapin, *A Social History of Truth*; Weber, "Science as a Vocation."

14. 例如 Siegrist, Cvetkovich, and Gutscher, "Shared Values, Social Trust, and the Perception of Geographic Cancer Clusters" 這篇論文提到，已經有研究證明癌症在統計上群集出現與致癌原因無關，但有些人儘管看過這些證據仍然不相信這點，原因之一是他們不信任公共衛生專家。

15. Merton, "Science and the Social Order," p. 329。也可參考以下討論：Dant, *Knowledge, Ideology, Discourse*，以及：Mazotti, *Knowledge as Social Order*.

16. Daniels, "The Pure-Science Ideal and Democratic Culture"; Kevles, *The Physicists*; England, *A Patron for Pure Science. The National Science Foundation's Formative Years, 1945–57. NSF 82–24*; Greenberg, Maddox, and Shapin, *The Politics of Pure Science*.

17. Merton, "Science and the Social Order," p. 328.

18. Proctor, *Value-Free Science?*; Longino, *The Fate of Knowledge*; Douglas, *Science, Policy, and the Value-Free Ideal*.

19. Heilbron, *The Sun in the Church*.

20. Merton, *Science, Technology & Society in Seventeenth-Century England*.

21. Oreskes, *Science on a Mission*.

22. Oreskes and Krige, *Science and Technology in the Global Cold War;* Fleming, *Fixing the Sky*; Fleming, *Meteorology in America, 1800–1870*; Kohler, *Partners in Science*; H. S. Miller, *Dollars for Research*.

23. 除非價值是因為錯誤的知識而產生，事實上我認為很多否認氣候變遷的想法都是如此。右翼評論者如 Rush Limbaugh、

Glenn Beck 及許多卡托研究所的成員相信 Frederick von Hayek 的理論，認為社會民主主義最終一定會導致集權，但 *The Road to Serfdom* 一書出版之後，這種想法已經被證明是錯的，參見以下討論：*Collapse of Western Civilization*。同樣地，許多美國住在鄉下的人不喜歡「大政府」和聯邦所得稅，因為他們認為政府計畫大部分都用在城市。事實上研究顯示，用每人平均算起來，聯邦經費補助更多用在鄉下。見：Reeder and Bagi, "Federal Funding in Rural America Goes Far Beyond Agriculture," and Olson, "Study: Urban Tax Money Subsidizes Rural Counties."

24. 就讀研究所時我曾問指導教授，單一作者的論文在文中該如何自稱？他告訴我要盡量避免自稱，讓數據說話，例如「證據顯示」、「數據指出」、「結果證明」；要使用被動語法：「礦砂沉積物是由高溫液體產生的……」；如果以上都沒辦法做到的話，就使用高貴的「我們」。現今大部分的科學論文都由多位作者合寫，所以「我們」不再是問題。但從這種模式可以看出為何被動語法在科學寫作中那麼常見。

25. Daston and Galison, *Objectivity*。這關係到「不是某方觀點」的理想：讓論文作者隱身，是客觀知識的理想表達方式。

26. 記者指出，許多聖經經文寫道只有上帝知道末日何時降臨，凡夫俗子不該冒昧評論，可以參考：https://www.openbible.info/topics/when_the_world_will_end。Katherine Hayhoe 指出，在帖撒羅尼迦前書 4:9-12、帖撒羅尼迦後書 3:6-16，保羅明確提到這點：「許多人相信，帖撒羅尼迦會眾因為相信末日快要來臨，而不再作工，他們可能認為已經身處上帝的王國而不再需要作工，或可能覺得耶穌隨時都會再臨，作工不重要了。寫給帖撒羅尼迦教會的這兩封信對誤解末日何時降臨討論了很多，有趣的是，在帖撒羅尼迦前書 4:9-12、帖撒羅尼迦後書 3:6-16 這些討論懶散的段落，都是在討論末日時提到的。」（摘自與 Hayhoe 的電郵通訊。）因此就算末日真的即將來臨，懶散和自恃也不可取。另一位記者建議我對基本教義派的基督徒說，如果耶穌再臨時，發現我們這樣亂搞天父的創造，他會不高興。相關討論參見：Mooney, "How to Convince Conservative Christians That Global Warming Is Real."

27. Dietz, "Bringing Values and Deliberation to Science Communication"; 也可參考：Fischhoff, "The Sciences of Science Communication"; National Academies of Sciences, *Using Science to Improve Science Communication.*

28. Heather Douglas 也討論過相似的論點，不過脈絡不太一樣。她指出，「沒有價值」的理想不但不可能達成（這我同意），而且還不值得追求（我也同意，但出於不同原因）。她認為科學不應該價值中立，因為做為一種活動，科學不該置身於社會之外。如果科學要成為民主社會中合理的一部分，科學家就「必須思考他們的研究會造成什麼影響，這是我們的基本責任之一。」見：Douglas, *Science, Policy, and the Value-Free Ideal*, p. 15。可能她是對的，但我之所以不相信價值中立另有原因，主要如下：科學家做為一個個個人，需要表達和分享他們的價值觀，才能與其他公民連結，建立信任。次要原因則是，我們不可能（也不應該）真的做到價值中立，說要去做一件做不到的事情，顯示我們要嘛愚蠢天真，要嘛就是在說謊。這絕非建立信任的好方法。

29. 例如："Shaping Tomorrow's World: Our Values"。科學家與

科學懷疑論者透過價值觀彌合信任鴻溝的實際案例，見：Webb and Hayhoe, "Assessing the Influence of an Educational Presentation on Climate Change Beliefs at an Evangelical Christian College."

30. Berlin, *Two Concepts of Liberty*。也可參見以下討論：Baum and Nicols, *Isaiah Berlin and the Politics of Freedom,* p. 43。林肯有言：「我們都相信自由，但每個人在使用同樣這個詞的時候，意思不盡相同……牧羊人驅逐狼，羊群感謝牧羊人，認為他是解放者，但狼譴責他，說這是破壞自由的行為。」

31. Prothero, *Religious Literacy.*

32. Stern, *Report on the Economics of Climate Change.*

33. 見：Melville Press 出版的 Pope Francis, *Encyclical on Climate Change and Inequality*，我的導讀第四頁。

34. Intergovernmental Panel on Climate Change, *Global Warming of 1.5 °C.*

第三章

1. Daniel Engber 詳盡描述了羅賓森針對科學的恐怖行徑。羅賓森曾和鮑林合作過一次，受過科學訓練，在家裡弄了個實驗室，也是重要的氣候科學懷疑論者。見：Engber, "The Grandfather of Alt-Science."

2. 科學和科技（或機器）之間有一種「向下」滲透的關係，這種想法背後其實有一些假定。在此我直接採納這些假定，因為它太普遍了。對這個想法的批判和質問，見：Pisano and Bussati, "Historical and Epistemological Reflections."

3. 許多科技史學家，包括 Ruth Schwartz Cowan 和 Priscilla

Brewer，都曾探討過日常生活科技的使用情況和意義，不過他們沒有強調瓦斯爐和吸塵器背後高深的科學原理。科技史學者更感興趣的，反而是使用者如何改造和理解科技與科技變遷。也可以參考 Jane Busch 一九八三年針對瓦斯和電磁爐寫的一篇有趣論文，不過他同樣沒有強調科學觀念對瓦斯爐的行銷和製造都很重要。

4. Engdahl and Lidskog, "Risk Communication and Trust" 一文指出，信任不只關乎理性與認知，也關乎情緒，而目前對公共信任的討論「被理性主義的偏見局限了，強調信任的認知－思考面向，而忽略情緒面向。」（頁 704）他們的研究致力於建構一個能解釋情緒元素的信任理論。

5. 案例參見：Cartwright, *Hunting Causes and Using Them: Approaches in Philosophy and Economics.*

6. 想想 Hofstadter, *Anti-Intellectualism in American Thought.*

7. Wynne, *Risk Management and Hazardous Wastes* 強調關係會影響信任，在分析公眾對科學的信任時，情緒－理性的二分法完全是誤導。

8. 見：Mitchell, *Test Cases: Reconfiguring American Law, Technoscience and Democracy in the Nuclear Pacific.*

9. Crawford, "Internationalism in Science."

10. 關於純潔追求以及新型態的「科學主義」，見：Shapin, "The Virtue of Scientific Thinking."

11. http://www.vqronline.org/essay/technology-history-and-culture-appreciation-melvin-kranzberg.

12. Wang, "Physics, Emotion, and the Scientific Self."

13. 一九五四年七月九日波拉德寫給原子能委員會主席 Thomas

E. Murray 的信，副本給史邁司，資料來自費城美國哲學學會史邁司檔案。波拉德是在回覆 Murray 剛發表的聲明，聲明中指出科學家如果有從事任何型態的國防研究，就應該潔身自愛，不要和可疑分子有所往來。波拉德認為，這對在大學中執教的科學家而言「不可能做到」，他們沒辦法辨別學生是否忠誠。波拉德說這種期待可能導致許多大學中的科學家不再從事與國防相關的研究。

14. 一九五四年七月九日波拉德寫給原子能委員會主席 Thomas E. Murray 的信，副本給史邁司，資料出自費城美國哲學學會史邁司檔案。

15. Galison, "Removing Knowledge."

16. Wang, *American Science in an Age of Anxiety*; Wang, "Physics, Emotion, and the Scientific Self."

17. 見下文史坦貝格。

18. Wang, *American Science in an Age of Anxiety*; Moore, *Disrupting Science*; Bridger, *Scientists at War*.

19. Freire, "Science and Exile."

20. 史邁司蒐集了大眾對他研究與想法的反應，資料出自費城美國哲學學會史邁司檔案。

21. 一九五三年十二月十一日史坦貝格寫給兒童醫學研究基金會 Sydney Farber 醫師的信。信中概述了針對他的指控和謠言，資料出自費城美國哲學學會史坦貝格檔案。基金會原本在考慮聘請史坦貝格，但最後他沒有拿到這份工作，原因是會長聽到謠言說史坦貝格同情共產黨，儘管史坦貝格對這些謠言全部否認。

22. 見費城美國哲學學會史坦貝格檔案。二十世紀的科學家甚至曾遭監禁。例如遺傳學家 Richard Goldschmidt，他在第一次大戰期間被懷疑同情德國。還有細胞遺傳學家 Masuo Kodani，二次大戰期間，他在曼贊納的日本人拘留營研究橡膠。 見：Richmond, "A Scientist during Wartime"; Smocovitis, "Genetics behind Barbed Wire".

23. 盧瑞亞對冷戰時期科學界緊張局勢的觀點，參見：Selya, *Salvador Luria's Unfinished Experiment.*

24. Probstein, "Reconversion and Non-Military Research Opportunities," 52.

25. Gusterson, *Testing Times*; Aaserud, "Sputnik and the 'Princeton Three'"; Cloud, "Imaging the World in a Barrel."

26. 見我指導的博士生 Kathryn Dorsch 的研究，即將出版。

27. Engber, "The Grandfather of Alt-Science."

28. Haraway, "Situated Knowledges," 598.

29. Haraway, "Situated Knowledges," 579.

30. Shapin, "What Else Is New?".

31. Edgerton, *The Shock of the Old Technology and Global History since 1900.*

32. 雖然和冷凍豌豆沒什麼關係，但關於冷凍科學的研究，可以參見：Radin, *Life on Ice.*

回應

1. Oreskes, *Science on a Mission: American Oceanography from the Cold War to Climate Change.*

2. 關於對知識進展保有控制權，見 Forman, "Behind Quantum Electronics."

3. Bloor, *The Enigma of the Aerofoil* 一書中舉了幾個例子。

4. "Perceptions of Science in America."

5. Wazeck, *Einstein's Opponents*.

6. Oppenheimer et al., *Discerning Experts*; 以及 Wolfe and Sharp, "Anti Vaccinationists Past and Present."

7. Cook, Ellerton, and Kinkead, "Deconstructing Climate Misinformation to Identify Reasoning Errors"; Cook, Lewandowsky, and Ecker, "Neutralizing Misinformation through Inoculation"; Linden et al., "Inoculating against Misinformation"; Linden et al., "Inoculating the Public against Misinformation about Climate Change."

8. Layton, "Mirror-Image Twins."

第四章

1. Hume, *A Treatise of Human Nature*, bk. 1, pt. 3, sec. 6; Hume, *An Enquiry Con-cerning Human Understanding*, secs. 4–5.

2. Descartes, *Meditations on First Philosophy.*

3. Sextus Empiricus, *Against the Logicians*, p. 179.

4. Sellars, "Empiricism and the Philosophy of Mind," sec. 38.

5. Lange, "Hume and the Problem of Induction."

6. Sellars, "Some Reflections on Language Games," p. 355; cf. Lange, "Would Direct Realism Resolve the Classical Problem of Induction?"

7. 我要感謝一位匿名審稿人，好心建議我把這點講更清楚一點。

8. Kuhn, *The Structure of Scientific Revolutions.*

9.　Galilei, *Two New Sciences*, p. 167.

10.　Meli, "The Axiomatic Tradition in Seventeenth-Century Mechanics."
一六四三年十月，Marin Mersenne 在寫給 Theodore Deschamps
的信中提到了這些競爭想法。Deschamps 在回信中用同樣的
方法論證法布里和勒開澤都是錯的。見：Palmerino, "Infinite
Degrees of Speed: Marin Mersenne and the Debate over Galileo's
Law of Free Fall," pp. 295–96。我依照 Palmerino 優雅的方式
來呈現這個論證。

11.　關於因次齊一的細節，見：Lange, *Because without Cause*, ch.
6 及該書註解。

12.　關於自由落體的理論，伽利略的奇數定則並不是唯一符合因
次齊一的。奇數定則指出，在第 n 段時間，物體移動的距離
會是第一段時間的 2n-1 倍。想想看如果有條法則說，物體
移動的距離是第一段時間的 $3n^2$-3n+1 倍，在此理論中，連
續時段內的移動距離是 1s, 7s, 19s, 37s, 61s, 91s……這跟伽利
略的定則一樣符合因次齊一。例如如果時間間隔加為兩倍，
這個理論給出的距離會是 8s (=1s+7s), 56s (=19s+37s), 152s
(=61s+91s)……而 8：56：152 等於 1：7：19。因此，伽利
略關於單位的論點雖然可以為奇數定則排除某些競爭對手，
但並無法排除所有的競爭對手。

13.　Newport, "In U.S., 46% Hold Creationist View of Human Origins."

14.　Horowitz, "Paul Broun: Evolution, Big Bang 'Lies Straight From
the Pit of Hell.'"

15.　Hoffman, "Climate Science as Culture War."

16.　Goodman, *Fact, Fiction, and Forecast*, pp. 59–83.

17.　Laudan, "The Demise of the Demarcation Problem."

18.　　Laudan, "A Confutation of Convergent Realism."

第五章

1.　　見：https://www.epa.gov/sites/production/files/2017–10/
　　　documents/ria _proposed-cpp-repeal_2017–10.pdf，二〇一七年
　　　十一月三十日取得檔案。

2.　　Beck, *Risk Society*, 21.

3.　　Kowarsch et al., "A Road Map for Global Environmental
　　　Assessments" 一文說明，許多決策者和利害關係人已經於二
　　　〇一五年的巴黎協定擬定積極減緩氣候變遷的目標，他們希
　　　望未來聯合國政府間氣候變遷專門委員會提出的評估報告更
　　　聚焦於評估解決問題的特定政策選項，而非分析問題本身。

4.　　Sarewitz, "How Science Makes Environmental Controversies
　　　Worse."

5.　　有些人錯信社會科學和人文學科無法客觀評估政策走向及實
　　　際影響，或（出於道德原因）不該這麼做，原因包括：一、
　　　從理論上假設社會過程不可能得到審慎引導，導致某種形式
　　　上對政策普遍抱持懷疑。二、倫理相對主義和激進的建構主
　　　義，認為任何政策評估的評判基礎都很有問題，純粹是出於
　　　「主觀」價值在做判斷。三、只著眼於近年來影響大部分科
　　　學與科技研究的政策和權力結構。我們不認為應該基於這些
　　　理由反對可以促成政策學習過程的科學政策分析。

6.　　法國哲學家、數學家、物理學家帕斯卡（Blaise Pascal,
　　　1623–62）提出這個賭注的概念時，想討論的是神學。

7.　　IPCC, *Climate Change 2014*.

8.　　E.g., Koch et al., "Politics Matters."

9. Kowarsch et al., "A Road Map for Global Environmental Assessments."

10. Edenhofer and Kowarsch, "Cartography of Pathways."

11. Kowarsch, *A Pragmatist Orientation for the Social Sciences in Climate Policy*, ch. 5.

12. Kowarsch, *A Pragmatist Orientation for the Social Sciences in Climate Policy*, ch. 6.

13. 歐蕾斯柯斯提供了一個精彩的例子，天主教會支持天文學研究，目的是要更準確地計算復活節的日期。

14. 詳細討論見：Putnam, *The Collapse of the Fact/Value Dichotomy and Other Essays* and Kowarsch 2016, sec. 6.2.3.

15. Edenhofer and Kowarsch "Cartography of Pathways"; Kowarsch, *A Pragmatist Orientation for the Social Sciences in Climate Policy*.

回應

1. Oreskes and Conway, *Merchants of Doubt*.

2. Oppenheimer et al., *Discerning Experts*.

3. Proctor, *Value-Free Science?*

4. Pope Francis, *Encyclical on Climate Change and Inequality*.

第六章

1. Bhattacharjee, "The Mind of a Con Man."

2. Bem, "Feeling the Future."

3. Yong, "A Failed Replication."

4. Lehrer, "The Truth Wears Off."

5.　Vul et al., "Puzzlingly High Correlations."

6.　Lehrer and Vul, "Voodoo Correlations."

7.　Zimbardo, "The Stanford Prison Experiment."

8.　Reicher and Haslam, "Rethinking the Psychology of Tyranny."

9.　Festinger, *A Theory of Cognitive Dissonance*.

10.　Lord, Ross, and Lepper, "Biased Assimilation and Attitude Polarization."

11.　Miller et al., "The Attitude Polarization Phenomenon."

12.　Carey, "Many Psychology Findings Not as Strong as Claimed."

13.　LaCour and Green, "When Contact Changes Minds."

14.　Carey and Belluck, "Doubts about Study of Gay Canvassers."

15.　Mathews, "Papers in Economics 'Not Reproducible.' "

16.　案例請見：Barone, "Why Political Polls Are So Often Wrong."

17.　Baker, "Biotech Giant Publishes Failures to Confirm High-Profile Science."

18.　Open Science Collaboration, "Estimating the Reproducibility of Psychological Science."

19.　Prinz, Schlange, and Asadullah, "Believe It or Not."

20.　Walter, "Call to Arms on Data Integrity."

21.　Koricheva and Gurevitch, "Uses and Misuses of Meta-analysis in Plant Ecology"; Jennions and Møller, "Relationships Fade with Time."

22.　Freedman, Cockburn, and Simcoe, "The Economics of Reproducibility in Preclinical Research"; Freedman, "Lies, Damned Lies, and Medical Science."

23.　Ioannidis, "Why Most Published Research Findings Are False."

24. John, Loewenstein, and Prelec, "Measuring the Prevalence of Questionable Research Practice."

回應

1. 關於心理學的再現性危機，見：Yong, "Psychology's Replication Crisis Is Running out of Excuses"; Bishop, "What Is the Reproducibility Crisis in Science and What Can We Do about It?"; "Oxford Reproducibility Lectures."

2. 關於撤銷危機，見：Brainard and You, "What a Massive Database of Retracted Papers Reveals about Science Publishing's 'Death Penalty.'"

3. Gonzales and Cunningham, "The Promise of Pre-Registration in Psychologi-cal Research"; Nosek and Lindsay, "Preregistration Becoming the Norm in Psycho-logical Science."

4. https://www.nature.com/articles/d41586-019-00857-9.

5. 二〇一八年，一群心理學家及其他科學家提議把統計顯著的標準從 0.05 提高到 0.005，藉此解決再現性問題。在我看來這種解決方式特別容易走上歧途：https://psyarxiv.com/mky9j/?_ga=2.29887741.370827084.1500902659-399963933.1500902659。只能希望這些科學家有讀到二〇一九年《自然》這篇論文。

6. Lewandowsky et al., "Seepage and Influence: An Evidence-Resistant Minority Can Affect Scientific Belief Formation and Public Opinion"; Lewandowsky et al., "The 'Pause' in Global Warming in Historical Context"; Lewandowsky et al., "Seep-age"; Lewandowsky, Risbey, and Oreskes, "The 'Pause' in

Global Warming"; Lewandowsky, Risbey, and Oreskes, "On the Definition and Identifiability of the Alleged 'Hiatus' in Global Warming"; Risbey et al., "A Fluctuation in Surface Temperature in Historical Context"; Risbey et al., "Well-Estimated Global Surface Warming in Climate Projections Selected for ENSO Phase."

7. Kennedy, "Why Did Earth's Surface Temperature Stop Rising in the Past Decade?"

8. Risbey et al., "A Fluctuation in Surface Temperature in Historical Context"; Mooney, "Ted Cruz Keeps Saying That Satellites Don't Show Global Warming. Here's the Problem"; Richardson, "Climate Change Whistleblower Alleges NOAA Manipulated Data to Hide Global Warming 'Pause' "; Taylor, "Global Warming Pause Extends Underwhelming Warming."

9. Daniele Fanelli, "How Many Scientists Fabricate and Falsify Research?"。這篇研究調查了 1 萬 1,000 多位科學家，發現約 2%（實際數字是 1.97%）在其學術生涯中至少造假一次。我不清楚這個數字和醫生、律師、會計、投資顧問比起來怎麼樣，但如果數字正確，那麼 98% 的科學家都非常誠實，這個比例在我看來算是挺不錯的。然而同篇研究也表示：「高達 33.7% 的科學家承認他們在執行研究時用過不恰當的方法。」顯然我們得仔細研究一下什麼叫不恰當的方法。

10. http://www.bbcprisonstudy.org/。我們真該調查一下 BBC 執行這項研究背後的金主是誰。

11. 一個嘗試再現此實驗的研究指出，受試者是否自願參與實驗，是影響結果的重要因素之一，而且招募受試者的

廣告文字稍微更改，可能對結果造成很大的影響。https://
journals.sagepub.com/doi/abs/10.1177/0146167206292689?ca
sa_token=6YVE-o6G9BsAAAAA%3AwT8rDXdHa6jJp7vrqXo
2bnPFOiCM5w7FFgrF26XsBlrJ7uJicqAlf3w3d3SLLxPWaeuyn-
QMViuC。這提醒我們，相較於物理、化學、地質等學科，
心理學的實驗結果比較可能出現難以再現的問題，因為人性
就是如此多變且充滿主觀因素。史丹佛大學的實驗讓我們得
知有些人在某些時間、某些特定的環境下會出現一些引人深
究的反應，但當環境出現一點點變化時結果可能不同，這兩
者是可以同時接受的。

12. Phillips, "The Female Mathematician Who Changed the Course
of Physics—but Couldn't Get a Job."

13. Alberts et al., "Self-Correction in Science at Work."

14. 這就是為何菸草產業長久以來堅稱相關科學還沒達到共識，
如果真的是這樣，就有理由讓政府暫緩菸草管制。見：Brandt,
"Inventing Conflicts of Interest"。但從另一方面來說，如果已
經有顯著的證據能證明菸草對健康有害，政府理當展開行
動，保護大眾健康，就算還沒有完全達成科學共識也一樣。

15. Hill, "The Environment and Disease: Association or Causation?"

16. 針對這個論點更詳盡的論述，可以參考以下對石油與天然氣
產業的討論：Oreskes, "Reconciling Representation with Reality."

17. Frederickson and Losada, "'Positive Affect and the Complex
Dynamics of Human Flourishing': Correction to Fredrickson and
Losada (2005)."

18. Brown, Sokal, and Friedman, "The Complex Dynamics
of Wishful Thinking"; Brown, Sokal, and Friedman, "The

Persistence of Wishful Thinking."

19. 完整討論見：Friedman and Brown, "Implications of Debunking the 'Critical Positivity Ratio' for Humanistic Psychology."

20. Steen, Casadevall, and Fang, "Why Has the Number of Scientific Retractions Increased?"

21. Fang, Steen, and Casadevall, "Misconduct Accounts for the Majority of Retracted Scientific Publications."

22. 我的同事 Alex Csiszar 研究過科學發表的歷史，感謝他與我分享他的觀點。

23. Steen, Casadevall, and Fang, "Why Has the Number of Scientific Retractions Increased?"

24. "Retraction Watch."

25. 古生物學的新聞常常會被撤銷，但通常是非科學的媒體報導尚未發表的發現，被科學家揭發是徹底假造。（通常是假化石。）例如：Pickrell, "How Fake Fossils Pervert Paleontology." 古生物學中的一樁造假事件在科學史中非常有名：皮爾當人。這再次說明了為何受到大眾歡迎的領域更常會出現欺騙與造假。

26. Siegel et al., "Methane Concentrations in Water Wells Unrelated to Proximity to Existing Oil and Gas Wells in Northeastern Pennsylvania."

27. Oreskes et al., "Viewpoint"; Tollefson, "Earth Science Wrestles with Conflict-of-Interest Policies."

28. Darrah et al., "The Evolution of Devonian Hydrocarbon Gases in Shallow Aquifers of the Northern Appalachian Basin."

29. 我這裡講得非常客氣。拿產業資助的研究如果一直延續戰場，對本來已經討論完的問題不斷糾纏，是會造成惡性影響的。當然這件事很難判斷，因為沒辦法做「控制實驗」：在沒有產業參與的情況下蒐集相同的數據來驗證。

30. Myers et al., "Why Public Health Agencies Cannot Depend on Good Laboratory Practices as a Criterion for Selecting Data"; Saal et al., "Flawed Experimental Design Reveals the Need for Guidelines Requiring Appropriate Positive Controls in Endocrine Disruption Research."

31. 一個有爭議的例子是 Gilles Seralini 等人關於基因改造玉米和年年春除草劑在老鼠身上作用的論文，論文撤銷理由是研究結果「沒有定論」，許多科學家認為因為這種理由就撤銷並不合理，後來這篇論文發表在其他期刊上，詳見：Oransky, "Retracted Seralini GMO-Rat Study Republished"。後來發現是年年春的製造商孟山都設計讓該篇論文撤銷（就算不是蓄意，也可以說是他們的影響力造成），見：McHenry, "The Monsanto Papers"。

32. Brandt, *The Cigarette Century*; Proctor, *Golden Holocaust*; Michaels, *Doubt Is Their Product*, 2008; Oreskes and Conway, *Merchants of Doubt*。二〇一三年開始，BMJ、Heart、Thorax 以及 BMJ Open 等期刊不再接受由菸草產業贊助的研究。編輯群在編輯前言中表示：「菸草產業所作所為遠非促進知識，而是處心積慮利用研究來製造無知，以促成它們的終極目標，也就是在販售致死性產品同時維護他們已經岌岌可危的正當性。」見：Godlee et al., "Journal Policy on Research Funded by the Tobacco Industry."

33. Dugan, "In U.S., Smoking Rate Hits New Low at 16%." 也可參

考：https://news.gallup.com/poll/237908/smoking-rate-hits-new-low.aspx

34. Michaels, *Doubt Is Their Product*, 2008。也可參考 Markowitz and Rosner, *Deceit and Denial*; Markowitz and Rosner, *Lead Wars*。Fanelli 在 How Many Scientists Fabricate and Falsify Research? 這篇文章中指出「醫療／醫藥研究人員比其他領域的科學家更常舉報不當行為。」這點可以支持以下說法：生醫領域中的不當行為，可能出於醫學研究的高度競爭，或是投資研究有利可圖帶來的不良影響，或以上兩者皆是。

35. Michaels, *Doubt Is Their Product*, 2008; Michaels and Monforton, "Manufac-turing Uncertainty"; Oreskes et al., "Viewpoint," July 7, 2015.

36. Franta and Supran, "The Fossil Fuel Industry's Invisible Colonization of Academia."

37. 關於仿科學的完整討論，見：Oreskes, "Systematicity Is Necessary but Not Sufficient: On the Problem of Facsimile Science," *Synthèse*, https://link.springer.com/article/10.1007/s11229-017-1481-1.

38. Oberhaus, "Hundreds of Researchers from Top Universities Were Published in Fake Academic Journals."

39. 關於菸草產業開辦或贊助的期刊，見：Proctor, *Golden Holocaust.*

40. Public Health Law Center, "United States v. Philip Morris (D.O.J. Lawsuit)"; Campaign for Tobacco-Free Kids, "Tobacco Companies Ordered to Place Statements about Products' Dangers on Websites and Cigarette Packs."

344

41. Oberhaus, "Hundreds of Researchers from Top Universities Were Published in Fake Academic Journals."

42. Carey, "A Peek Inside the Strange World of Fake Academia"; Wikipedia, "Predatory Conference."

43. Oberhaus, "Hundreds of Researchers from Top Universities Were Published in Fake Academic Journals." 在原始研究中,科學家弄出了一篇牛頭不對馬嘴的論文,投稿到這類期刊,還被接受了,參見:https://www.daserste.de/information/reportage-dokumentation/dokus/videos/exclusiv-im-ersten-fake-science-die-luegenmacher-englische-version-video-100.html。正經的期刊當然也可能發表沒道理的論文,這點已經由知名的索卡騙局示範過了,我前面討論的「關鍵正向比例」也是。但要注意,被索卡矇騙的期刊是 Social Text,它並沒有同儕審查機制。幾年前索卡就住在我家樓上,我問他為什麼不投稿到同儕審查的期刊,例如《科學活動社會學研究》(Social Studies of Science,因為他說科學活動研究這個領域通常都是在胡謅。)他說:「哦,我知道審查人讀了發現這是胡謅,就會拒絕刊登。」這讓我確認了一件事:索卡顯然不認為他能騙過同儕審查。

44. Open Science Collaboration, 2015. "Estimating the Reproducibility of Psychological Science," Science. 349: 943.

45. "Comment: Raise Standards for Preclinical Cancer Research." Begley, C. Glenn and Ellis, Lee M., 2012. Nature 483: 531–533.

46. 未來的研究可以檢視不同的社會、知識、政治環境,分別會對哪些科學領域導致哪些問題,朝這個方向去探討會很有助益。例如對於氣候科學來說,有保守派的反對勢力,氣候科學家在社會的壓力和敵意之下，必須謹言慎行，我和同事稱之為「錯在不夠誇張」（Brysse et al., 2013）。對於腫瘤學，特別是在私部門的研究型實驗室中，壓力來源完全不同，他們必須求快，當上第一個證明某種藥物的人。

47. "Comment: Raise Standards for Preclinical Cancer Research." Begley, C. Glenn and Ellis, Lee M., 2012. *Nature* 483: 531–533, on p 532.

後記

1. 對此情況的一種觀點，見：Pomerantsev, "Why We're Post-Fact."

2. 氣候變遷的全球觀點，見：Ghosh, *The Great Derangement.*

3. Trump, "The Concept of Global Warming Was Created by and for the Chinese in Order to Make U.S. Manufacturing Non-Competitive"。也可參考 Jacobson, "Did Trump Say Climate Change Was a Chinese Hoax?"，以及 Zurcher, "Does Trump Still Think It's All a Hoax?"。在懷疑氣候變遷的真實性、貶抑氣候科學上，川普先生跟隨了許多共和黨政治人物的腳步。這包括了奧克拉荷馬州的參議員 James Inhofe，他為了駁斥氣候變遷，曾經不要臉地把一顆雪球弄到議會裡。還有德州參議員 Ted Cruz，他一再堅持全球暖化已經停下來了，儘管實際上無數科學證據顯示情況正好相反，而許多科學家都在竭力傳達實際情況。見：C-SPAN, *Sen. James Inhofe (R-OK) Snowball in the Senate.* Mooney, "Ted Cruz Keeps Saying That Satellites Don't Show Global Warming. Here's the Problem"。卡托研究所等智庫長期以來都在鼓勵大眾懷疑氣候變遷和氣

候科學，他們也學會利用全球暖化已經停止這種說法。見：Bastasch and Maue, "Take a Look at the New 'Consensus' on Global Warming."

4. Smith, "Vaccine Rejection and Hesitancy."

5. "Where Is Glyphosate Banned?";"IARC Monographs Volume 112: Evaluation of Five Organophosphate Insecticides and Herbicides."

6. Oppenheimer et al., *Discerning Experts*.

7. Rudwick, *The Great Devonian Controversy*.

8. Gross and Levitt, *Higher Superstition*.

9. Wang et al., "Recent Advances on Endocrine Disrupting Effects of UV Filters."

10. Downs et al., "Toxicopathological Effects of the Sunscreen UV Filter, Oxybenzone (Benzophenone-3), on Coral Planulae and Cultured Primary Cells and Its Environmental Contamination in Hawaii and the U.S. Virgin Islands"。也可參考："Oxybenzone 一Substance Information."

11. Gabbard et al., *Relating to Water Pollution*。這項禁令也禁止在沒有醫囑的情況下販售含有桂皮酸鹽的防曬乳，桂皮酸鹽已經被指出對珊瑚有毒，見：Schneider and Lim, "Review of Environmental Effects of Oxybenzone and Other Sunscreen Active Ingredients."

12. Jacobsen, "Is Sunshine the New Margarine?"

13. 他們也表示：「美國食藥署已經同意兩種防曬乳中的有效成分都安全且有效。」FDA 的管制太寬鬆，對內分泌干擾物質尤其如此，但這是另一個議題。FDA 允許防曬乳使用的成分請見：Code of Federal Regulations Title 21。有些在美國可以販賣的藥妝產品成分有疑慮，在其他國家是被禁止的，見：Becker, "10 American Beauty Ingredients That Are Banned in Other Countries"。目前桂皮酸鹽在美國和歐洲都可以加在防曬乳中，濃度最高 6%。

14. Perez, Musini, and Wright, "Effect of Early Treatment with Anti-Hypertensive Drugs on Short and Long-Term Mortality in Patients with an Acute Cardiovascular Event"。以下這篇文章建議，要研究血壓對心血管健康的長期影響，應該使用多組樣本，來減少短期變因扭曲數據："Age-Specific Relevance of Usual Blood Pressure to Vascular Mortality."

15. Consensus Development Panel, "National Institutes of Health Summary of the Consensus Development Conference on Sunlight, Ultraviolet Radiation, and the Skin. Bethesda, Maryland, May 8–10, 1989."

16. 澳洲防癌協會，"Position Statement—Sun Exposure and Vitamin D—Risks and Benefits—National Cancer Control Policy."

17. 同前引文。「秋末及冬季，在澳洲紫外線指數小於三的地區，不建議防曬。為了維持維生素 D 合成，建議民眾在這段時間中午盡量於室外活動，且不要讓衣物完全遮蓋身體。在戶外活動可以進一步幫助身體保持維生素 D。」

18. 澳洲防癌協會，"SunSmart."

19. "Sunscreen Fact Sheet."

20. 同前引文。

21. 不曬太陽的淨風險，見：Lindqvist et al., "Avoidance of Sun Exposure as a Risk Factor for Major Causes of Death."

參考書目

第一章

Agrawal, Arun. "Dismantling the Divide between Indigenous and Scientific Knowledge." *Development and Change* 26, no. 3 (July 1, 1995): 413–39. https://doi.org/10.1111/j.1467–7660.1995.tb00560.x.

Ayer, Alfred J. *Language, Truth and Logic*. 2nd edition. New York: Dover Publications, 1952.

Banerjee, Neela, Lisa Song, and David Hasemyer. "Exxon: The Road Not Taken." *InsideClimate News*, September 15, 2015. http://insideclimatenews. org/content/exxon-the-road-not-taken.

Barnes, Barry. *Interests and the Growth of Knowledge*. Routledge and Kegan Paul, 1977.

Berger, Peter L., and Thomas Luckmann. *The Social Construction of Reality: A Treatise in the Sociology of Knowledge*. New York: Anchor, 1967.

Berkman, Michael, and Eric Plutzer. *Evolution, Creationism, and the Battle to Control America's Classrooms*. 1st edition. New York: Cambridge University Press, 2010.

Bernard, Claude. *An Introduction to the Study of Experimental Medicine*. Translated by H. C. Greene. USA: Schuman, 1865. http://archive.org/ details/b21270557.

Bloor, David. *Knowledge and Social Imagery*. Chicago: University of Chicago Press, 1991.

———. *The Enigma of the Aerofoil: Rival Theories in Aerodynamics, 1909–1930*. Chicago: University of Chicago Press, 2011.

Bourdeau, Michel. "Auguste Comte." In *The Stanford Encyclopedia of Philosophy*, edited by Edward N. Zalta, Winter 2015. Metaphysics Research

Lab, Stanford University, 2015. https://plato.stanford.edu/archives/win2015/ entries/comte/.

Campbell, Charles. "The Great Global Warming Hustle." baltimoresun.com. Accessed August 24, 2017. http://www.baltimoresun.com/news/opinion/ oped/bs-ed-op-0721-global-warming-hoax-20170719-story.html.

Comte, Auguste. *Introduction to Positive Philosophy*. Indianapolis: Hackett Publishing, 1988.

Conant, James Bryant. *Harvard Case Histories in Experimental Science Volume I*. Harvard University Press, 1957. http://archive.org/details/harvard casehisto 010924mbp.

Conis, Elena. "Jenny McCarthy's New War on Science: Vaccines, Autism and the Media's Shame." *Salon*, November 8, 2014. http://www.salon. com/2014/11/08/jenny mccarthys new war on science vaccines autism and the medias _shame/.

Cook, John, et al. "Quantifying the Consensus on Anthropogenic Global Warming in the Scientific Literature." *Environmental Research Letters* 8 (024024). 2013.

Cook, John, et al. "Consensus on Consensus: A Synthesis of Consensus Estimates on Human-Caused Global Warming." *Environmental Research Letters* 11 (048002). 2016.

Coyne, Jerry. "Another Philosopher Proclaims a Nonexistent 'Crisis' in Evolutionary Biology." *Why Evolution Is True* (blog), 2012. https:// whyevolutionistrue.wordpress.com/2012/09/07/another-philosopher-proclaims-a-nonexistent-crisis-in-evolutionary-biology/.

Crosland, Maurice. *Science under Control: The French Academy of Sciences 1795–1914*.

Cambridge: Cambridge University Press, 2002.

Dant, Tim. *Knowledge, Ideology, and Discourse: A Sociological Perspective*. New York: Routledge, 2012. First edition, 1991.

Duhem, Pierre Maurice Marie. *The Aim and Structure of Physical Theory*. Translated by Philip P. Wiener. Reprint edition. Princeton, NJ: Princeton University Press, 1991.

Ellis, J., I. Mulligan, J. Rowe, and D. L. Sackett. "Inpatient General Medicine

Is Evidence Based. A-Team, Nuffield Department of Clinical Medicine."
Lancet (London, England) 346, no. 8972 (August 12, 1995): 407–10.

Epstein, Steven. *Impure Science: AIDS, Activism, and the Politics of Knowledge.*
1st edition. Berkeley: University of California Press, 1996.

Ernst, Edzard. "The Efficacy of Herbal Medicine—an Overview." *Fundamental & Clinical Pharmacology* 19, no. 4 (August 1, 2005): 405–9. https://www.ncbi.nim.nih.gov/pubmed/16011726.

"Evolution Resources from the National Academies." Accessed August 24, 2017. http://www.nas.edu/evolution/Statements.html.

"Exxon Climate Denial Funding 1998–2014." *Exxon Secrets.* Accessed October 11, 2018. https://exxonsecrets.org/html/index.php.

Fausto-Sterling, Anne. *Myths of Gender: Biological Theories about Women and Men, Revised Edition.* 2nd edition. New York: Basic Books, 1992.

Feyerabend, Paul. *Against Method.* London: Verso, 1993.

Fleck, Ludwik. "Scientific Observation and Perception in General." In *Cognition and Fact*, 59–78. Boston Studies in the Philosophy of Science. Dordrecht: Springer, 1986. https://doi.org/10.1007/978-94-009-4498-5 4.

Fleck, Ludwik, and Thomas S. Kuhn. *Genesis and Development of a Scientific Fact.* Edited by Thaddeus J. Trenn and Robert K. Merton. Translated by Frederick Bradley. Chicago: University of Chicago Press, 1981.

Friedman, Michael, and Richard Creath, eds. *The Cambridge Companion to Carnap.*
Cambridge: Cambridge University Press, 2008.

Frodeman, Robert, and Adam Briggle. "When Philosophy Lost Its Way." *New York Times: Opinionator*, 2016. https://opinionator.blogs.nytimes.com/2016/01/11/when-philosophy-lost-its-way/.

Fuller, Steve. *Thomas Kuhn: A Philosophical History for Our Times.* Chicago: University of Chicago Press, 2000. http://www.press.uchicago.edu/ucp/books/book/chicago/T/bo3629340.html.

Galison, Peter. "History, Philosophy, and the Central Metaphor." *Science in Context* 2, no. 1 (1988).

Galison, Peter, and David J. Stump, eds. *The Disunity of Science: Boundaries,*

Contexts, and Power. 1st edition. Stanford: Stanford University Press, 1996.

Giddens, Anthony. *The Consequences of Modernity.* 1st edition. Stanford: Stanford University Press, 1991.

Goonatilake, Susantha. *Toward a Global Science: Mining Civilizational Knowledge.* Bloomington: Indiana University Press, 1998.

Gross, Paul R., and Norman Levitt. *Higher Superstition: The Academic Left and Its Quarrels with Science.* Reprint edition. Baltimore: Johns Hopkins University Press, 1997.

Gross, Paul R., Norman Levitt, and Martin W. Lewis, eds. *The Flight from Science and Reason.* Baltimore: New York Academy of Sciences, 1997.

Hacking, Ian. *The Social Construction of What?* Revised edition. Cambridge, MA: Harvard University Press, 2000.

HADGirl. "10 Evil Vintage Cigarette Ads Promising Better Health." *Healthcare Administration Degree Programs* (blog). Accessed October 11, 2018. https://www.healthcare-administration-degree.net/10-evil-vintage-cigarette-ads-promising-better-health/.

Harding, Sandra. *The Science Question in Feminism.* 1st edition. Ithaca: Cornell University Press, 1986.

————. Women at the Center: History of Women's Studies at the University of Delaware. Video, July 20, 2012. MSS 664. University of Delaware women's studies oral history collection. http://udspace.udel.edu/bitstream/handle/19716/12708/Tape%20Log%20Sandra%20Harding.pdf.

Hayward, Steven F. "Climategate (Part II)." *American Enterprise Institute,* 2011. http://www.aei.org/publication/climategate-part-ii/.

Hemmer, Nicole. *Messengers of the Right: Conservative Media and the Transformation of American Politics.* Philadelphia: University of Pennsylvania Press, 2016.

Hicks, Stephen. "Is Newton's *Principia* a Rape Manual?" *Stephen Hicks, PhD* (blog), June 24, 2017. https://www.stephenhicks.org/2017/06/24/newtons-principia-as-a-rape-manual/.

Hubbard, Ruth. *The Politics of Women's Biology.* New Brunswick, NJ: Rutgers University Press, 1990.

Jones, Alex. "About Alex Jones." *Infowars.* Accessed August 15, 2017. https://

www.infowars.com/about-alex-jones/.

Keller, Evelyn Fox. *Reflections on Gender and Science*. New Haven, CT: Yale University Press, 1995.

Kuhn, Thomas. "Reflections on My Critics." In *Criticism and the Growth of Knowledge: Volume 4: Proceedings of the International Colloquium in the Philosophy of Science, London, 1965,* by Imre Lakatos (ed.) and Alan Musgrave. Cambridge: Cambridge University Press, 1970.

Kuhn, Thomas S., and James Bryant Conant. *The Copernican Revolution: Planetary Astronomy in the Development of Western Thought*. Revised edition. Cambridge, MA: Harvard University Press, 1992.

Ladyman, James, Don Ross, David Spurrett, and John Collier. *Every Thing Must Go: Metaphysics Naturalized*. 1st edition. Oxford: Oxford University Press, 2009.

Lakatos, Imre. "Criticism and the Methodology of Scientific Research Programmes." *Proceedings of the Aristotelian Society,* New Series, 69 (1968): 149–86.

Laland, Kevin. "What Use Is an Extended Evolutionary Synthesis?" Presented at the International Society for History, Philosophy, and Social Studies of Science, Sao Paolo, Brazil, July 2017.

Laland, Kevin, Tobias Uller, Marc Feldman, Kim Sterelny, Gerd B. Muller, Armin Moczek, Eva Jablonka, et al. "Does Evolutionary Theory Need a Rethink?" *Nature News* 514, no. 7521 (October 9, 2014): 161. https://doi.org/10.1038/514161a.

Laland, Kevin N., Tobias Uller, Marcus W. Feldman, Kim Sterelny, Gerd B. Muller, Armin Moczek, Eva Jablonka, and John Odling-Smee. "The Extended Evolutionary Synthesis: Its Structure, Assumptions and Predictions." *Proc. R. Soc. B* 282, no. 1813 (August 22, 2015). https://doi.org/10.1098/rspb.2015.1019.

Latour, Bruno. *Science in Action: How to Follow Scientists and Engineers through Society*. Cambridge, MA: Harvard University Press, 1987.

———. *We Have Never Been Modern*. Translated by Catherine Porter. Cambridge, MA: Harvard University Press, 1993.

———. *Politics of Nature: How to Bring the Sciences into Democracy*.

Translated by Catherine Porter. Cambridge, MA: Harvard University Press, 2004.

Latour, Bruno. *Facing Gaia: Eight Lectures on the New Climatic Regime.* Cambridge: Polity Press, 2017.

Longino, Helen E.*Science as Social Knowledge: Values and Objectivity in Scientific Inquiry.* Princeton, NJ: Princeton University Press, 1990.

———. *The Fate of Knowledge.* Princeton, NJ: Princeton University Press, 2001.

Lowery, Ilana. "Why Gender Diversity on Corporate Boards Is Good for Business." *Phoenix Business Journal*, November 27, 2017. https://www.bizjournals.com/phoenix/news/2017/11/27/why-gender-diversity-on-corporate-boards-is-good.html.

Madsen, Kreesten Meldgaard, Anders Hviid, Mogens Vestergaard, Diana Schendel, Jan Wohlfahrt, Poul Thorsen, Jorn Olsen, and Mads Melbye. "A Population-Based Study of Measles, Mumps, and Rubella Vaccination and Autism." *New England Journal of Medicine* 347, no. 19 (November 7, 2002): 1477–82. https://doi.org/10.1056/NEJMoa021134.

Markowitz, Gerald, and David Rosner. *Deceit and Denial: The Deadly Politics of Industrial Pollution.* 1st paperback printing edition. Berkeley: University of California Press, 2003.

Michaels, David. *Doubt Is Their Product: How Industry's Assault on Science Threatens Your Health.* 1st edition. Oxford: Oxford University Press, 2008.

Miller, Kenneth R. *Only a Theory: Evolution and the Battle for America's Soul.* Reprint edition. New York: Penguin Books, 2009.

Mirowski, Philip, and Dieter Plehwe, eds. *The Road from Mont Pelerin: The Making of the Neoliberal Thought Collective.* 1st edition. Cambridge, MA: Harvard University Press, 2009.

Mnookin, Seth. *The Panic Virus: The True Story behind the Vaccine-Autism Controversy.* 1st edition. New York: Simon and Schuster, 2012.

Mosner, Nicola. "Thought Styles and Paradigms—a Comparative Study of Ludwik Fleck and Thomas S. Kuhn." *Studies in History and Philosophy of Science Part A, Model-Based Representation in Scientific Practice*, 42, no. 2 (June 1, 2011): 362–71. https://doi.org/10.1016/j.shpsa.2010.12.002.

Mohan, Kamlesh. *Science and Technology in Colonial India*. Delhi: Aakar Books, 2014.

Morris, William Edward, and Charlotte R. Brown. "David Hume." In *The Stanford Encyclopedia of Philosophy*, edited by Edward N. Zalta, Spring 2017. Metaphysics Research Lab, Stanford University, 2017. https://plato.stanford.edu/archives/spr2017/entries/hume/.

Motterlini, Matteo. *For and Against Method*. Chicago: University of Chicago Press, 1999.

National Center for Science Education. "Background on Tennessee's 21st Century Monkey Law." Accessed August 15, 2017. https://ncse.com/library-resource/background-tennessees-21st-century-monkey-law.

Nestle, Marion. *Unsavory Truth: How Food Companies Skew the Science of What We Eat*. New York: Basic Books, 2018.

Nestle, Marion, Mark Bittman, and Neal Baer. *Soda Politics: Taking on Big Soda*. 1st edition. Oxford: Oxford University Press, 2015.

Newport, Frank. "In U.S., 46%Hold Creationist View of Human Origins." Gallup.com, 2012. http://www.gallup.com/poll/155003/Hold-Creationist-View-Human-Origins.aspx.

Oppenheimer, Michael, Dale Jamieson, Naomi Oreskes, Keynyn Brysse, Jessica O'Reilly, Matthew Shindell, and Milena Wazeck. *Discerning Experts: The Practices of Scientific Assessment for Public Policy*. University of Chicago Press, 2019.

Oreskes, Naomi. *The Rejection of Continental Drift: Theory and Method in American Earth Science*. 1st edition. New York: Oxford University Press, 1999.

———. "The Devil Is in the (Historical) Details: Continental Drift as a Case of Normatively Appropriate Consensus?" [Essay Review of Miriam Solomon: *Social Epistemology*], *Perspectives in Science* 16, no. 2 (2008): 253–64.

———. "Why We Should Trust Scientists." *TED Talk*, 2014. https://www.ted.com/talks/naomi oreskes why we should believe in science.

———. Response by Oreskes to "Beyond Counting Climate Consensus," *Environmental Communication* 11, no. 6 (2017): 731–37.

Oreskes, Naomi, Daniel Carlat, Michael E. Mann, Paul D. Thacker, and Frederick S. vom Saal. "Viewpoint: Why Disclosure Matters." *Environmental Science & Technology* 49, no. 13 (July 7, 2015): 7527–28. https://doi.org/10.1021/acs.est.5b02726.

Oreskes, Naomi, and Erik M. Conway. *Merchants of Doubt: How a Handful of Scientists Obscured the Truth on Issues from Tobacco Smoke to Global Warming*. Reprint edition. New York: Bloomsbury Press, 2011.

Oreskes, Naomi, Kristin Shrader-Frechette, and Kenneth Belitz. "Verification, Validation, and Confirmation of Numerical Models in the Earth Sciences." *Science* 263, no. 5147 (February 4, 1994): 641–46. https://doi.org/10.1126/science.263.5147.641.

Page, Scott E., and Katherine Phillips. *The Diversity Bonus: How Great Teams Pay Off in the Knowledge Economy*. Edited by Earl Lewis and Nancy Cantor. Princeton, NJ: Princeton University Press, 2017.

Pearce, Warren, Reiner Grundmann, Mike Hulme, Sujatha Raman, Eleanor Hadley Kershaw, and Judith Tsouvalis. "Beyond Counting Climate Consensus." *Environmental Communication* 11, no. 6 (July 23, 2017): 1–8. https://doi.org/10.1080/17524032.2017.1333965.

"Pope Claims GMOs Could Have 'Ruinous Impact' on Environment." *Genetic Literacy Project* (blog), 2016. https://geneticliteracyproject.org/2016/10/20/pope-claims-gmos-ruinous-impact-environment/.

Popper, Karl. *Conjectures and Refutations: The Growth of Scientific Knowledge*. New York: Basic Books, 1962.

———. *The Myth of the Framework: In Defence of Science and Rationality*. Edited by M. A. Notturno. 1st edition. London: Routledge, 1996.

Proctor, Robert N. *Golden Holocaust: Origins of the Cigarette Catastrophe and the Case for Abolition*. 1st edition. Berkeley: University of California Press, 2012.

Proctor, Robert N., and Londa Schiebinger, eds. *Agnotology: The Making and Unmaking of Ignorance*. 1st edition. Stanford: Stanford University Press, 2008.

Quine, Willard V. O. "Two Dogmas of Empiricism." *Philosophical Review* 60, no. 1 (1951): 20–43.

Quine, W. V., and Rudolf Carnap. *Dear Carnap, Dear Van: The Quine-Carnap Correspondence and Related Work: Edited and with an Introduction by Richard Creath.* Edited by Richard Creath. 1st printing edition. Berkeley: University of California Press, 1991.

Redd, Nola Taylor. "Wernher von Braun, Rocket Pioneer." Space.com. Accessed October 11, 2018. https://www.space.com/20122-wernher-von-braun.html.

Reisch, George. "Anticommunism, the Unity of Science Movement and Kuhn's Structure of Scientific Revolutions." *Social Epistemology* 17, no. 2–3 (January 1, 2003): 271–75. https://doi.org/10.1080/0269172032000144289.

Rice, Ken. "Beyond Climate Consensus." *AndThenThere'sPhysics,* July 30, 2017. https://andthentheresphysics.wordpress.com/2017/07/30/beyond-climate-consensus/.

Richards, Jay. "When to Doubt a Scientific 'Consensus.'" *American Enterprise Institute,* 2010. https://www.aei.org/publication/when-to-doubt-a-scientific-consensus/.

Richardson, Alan, and Thomas Uebel. *The Cambridge Companion to Logical Empiricism.* Cambridge: Cambridge University Press, 2007.

Rossiter, Margaret W. *Women Scientists in America: Struggles and Strategies to 1940.* JHU Press, 1984.

The Royal Society. "Royal Society and ExxonMobil." Accessed October 11, 2018. https://royalsociety.org/topics-policy/publications/2006/royal-society-exxonmobil/.

Sachs, Jeffrey. "How the AEI Distorts the Climate Debate." *Huffington Post* (blog), 2014. http://www.huffingtonpost.com/jeffrey-sachs/how-the-aei-distorts-the b_4751680.html.

Sady, Wojciech. "Ludwik Fleck." In *The Stanford Encyclopedia of Philosophy*, edited by Edward N. Zalta, Summer 2016. Metaphysics Research Lab, Stanford University, 2016. https://plato.stanford.edu/archives/sum2016/entries/fleck/.

Sample, Ian. "Scientists Offered Cash to Dispute Climate Study." *Guardian*, 2007, sec. Environment. http://www.theguardian.com/environment/2007/feb/02/frontpagenews.climatechange.

Saxon, Wolfgang. "William B. Shockley, 79, Creator of Transistor and Theory on Race." *New York Times*, 1989. http://www.nytimes.com/learning/general/onthisday/bday/0213.html?mcubz =0.

Schiebinger, Londa. "Has Feminism Changed Science?" *Signs* 25, no. 4 (2000): 1171– 75. https://www.jstor.org/stable/3175507.

Schiebinger, Londa, and Claudia Swan, eds. *Colonial Botany: Science, Commerce, and Politics in the Early Modern World*. Philadelphia: University of Pennsylvania Press, 2007.

Schreiber, Ronnee. *Righting Feminism: Conservative Women and American Politics.* 1st edition. Oxford: Oxford University Press, 2008.

Scott, Colin. "Science for the West, Myth for the Rest?" In *The Postcolonial Science and Technology Studies Reader,* edited by Sandra G. Harding, 175. Durham, NC: Duke University Press, 2011.

Semali, Ladislaus M., and Joe L. Kincheloe. *What Is Indigenous Knowledge?: Voices from the Academy*. New York: Routledge, 2002.

Shapin, Steven. *A Social History of Truth: Civility and Science in Seventeenth-Century England*. 1st edition. Chicago: University of Chicago Press, 1995.

Shapin, Steven, and Simon Schaefer. *Leviathan and the Air-Pump: Hobbes, Boyle, and the Experimental Life*. Princeton, NJ: Princeton University Press, 1985. http://www.jstor.org/stable/j.ctt7sv46.

Shenton, Joan. *Positively False: Exposing the Myths around HIV and AIDS*. London: I. B. Tauris, 1998.

Sokal, Alan. *Beyond the Hoax: Science, Philosophy and Culture*. 1st edition. Oxford: Oxford University Press, 2010.

Solomon, Miriam. *Social Empiricism*. Cambridge, MA: A Bradford Book, 2007.

Staley, Richard. "Partisanal Knowledge: On Hayek and Heretics in Climate Science and Discourse." Presented at the Weak Knowledge: Forms, Functions, and Dynamics, Frankfurt, July 4, 2017. http://www.hsozkult.de/event/id/termine-34489.

Stark, Laura. *Behind Closed Doors: IRBs and the Making of Ethical Research*. 1st edition. Chicago: University of Chicago Press, 2012.

Sterman, John D. "The Meaning of Models." *Science* 264, no. 5157 (April 15,

1994): 329–30. https://doi.org/10.1126/science.264.5157.329-b.

Supran, Geoffrey, and Naomi Oreskes. "Assessing ExxonMobil's Climate Change Communications (1977–2014)." *Environmental Research Letters* 12 (August 1, 2017): 084019. https://doi.org/10.1088/1748-9326/aa815f.

Taylor, Luke E., Amy L. Swerdfeger, and Guy D. Eslick. "Vaccines Are Not Associated with Autism: An Evidence-Based Meta-Analysis of Case-Control and Cohort Studies." *Vaccine* 32, no. 29 (June 17, 2014): 3623–29. https://doi.org/10.1016/j.vaccine.2014.04.085.

Union of Concerned Scientists."Global Warming Skeptic Organizations." Accessed August 16, 2017. http://www.ucsusa.org/global warming/solutions/ fight-misinformation/global-warming-skeptic.html#.WZSl4P yvL-.

———. "ExxonMobil Report: Smoke Mirrors & Hot Air." *Union of Concerned Scientists.* Accessed October 11, 2018. https://www.ucsusa.org/ global-warming/solutions/fight-misinformation/exxonmobil-report-smoke. html.

Von Neumann, John. "Can We Survive Technology?" *Fortune*, 1955.

Walker, M. "Navigating Oceans and Cultures: Polynesian and European Navigation Systems in the Late Eighteenth Century." *Journal of the Royal Society of New Zealand* 42, no. 2 (June 1, 2012): 93–98. https://doi.org/10.1 080/03036758.2012.673494.

Weinberg, Steven. *Facing Up: Science and Its Cultural Adversaries*. New edition. Cambridge, MA: Harvard University Press, 2003.

Weir, Todd H. *Secularism and Religion in Nineteenth-Century Germany: The Rise of the Fourth Confession.* Cambridge: Cambridge University Press, 2014.

Yearley, Steven, David Mercer, Andy Pitman, Naomi Oreskes, and Erik Conway. "Perspectives on Global Warming." *Metascience* 21, no. 3 (2012): 531–59.

Zammito, John H. *A Nice Derangement of Epistemes: Post-Positivism in the Study of Science from Quine to Latour.* 1st edition. Chicago: University of Chicago Press, 2004.

Zycher, Benjamin. "The Enforcement of Climate Orthodoxy and the Response to the Asness-Brown Paper on the Temperature Record." *American*

Enterprise Institute, 2015. http://www.aei.org/publication/the-enforcement-of-climate-orthodoxy-and-the-response-to-the-asness-brown-paper-on-the-temperature-record/.

———. "Shut Up, She Explained: My Request for Climate Evidence." *American Enterprise Institute*, 2016. https://www.aei.org/publication/shut-up-she-explained-my-request-for-climate-evidence/.

第二章

"About Us | Cochrane." Accessed August 27, 2017. https://us.cochrane.org/about-us.

Allen, Garland E. "The Eugenics Record Office at Cold Spring Harbor, 1910–1940: An Essay in Institutional History." *Osiris* 2 (1986): 225–64. https://www.jstor.org/stable/301835.

———. "Eugenics and Modern Biology: Critiques of Eugenics, 1910–1945." *Annals of Human Genetics* 75, no. 3 (May 2011): 314–25. https://doi.org/10.1111/j.1469-1809.2011.00649.x.

Bakalar, Nicholas. "Contraceptives Tied to Depression Risk." *New York Times*, September 30, 2016, sec. Wellness. https://www.nytimes.com/2016/09/30/well/live/contraceptives-tied-to-depression-risk.html.

———. "Gum Disease Tied to Cancer Risk in Older Women." *New York Times*, August 2, 2017. https://www.nytimes.com/2017/08/02/well/gum-disease-tied-to-cancer-risk-in-older-women.html.

Balon, Richard. "SSRI-Associated Sexual Dysfunction." *American Journal of Psychiatry* 163, no. 9 (September 1, 2006): 1504–9. https://doi.org/10.1176/ajp.2006.163.9.1504.

Barad, Karen. *Meeting the Universe Halfway: Quantum Physics and the Entanglement of Matter and Meaning.* Second printing edition. Durham, NC: Duke University Press, 2007.

Barker-Benfield, G. J. *The Culture of Sensibility: Sex and Society in Eighteenth-Century Britain.* Chicago: University of Chicago Press, 1992. http://www.press.uchicago.edu/ucp/books/book/chicago/C/bo3625409.html.

Bateman, Katharine Saunders. "Sex in Education: A Case Study of the Establishment of Scientific Authority in the Service of a Social Agenda."

Masters of Arts in Liberal Studies, Dartmouth College, 1994.

Bechtel, William. *Mental Mechanisms: Philosophical Perspectives on Cognitive Neuroscience.* 1st edition. New York: Psychology Press, 2007.

———. *Discovering Cell Mechanisms: The Creation of Modern Cell Biology.* 1st edition. Cambridge: Cambridge University Press, 2008.

Behre, Hermann M., Michael Zitzmann, Richard A. Anderson, David J. Handelsman, Silvia W. Lestari, Robert I. McLachlan, M. Cristina Meriggiola, et al. "Efficacy and Safety of an Injectable Combination Hormonal Contraceptive for Men." *Journal of Clinical Endocrinology & Metabolism* 101, no. 12 (December 1, 2016): 4779–88. https://doi.org/10.1210/jc.2016–2141.

"Biography of Harry H. Laughlin." Accessed October 13, 2018. http://library.truman.edu/manuscripts/laughlinbio.asp.

Block, Jenny. "Antidepressant Killing Your Libido? Not for Long." *Fox News,* October 11, 2011. http://www.foxnews.com/health/2011/10/10/antidepressant-killing-your-libido-not-for-long.html.

Bloor, David. *The Enigma of the Aerofoil: Rival Theories in Aerodynamics, 1909–1930.* Chicago: University of Chicago Press, 2011.

Boas, Franz. "Eugenics." *Scientific Monthly* 3, no. July–December (1916): 471–78. http://www.estherlederberg.com/Franz Boaz.pdf.

———. *Anthropology and Modern Life.* New York: Norton, 1962. http://archive.org/details/anthropologymode00boas.

Bourdieu, Pierre, and Jean-Claude Passeron. *Reproduction in Education, Society and Culture.* Thousand Oaks, CA: SAGE, 1977.

Bowman-Kruhm, Mary. *Margaret Mead: A Biography.* Greenwood Publishing Group, 2003.

Brandt, Allan. *The Cigarette Century: The Rise, Fall, and Deadly Persistence of the Product That Defined America.* 1st reprint edition. New York: Basic Books, 2009.

Bushway, Rob. "Eugenics: When Scientific Consensus Leads to Mass Murder." *Climate Depot,* April 10, 2017. http://www.climatedepot.com/2017/04/10/eugenics-when-scientific-consensus-leads-to-mass-murder/.

Cartwright, Nancy. "Are RCTs the Gold Standard?" *BioSocieties* 2, no. 1

(March 1, 2007): 11–20. https://doi.org/10.1017/S1745855207005029.

———. "A Philosopher's View of the Long Road from RCTs to Effectiveness." *Lancet* 377, no. 9775 (April 23, 2011): 1400–1401. https://doi.org/10.1016/S0140– 6736(11) 60563–1.

Cartwright, Nancy, and Jeremy Hardie. *Evidence-Based Policy: A Practical Guide to Doing It Better*. 1st edition. Oxford: Oxford University Press, 2012.

Chamberlin, T. C. "Investigation versus Propagandism." *Journal of Geology* 27, no. 5 (1919): 305–38. https://doi.org/10.2307/30059365.

Chang, Emily. *Brotopia: Breaking Up the Boys' Club of Silicon Valley*. New York: Portfolio, 2018.

Cherney, Kristeen, and Kathryn Watson. "Managing Antidepressant Sexual Side Effects." *Healthline*, March 3, 2016. http://www.healthline.com/health/erectile-dysfunction/antidepressant-sexual-side-effects.

Chesler, Ellen. *Woman of Valor: Margaret Sanger and the Birth Control Movement in America*. New York: Simon and Schuster, 2007.

Christin-Maitre, Sophie. "History of Oral Contraceptive Drugs and Their Use Worldwide." *Best Practice & Research. Clinical Endocrinology & Metabolism* 27, no. 1 (February 2013): 3–12. https://doi.org/10.1016/j.beem.2012.11.004.

Clarke, Edward H. *Sex in Education; or, a Fair Chance for Girls*. Houghton, Mifflin, and Company, 1873.

Clarke-Billings, Lucy. "After Generations of Dentists' Advice, Has the Flossing Myth Been Shattered?" *Newsweek*, August 3, 2016. http://www.newsweek.com/after-generations-recommendation-has-flossing-myth-been-shattered-486761.

CNN, Susan Scutti. "Male Birth Control Shot Found Effective, but Side Effects Cut Study Short." *CNN*. Accessed August 27, 2017. http://www.cnn.com/2016/10/30/health/male-birth-control/index.html.

Cohen, I. Bernard. *Revolution in Science*. Cambridge, MA: The Belknap Press of Harvard University Press, 1985.

Colbert, Stephen. *"Post-Truth" Is Just a Rip-Off of "Truthiness." The Late Show with Stephen Colbert*, 2016. https://www.youtube.com/watch?v

362

=Ck0yqUoBY7M.

Coleman, William. *Biology in the Nineteenth Century: Problems of Form, Function and Transformation*. 2nd edition. Cambridge: Cambridge University Press, 1978.

Comfort, Nathaniel. *The Tangled Field: Barbara McClintock's Search for the Patterns of Genetic Control*. Cambridge, MA: Harvard University Press, 2009.

———. *The Science of Human Perfection: How Genes Became the Heart of American Medicine*. Reprint edition. New Haven, CT: Yale University Press, 2014.

Craver, Carl F., and Lindley Darden. *In Search of Mechanisms: Discoveries across the Life Sciences*. Chicago: University of Chicago Press, 2013.

Crichton, Michael. "Aliens Cause Global Warming: A Caltech Lecture by Michael Crichton." Michelin Lecture, Caltech, January 17, 2003. https://wattsupwiththat.com/2010/07/09/aliens-cause-global-warming-a-caltech-lecture-by-michael-crichton/.

———. *State of Fear*. Reprint edition. New York: Harper, 2009.

Crichton, Michael. "Why Politicized Science Is Dangerous." *MichaelCrichton. Com* (blog). Accessed October 13, 2018. http://www.michaelcrichton.com/why-politicized-science-is-dangerous/.

Dant, Tim. *Knowledge, Ideology, and Discourse: A Sociological Perspective*. New York: Routledge, 2012. First edition, 1991.

Darwin, Leonard. "The Geneticists' Manifesto." *Eugenics Review* 31, no. 4 (January 1940): 229–30. http://www.ncbi.nlm.nih.gov/pmc/articles/PMC2962351/.

Daston, Lorraine J., and Peter Galison. *Objectivity*. New York: Zone Books, 2010.

Davenport, Charles Benedict. *Eugenics, the Science of Human Improvement by Better Breeding*. New York: H. Holt and Company, 1910. http://archive.org/details/eugenicsscienceo00daverich.

Donn, Jeff. "Medical Benefits of Dental Floss Unproven." *AP News*, 2016. https://apnews.com/f7e66079d9ba4b4985d7af350619a9e3/medical-benefits-dental-floss-unproven.

Douglas, Heather. *Science, Policy, and the Value-Free Ideal.* Pittsburgh: University of Pittsburgh Press, 2009.

Duesberg, Peter. "Peter Duesberg on AIDS." *Duesberg on AIDS.* Accessed August 27, 2017. http://www.duesberg.com/.

Duster, Troy. *Backdoor to Eugenics.* 2nd edition. New York: Routledge, 2003.

Dykes, Aaron. "Late Author Michael Crichton Warned of Global Warming's Dangerous Parallels to Eugenics." *Infowars* (blog), 2009. https://www. infowars.com/late-author-michael-crichton-warned-of-global-warmings-dangerous-parallels-to-eugenics/.

The Editorial Board. "Opinion: Are Midwives Safer Than Doctors?" *New York Times*, December 14, 2014, sec. Opinion. https://www.nytimes. com/2014/12/15/opinion/are-midwives-safer-than-doctors.html.

Ekwurzel, Brenda. "Crichton Thriller State of Fear." *Union of Concerned Scientists,* 2005. https://www.ucsusa.org/global-warming/solutions/fight-misinformation/crichton-thriller-state-of.html.

Elliot, Kevin, and Ted Richards. *Exploring Inductive Risk: Case Studies of Values in Science.* Oxford: Oxford University Press, 2017.

"Everything You Believed about Flossing Is a Lie." TheWeek.com. August 2, 2016. http://theweek.com/speedreads/640513/everything-believed-about-flossing-lie.

Feldman, Stacy. "Climate Scientists Defend IPCC Peer Review as Most Rigorous in History." *InsideClimate News*, February 26, 2010. http:// insideclimatenews.org/news/20100226/climate-scientists-defend-ipcc-peer-review-most-rigorous-history.

Finlayson, Alan Christopher. *Fishing for Truth: A Sociological Analysis of Northern Cod Stock Assessments from 1977 to 1990.* St. John's, NL: Institute of Social & Economic, 1994.

"From the Editor." *Hedgehog Review.* Accessed August 27, 2017. http://www. iasc-culture.org/THR/THR article 2016 Fall Editor.php.

Galton, Francis. *Hereditary Genius: An Inquiry into Its Laws and Consequences.* New York: Macmillan, 1869.

———. *Memories of My Life.* London: Methuen and Company, 1908. http:// archive.org/details/memoriesmylife01galtgoog.

Garber, Marjorie. *Academic Instincts*. Princeton, NJ: Princeton University Press, 2003.

"Gender Diversity in Senior Positions and Firm Performance: Evidence from Europe." *IMF*. Accessed October 13, 2018. https://www.imf.org/en/Publications/WP/Issues/2016/12/31/Gender-Diversity-in-Senior-Positions-and-Firm-Performance-Evidence-from-Europe-43771.

Ghani, Maseeh. "The Deceit of the Dental Health Industry and Some Potent Alternatives." *Collective Evolution*, 2016. http://www.collective-evolution.com/2016/10/26/the-deceit-of-the-dental-health-industry-and-some-potent-alternatives/.

Gould, Stephen Jay. "Carrie Buck's Daughter." *Constitutional Commentary* 2 (1985): 331–40.

———. *Bully for Brontosaurus: Reflections in Natural History*. Reprint edition. New York: W. W. Norton and Company, 1992.

———. *Ever since Darwin: Reflections in Natural History*. New York: W. W. Norton and Company, 1992.

Grant, Madison, and Henry Fairfield Osborn. *The Passing of the Great Race; or, the Racial Basis of European History. 4th Rev. Ed., with a Documentary Supplement, with Prefaces by Henry Fairfield Osborn*. New York: Scribner, 1922. http://archive.org/details/passingofgreatra00granuoft.

Greenberg, Will. "Science Says Flossing Doesn't Work. You're Welcome." *Mother Jones* (blog). Accessed August 27, 2017. http://www.motherjones.com/environment/2016/08/flossing-doesnt-work/.

Hall, Granville Stanley. *Adolescence*. New York: D. Appleton and Company, 1904. http://archive.org/details/adolescenceitsp01hallgoog.

Hallam, A. *Great Geological Controversies*. 2nd edition. Oxford: Oxford University Press, 1989.

Hardin, Clyde L., and Alexander Rosenberg. "In Defense of Convergent Realism." *Philosophy of Science* 49, no. 4 (December 1, 1982): 604–15. https://doi.org/10.1086/289080.

Hare, Kristen. "How an AP Reporter Took down Flossing." *Poynter*, August 4, 2016. http://www.poynter.org/2016/how-an-ap-reporter-took-down-flossing/424625/.

Harrar, Sari. "Should You Bother to Floss Your Teeth?" *Consumer Reports*. Accessed August 27, 2017. http://www.consumerreports.org/beauty-personal-care/should-you-bother-to-floss-your-teeth/.

"Haven't Flossed Lately? Don't Feel Too Bad: Evidence for the Benefits of Flossing Is 'Weak, Very Unreliable.'" *Los Angeles Times*, August 2, 2016. http://www.latimes.com/science/sciencenow/la-sci-floss-benefits-unproven-20160802-snap-story.html.

Hemment, Drew, Rebecca Ellis, and Brian Wynne. "Participatory Mass Observation and Citizen Science." *Leonardo* 44, no. 1 (February 2011): 62–63. https://doi.org/10.1162/LEON a 00096.

Iizuka, Toshiaki, and Ginger Zhe Jin. "The Effect of Prescription Drug Advertising on Doctor Visits." *Journal of Economics & Management Strategy* 14, no. 3 (September 1, 2005): 701–27. https://doi.org/10.1111/j.1530-9134.2005.00079.x.

"The Immigration Act of 1924 (The Johnson-Reed Act)." Office of the Historian. Accessed August 27, 2017. https://history.state.gov/milestones/1921–1936/immigration-act.

"Inmate Recalls How He Flossed Way to Freedom." DeseretNews.com, August 14, 1994. http://www.deseretnews.com/article/369688/INMATE-RECALLS-HOW-HE-FLOSSED-WAY-TO-FREEDOM.html.

Institute of Medicine (US) Committee on the Robert Wood Johnson Foundation Initiative on the Future of Nursing. "Transforming Leadership." In *The Future of Nursing: Leading Change, Advancing Health*. National Academies Press (US), 2011. https://www.ncbi.nlm.nih.gov/books/NBK209867/.

James, William. "Pragmatism's Conception of Truth." *Journal of Philosophy, Psychology and Scientific Methods* 4, no. 6 (1907): 141–55. https://doi.org/10.2307/2012189.

Jennings, Herbert Spencer. "Heredity and Environment." *Scientific Monthly* 19, no. 3 (1924): 225–38. https://www.jstor.org/stable/7321.

———. *The Biological Basis of Human Nature*. 1st edition. New York: W. W. Norton and Company, 1930.

Jones, Jo, William Mosher, and Kimberly Daniels. "Current Contraceptive Use in the United States, 2006–10, and Changes in Patterns of Use since 1995." *National Health Statistics Report.* National Center for Health Statistics, October 18, 2012. https://www.cdc.gov/nchs/data/nhsr/nhsr060.pdf.

Kevles, Daniel J. *In the Name of Eugenics: Genetics and the Uses of Human Heredity.* Cambridge, MA: Harvard University Press, 1985.

Kirch, W., and C. Schafii. "Misdiagnosis at a University Hospital in 4 Medical Eras." *Medicine* 75, no. 1 (January 1996): 29–40. https://doi.org/10.1097/00005792-199601000-00004.

Kuhl, Stefan. *The Nazi Connection: Eugenics, American Racism, and German National Socialism.* New York: Oxford University Press, 2002.

Ladher, Navjoyt. "Nutrition Science in the Media: You Are What You Read." *BMJ* 353 (April 7, 2016): i1879. https://doi.org/10.1136/bmj.i1879.

Latour, Bruno. "One More Turn after the Social Turn: Easing Science Studies into the Non-Modern World," 1992, 25.

———. "Why Has Critique Run Out of Steam? From Matters of Fact to Matters of Concern." *Critical Inquiry* 30, no. 2 (January 1, 2004): 225–48. https://doi.org/10.1086/421123.

Latour, Bruno, Steve Woolgar, and Jonas Salk. *Laboratory Life: The Construction of Scientific Facts.* 2nd edition. Princeton, NJ: Princeton University Press, 1986.

Laudan, Larry. "A Confutation of Convergent Realism." *Philosophy of Science* 48, no. 1 (1981): 19–49. https://doi.org/10.2307/187066.

Laudan, Rachel. *From Mineralogy to Geology: The Foundations of a Science, 1650–1830.* Chicago: University of Chicago Press, 1987.

Leiserowitz, Anthony, and Nicholas Smith. "Knowledge of Climate Change across Global Warming's Six Americas." Yale Project on Climate Change Communication. New Haven, CT: Yale University, 2010. http://climatecommunication.yale.edu/publications/knowledge-of-climate-change-across-global-warmings-six-americas/.

Levine, Timothy. "The Last Word on Flossing Is Two Words: Pascal's Wager." *Chicago Tribune: Digital Edition.* Accessed August 27, 2017. http://digitaledition.chicagotribune.com/tribune/article popover.aspx?guid=e22b8ba6-f7c1–43ee-a10a-6af692511143.

Lustig, Robert H. *Fat Chance: The Bitter Truth about Sugar.* Fourth Estate, 2013.

Machamer, Peter, Lindley Darden, and Carl F. Craver. "Thinking about Mechanisms." *Philosophy of Science* 67, no. 1 (March 1, 2000): 1–25. https://doi.org/10.1086/392759.

"Male Birth Control Study Killed after Men Report Side Effects." NPR. org. Accessed August 27, 2017. http://www.npr.org/sections/health-shots/2016/11/03/500549503/male-birth-control-study-killed-after-men-complain-about-side-effects.

Malthus, T. R. (Thomas Robert). *An Essay on the Principle of Population, as It Affects the Future Improvement of Society. With Remarks on the Speculations of Mr. Godwin, M. Condorcet and Other Writers.* London: J. Johnson, 1798. http://archive.org/details/essayonprincipl00malt.

Markowitz, Gerald, and David Rosner. *Deceit and Denial: The Deadly Politics of Industrial Pollution.* 1st paperback printing edition. Berkeley: University of California Press, 2003.

Mayo Clinic Staff. "Antidepressants: Get Tips to Cope with Side Effects." *Mayo Clinic.* Accessed August 27, 2017. http://www.mayoclinic.org/diseases-conditions/depression/in-depth/antidepressants/art-20049305.

Mazotti, Massimo. *Knowledge as Social Order: Rethinking the Sociology of Barry Barnes.* New York: Routledge, 2016.

McDermott, Annette. "Can Birth Control Cause Depression?" *Healthline*, 2016. http://www.healthline.com/health/birth-control/birth-control-and-depression.

McGarity, Thomas O., and Wendy E. Wagner. *Bending Science: How Special Interests Corrupt Public Health Research.* Cambridge, MA: Harvard University Press, 2012.

"The Medical Benefit of Daily Flossing Called into Question." *American Dental Association*, August 2, 2016. http://www.ada.org/en/science-research/science-in-the-news/the-medical-benefit-of-daily-flossing-called-into-question.

Merton, Robert. "Science and the Social Order." *Philosophy of Science* 5, no. 3 (1938): 321–37.

Michaels, David. *Doubt Is Their Product: How Industry's Assault on Science Threatens Your Health.* 1st edition. Oxford: Oxford University Press, 2008.

Mnookin, Seth. *The Panic Virus: The True Story behind the Vaccine-Autism Controversy.* 1st edition. New York: Simon and Schuster, 2012.

Moses-Kolko, Eydie L., Julie C. Price, Nilesh Shah, Sarah Berga, Susan M. Sereika, Patrick M. Fisher, Rhaven Coleman, et al. "Age, Sex, and Reproductive Hormone Effects on Brain Serotonin-1A and Serotonin-2A Receptor Binding in a Healthy Population." *Neuropsychopharmacology: Official Publication of the American College of Neuropsychopharmacology* 36, no. 13 (December 2011): 2729–40. https://doi.org/10.1038/npp.2011.163.

Moslehzadeh, Kaban. "Silness-Loe Index," September 29, 2010./CAPP/Methods-and-Indices/Oral-Hygiene-Indices/Silness-Loe-Index/.

Muller, H. J., F.A.E. Crew, C. D. Darlington, J.B.S. Haldane, C. Harland, L. T. Hogben, J. S. Huxley, et al. "Social Biology and Population Improvement." *Nature* 144 (September 16, 1939): 521–22. https://doi.org/10.1038/144521a0.

Musgrave, Alan. "The Ultimate Argument for Scientific Realism." In *Relativism and Realism in Science*, edited by Robert Nola. Berlin: Springer Science and Business Media, 1988.

Nestle, Marion, Mark Bittman, and Neal Baer. *Soda Politics: Taking on Big Soda.* 1st edition. Oxford: Oxford University Press, 2015.

Nordhaus, William D. *The Climate Casino: Risk, Uncertainty, and Economics for a Warming World.* New Haven, CT: Yale University Press, 2015.

O'Connell, Ronan. "The Great Dental Floss Scam: You May Never Need to Floss Again." *Techly*, August 19, 2016. http://www.techly.com.au/2016/08/19/great-dental-floss-scam-may-never-need-floss/.

Olah, K. S. "The Use of Fluoxetine (Prozac) in Premenstrual Syndrome: Is the Incidence of Sexual Dysfunction and Anorgasmia Acceptable?" *Journal of Obstetrics and Gynaecology* 22, no. 1 (January 1, 2002): 81–83. https://doi.org/10.1080/01443610120101808.

Oreskes, Naomi. "Objectivity or Heroism? On the Invisibility of Women in Science." *Osiris* 11 (1996): 87–113. https://doi.org/10.2307/301928.

———. *The Rejection of Continental Drift: Theory and Method in American*

Earth Science. New York: Oxford University Press, 1999.

———. "The Scientific Consensus on Climate Change." *Science* 306 (2004):1686.

———. "'Fear'-Mongering Crichton Wrong on Science." *San Francisco Chronicle*. Accessed October 13, 2018. https://www.sfgate.com/opinion/openforum/article/Fear-mongering-Crichton-wrong-on-science-2698545.php.

———. *Science on a Mission: American Oceanography from the Cold War to Climate Change*. Chicago: University of Chicago Press, accepted pending revision.

Oreskes, Naomi, Daniel Carlat, Michael E. Mann, Paul D. Thacker, and Frederick S. vom Saal. "Viewpoint: Why Disclosure Matters." *Environmental Science & Technology* 49, no. 13 (July 7, 2015): 7527–28. https://doi.org/10.1021/acs.est.5b02726.

Oreskes, Naomi, and Erik M. Conway. *Merchants of Doubt: How a Handful of Scientists Obscured the Truth on Issues from Tobacco Smoke to Global Warming*. Reprint edition. New York: Bloomsbury Press, 2011.

Paul, Diane B. "Eugenic Anxieties, Social Realities, and Political Choices." *Social Research* 59, no. 3 (1992): 663–83. https://doi.org/10.2307/40970710.

———. *Controlling Human Heredity, 1865 to the Present*. Humanities Press, 1995.

Paul, Diane B., and Hamish G. Spencer. "Did Eugenics Rest on an Elementary Mistake?" In *Thinking about Evolution: Historical, Philosophical, and Political Perspectives,* edited by Rama S. Singh and Costas B. Krimbas. Cambridge: Cambridge University Press, 2001.

Paul, Diane B., John Stenhouse, and Hamish G. Spencer. *Eugenics at the Edges of Empire: New Zealand, Australia, Canada and South Africa*. Springer, 2017.

Pearce, Warren, Reiner Grundmann, Mike Hulme, Sujatha Raman, Eleanor Hadley Kershaw, and Judith Tsouvalis. "Beyond Counting Climate Consensus." *Environmental Communication* 11, no. 6 (July 23, 2017): 1–8. https://doi.org/10.1080/17524032.2017.1333965.

Perry, Mark. "For Earth Day: Michael Crichton Explains Why There Is 'No

Such Thing as Consensus Science.'" *American Enterprise Institute*, April 20, 2015. http://www.aei.org/publication/for-earth-day-michael-crichton-explains-why-there-is-no-such-thing-as-consensus-science/.

Pope Pius XI. "Casti Connubii: Encyclical of Pope Pius XI on Christian Marriage to the Venerable Brethren, Patriarchs, Primates, Archbishops, Bishops, and Other Local Ordinaries Enjoying Peace and Communion with the Apostolic See." Encyclical, December 31, 1930. https://w2.vatican.va/content/pius-xi/en/encyclicals/documents/hf p-xi enc 19301231 casti-connubii.html.

Porter, Theodore M. *Trust in Numbers*. Reprint edition. Princeton, NJ: Princeton University Press, 1996.

Proctor, Robert N. *Racial Hygiene: Medicine under the Nazis*. Cambridge, MA: Harvard University Press, 1988.

———. *Golden Holocaust: Origins of the Cigarette Catastrophe and the Case for Abolition*. 1st edition. Berkeley: University of California Press, 2012.

Proctor, Robert N., and Londa Schiebinger, eds. *Agnotology: The Making and Unmaking of Ignorance*. 1st edition. Stanford: Stanford University Press, 2008.

Psillos, Stathis. *Scientific Realism: How Science Tracks Truth*. New York: Routledge, 2005.

Resnick, Brian. "If You Don't Floss Daily, You Don't Need to Feel Guilty." *Vox*, August 2, 2016. https://www.vox.com/2016/8/2/12352226/dental-floss-even-work.

Rettner, Rachael. "Trump Thinks That Exercising Too Much Uses up the Body's 'Finite' Energy." *Washington Post*, May 14, 2017, sec. Health and Science. https://www.washingtonpost.com/national/health-science/trump-thinks-that-exercising-too-much-uses-up-the-bodys-finite-energy/2017/05/12/bb0b9bda-365d-11e7-b4ee-434b6d506b37 story.html.

Roberts, Dorothy. *Killing the Black Body: Race, Reproduction, and the Meaning of Liberty*. New York: Vintage, 1998.

———. *The Ethics of Biosocial Science | The New Biosocial and the Future of Ethical Science*. The Tanner Lectures on Human Values. Princeton, NJ, 2016. https://www.youtube.com/watch?v =NbCyHY9BH7I.

Rosen, Raymond, Roger Lane, and Matthew Menza. "Effects of SSRIs on Sexual Function: A Critical Review: Journal of Clinical Psychopharmacology." *Journal of Clinical Psychopharmacology* 19, no. 1 (February 1999): 67–85. http://journals.lww.com/psychopharmacology/Fulltext/1999/02000/Effects of SSRIs on _Sexual Function A Critical.13.aspx.

Rubin, Neal. "At a Loss over Dental Floss." *Detroit News*, 2016. http://www.detroitnews.com/story/opinion/columnists/neal-rubin/2016/08/22/rubin-loss-dental-floss/89131294/.

Saint Louis, Catherine. "Feeling Guilty about Not Flossing? Maybe There's No Need." *New York Times*, August 2, 2016, sec. Health. https://www.nytimes.com/2016/08/03/health/flossing-teeth-cavities.html.

Sambunjak, Dario, Jason W. Nickerson, Tina Poklepovic, Trevor M. Johnson, Pauline Imai, Peter Tugwell, and Helen V. Worthington. "Flossing for the Management of Periodontal Diseases and Dental Caries in Adults." *Cochrane Database of Systematic Reviews*, no. 12 (December 7, 2011): CD008829. https://doi.org/10.1002/14651858.CD008829.pub2.

Sanger, Margaret, and H. G. Wells. *The Pivot of Civilization*. Berkshire, UK: Dodo Press, 2007.

Schaffir, Jonathan, Brett L. Worly, and Tamar L. Gur. "Combined Hormonal Contraception and Its Effects on Mood: A Critical Review." *European Journal of Contraception & Reproductive Health Care: The Official Journal of the European Society of Contraception* 21, no. 5 (October 2016): 347–55. https://doi.org/10.1080/13625187.2016.1217327.

Schoenfeld, J. D., and J. P. Ioannides,. "Is Everything We Eat Associated with Cancer? A Systematic Cookbook Review." *American Journal of Clinical Nutrition* 97 (2013): 127–34.

Seaman, Barbara, and Claudia Dreyfus. *The Doctor's Case against the Pill: 25th Anniversary*. Alameda, CA: Hunter House, 1995.

Selleck, Robert. "National Media's Spotlight on Flossing Enables Dental Professionals to Shine." *Dental Tribune*, October 13, 2016. http://www.dental-tribune.com/articles/news/usa/31377 national medias spotlight on flossing enables _dental professionals to shine.html.

Shmerling, Robert H. "Tossing Flossing?" *Harvard Health* (blog), August 17, 2016. https://www.health.harvard.edu/blog/tossing-flossing-2016081710196.

Showalter, Elaine, and English Showalter. "Victorian Women and Menstruation." *Victorian Studies* 14, no. 1 (1970): 83–89. http://www.jstor.org.ezp-prod1.hul.harvard.edu/stable/3826408.

"Sink Your Teeth into This Debate over Flossing," *Chicago Tribune.* Accessed August 27, 2017. http://www.chicagotribune.com/news/opinion/editorials/ct-dental-floss-fat-heart-associated-press-edit-0805-jm-20160804-story.html.

Skovlund, Charlotte Wessel, Lina Steinrud Morch, Lars Vedel Kessing, and Ojvind Lidegaard. "Association of Hormonal Contraception with Depression." *JAMA Psychiatry* 73, no. 11 (November 1, 2016): 1154–62. https://doi.org/10.1001/jamapsychiatry.2016.2387.

Smyth, Chris. "Gum Disease Sufferers 70%More Likely to Get Dementia." *Times,* August 22, 2017, sec. News. https://www.thetimes.co.uk/article/gum-disease-sufferers-70-more-likely-to-get-dementia-alzheimers-rd5xxnxwh.

Spiro, Jonathan Peter. *Defending the Master Race: Conservation, Eugenics, and the Legacy of Madison Grant.* 1st edition. Burlington, VT: University of Vermont Press, 2008.

Spencer, Hamish G., and Diane B. Paul. "The Failure of a Scientific Critique: David Heron, Karl Pearson and Mendelian Eugenics." *British Journal for the History of Science* 31, no. 4 (December 1998): 441–52. https://doi.org/10.1017/S000708749 8003392.

Staff. "How a Journalist Debunked a Decades Old Health Tip." Accessed August 27, 2017. http://wrvo.org/post/how-journalist-debunked-decades-old-health-tip.

Staley, Richard. "Partisanal Knowledge: On Hayek and Heretics in Climate Science and Discourse." Presented at the Weak Knowledge: Forms, Functions, and Dynamics, Frankfurt, July 4, 2017. http://www.hsozkult.de/event/id/termine-34489.

Stark, Laura. *Behind Closed Doors: IRBs and the Making of Ethical Research.* 1st edition. Chicago: University of Chicago Press, 2012.

Stern, Nicholas. *The Economics of Climate Change: The Stern Review*. Cambridge: Cambridge University Press, 2007.

———. *Why Are We Waiting?: The Logic, Urgency, and Promise of Tackling Climate Change*. Cambridge, MA: MIT Press, 2015. http://www.jstor.org/stable/j.ctt17kk7g6.

Tello, Monique. "Can Hormonal Birth Control Trigger Depression?" *Harvard Health* (blog), October 17, 2016. https://www.health.harvard.edu/blog/can-hormonal-birth-control-trigger-depression-2016101710514.

Thompson, Kristen M. J. "A Brief History of Birth Control in the U.S." *Our Bodies Ourselves* (blog), 2013. http://www.ourbodiesourselves.org/health-info/a-brief-history-of-birth-control/.

Toufexis, D., M. A. Rivarola, H. Lara, and V. Viau. "Stress and the Reproductive Axis." *Journal of Neuroendocrinology* 26, no. 9 (September 2014): 573–86. https://doi.org/10.1111/jne.12179.

Wagner, Wendy E. "How Exxon Mobil 'Bends' Science to Cast Doubt on Climate Change." *New Republic*, November 11, 2015. https://newrepublic.com/article/123433/how-exxon-mobil-bends-science-cast-doubt-climate-change.

Wang, Amy B. "'Post-Truth' Named 2016 Word of the Year by Oxford Dictionaries." *Washington Post*, November 16, 2016, sec. The Fix. https://www.washingtonpost.com/news/the-fix/wp/2016/11/16/post-truth-named-2016-word-of-the-year-by-oxford-dictionaries/.

Watkins, Adam. "Why the Male 'Pill' Is Still So Hard to Swallow." *Independent*, 2016. http://www.independent.co.uk/life-style/health-and-families/health-news/why-the-male-pill-is-still-so-hard-to-swallow-a7400846.html.

Weinberg, Steven. *Facing Up: Science and Its Cultural Adversaries*. New edition. Cambridge, MA: Harvard University Press, 2003.

White, Byron. *Stump v. Sparkman*, 435 U.S. 349 (March 28, 1978).

Witkowski, Jan. A., *The Road to Discovery: A Short History of Cold Spring Harbor Laboratory*, New York: Cold Spring Harvard Laboratory Press, 2016.

Witkowski, Jan A., and John R. Inglis. "Davenport's Dream: 21st Century

Reflections on Heredity and Eugenics." *Journal of the History of Biology* 42, no. 3 (2009): 593–98.

Wynne, Brian. "May the Sheep Safely Graze? A Reflexive View of the Expert-Lay Knowledge Divide." In *Risk, Environment and Modernity: Towards a New Ecology*, edited by Scott Lash, Bronislaw Szerszynski, and Brian Wynne, 44–83. London: Sage, 1996. http://ls-tlss.ucl.ac.uk/course-materials/ GEOGG013 _59466.pdf.

Ziliak, Steve, and Deirdre Nansen McCloskey. *The Cult of Statistical Significance: How the Standard Error Costs Us Jobs, Justice, and Lives.* Ann Arbor: University of Michigan Press, 2008.

尾聲

Antonio, Robert J., and Robert J. Brulle. "The Unbearable Lightness of Politics: Climate Change Denial and Political Polarization." *Sociological Quarterly* 52, no. 2 (March 1, 2011): 195–202. https://doi.org/10.1111/ j.1533– 8525.2011.01199.x.

Baum, Bruce, and Robert Nichols. *Isaiah Berlin and the Politics of Freedom: "Two Concepts of Liberty" 50 Years Later.* London: Routledge, 2013.

Berlin, Isaiah. "Two Concepts of Liberty." *Liberty Reader*, 1958. https://doi. org/10.4324/9781315091822-3.

Brulle, Robert J. "Institutionalizing Delay: Foundation Funding and the Creation of U.S. Climate Change Counter-Movement Organizations." *Climatic Change* 122, no. 4 (February 1, 2014): 681–94. https://doi. org/10.1007/s10584-013-1018-7.

Daniels, George H. "The Pure-Science Ideal and Democratic Culture." *Science* 156, no. 3783 (June 30, 1967): 1699–1705. https://doi.org/10.1126/ science.156.3783.1699.

Daston, Lorraine J., and Peter Galison. *Objectivity.* New York: Zone Books, 2010.

Deen, Thalif. "U.S. Lifestyle Is Not up for Negotiation." *Inter Press Service News Agency*, May 1, 2012. http://www.ipsnews.net/2012/05/us-lifestyle-is-not-up-for-negotiation/.

Dietz, Thomas. "Bringing Values and Deliberation to Science

Communication." *Proceedings of the National Academy of Sciences* 110, no. suppl. 3 (August 20, 2013): 14081–87. https://doi.org/10.1073/pnas.1212740110.

Douglas, Heather. *Science, Policy, and the Value-Free Ideal*. Pittsburgh: University of Pittsburgh Press, 2009.

Dunlap, Riley E., and Robert J. Brulle. *Climate Change and Society: Sociological Perspectives*.

Oxford: Oxford University Press, 2015.

England, J. Merton. *A Patron for Pure Science. The National Science Foundation's Formative Years, 1945–57. NSF 82–24*, 1982. https://eric.ed.gov/? id =ED230414.

Fischhoff, Baruch. "The Sciences of Science Communication." *Proceedings of the National Academy of Sciences* 110, no. suppl. 3 (August 20, 2013): 14033–39. https://doi.org/10.1073/pnas.1213273110.

Fleming, James. *Meteorology in America, 1800–1870*. Baltimore: Johns Hopkins University Press, 2000.

———. *Fixing the Sky: The Checkered History of Weather and Climate Control*. New York: Columbia University Press, 2012.

Greenberg, Daniel S., John Maddox, and Steve Shapin. *The Politics of Pure Science*. Revised edition. Chicago: University of Chicago Press, 1999.

"A Greener Bush." *Economist*, February 13, 2003. http://www.economist.com/node/1576767.

Heilbron, J. L. *The Sun in the Church: Cathedrals as Solar Observatories*. Revised edition. Cambridge, MA: Harvard University Press, 2001.

Herrick, Charles N. "Junk Science and Environmental Policy: Obscuring Public Debate with Misleading Discourse." *Philosophy & Public Policy Quarterly* 21, no. 2/3 (2001): 11–16. http://journals.gmu.edu/PPPQ/article/view/359.

Howe, Joshua P., and William Cronon. *Behind the Curve: Science and the Politics of Global Warming*. Reprint edition. Seattle: University of Washington Press, 2016.

Intergovernmental Panel on Climate Change. "Global Warming of 1.5 °C." *IPCC*, 2018. http://www.ipcc.ch/report/sr15/.

Jamieson, Dale. *Reason in a Dark Time: Why the Struggle Against Climate Change Failed—and What It Means for Our Future.* 1st edition. Oxford: Oxford University Press, 2014.

Jewett, Andrew. *Science, Democracy, and the American University: From the Civil War to the Cold War.* Cambridge: Cambridge University Press, 2012.

Kevles, Daniel J. *The Physicists: The History of a Scientific Community in Modern America, Revised Edition.* Revised edition. Cambridge, MA: Harvard University Press, 1995.

Kohler, Robert E. *Partners in Science: Foundations and Natural Scientists, 1900–1945.* Chicago: University of Chicago Press, 1991.

Leiserowitz, Anthony, and Nicholas Smith. "Knowledge of Climate Change Aacross Global Warming's Six Americas." Yale Project on Climate Change Communication. New Haven, CT: Yale University, 2010. http://climatecommunication.yale.edu/publications/knowledge-of-climate-change-across-global-warmings-six-americas/.

Longino, Helen E. *The Fate of Knowledge.* Princeton, NJ: Princeton University Press, 2001.

McCright, Aaron M., and Riley E. Dunlap. "Challenging Global Warming as a Social Problem: An Analysis of the Conservative Movement's Counter-Claims." *Social Problems* 47, no. 4 (2000): 499–522. https://doi.org/10.2307/3097132.

———. "Social Movement Identity and Belief Systems: An Examination of Beliefs about Environmental Problems within the American Public." *Public Opinion Quarterly* 72, no. 4 (2008): 651–76. http://www.jstor.org.ezp-prod1.hul.harvard.edu/stable/25167658.

Merton, Robert K. "Science and the Social Order." *Philosophy of Science* 5, no. 3 (July 1, 1938): 321–37. https://doi.org/10.1086/286513.

———. *Science, Technology & Society in Seventeenth-Century England.* 1st Howard Fertig paperback edition. New York: Howard Fertig, 2002.

Miller, Howard Smith. *Dollars for Research: Science and Its Patrons in Nineteenth-Century America.* 1st edition. Seattle: University of Washington Press, 1970.

Miller, Kenneth R. *Finding Darwin's God: A Scientist's Search for Common*

Ground Between God and Evolution. Reprint edition. New York: Harper Perennial, 2007.

———. *Only a Theory: Evolution and the Battle for America's Soul.* Reprint edition. New York: Penguin Books, 2009.

Mooney, Chris. "How to Convince Conservative Christians That Global Warming Is Real." *Mother Jones* (blog). Accessed August 30, 2017. http://www.motherjones.com/environment/2014/05/inquiring-minds-katharine-hayhoe-faith-climate/.

Moore, Kelly. *Disrupting Science: Social Movements, American Scientists, and the Politics of the Military, 1945–1975.* Princeton, NJ: Princeton University Press, 2009.

National Academies of Sciences, Engineering, Division of Behavioral and Social Sciences and Education, and Committee on the Science of Science Communication: A Research Agenda. *Using Science to Improve Science Communication.* Washington, DC: National Academies Press, 2017. https://www.ncbi.nlm.nih.gov/books/NBK425715/.

Numbers, Ronald L., ed. *Galileo Goes to Jail and Other Myths about Science and Religion.* Reprint edition. Cambridge, MA: Harvard University Press, 2010.

Olson, Scott. "Study: Urban Tax Money Subsidizes Rural Counties." *Indianapolis Business Journal,* 2010. https://www.ibj.com/articles/15690-study-urban-tax-money-subsidizes-rural-counties?v =preview.

Oreskes, Naomi, and Erik M. Conway. *Merchants of Doubt: How a Handful of Scientists Obscured the Truth on Issues from Tobacco Smoke to Global Warming.* Reprint edition. New York: Bloomsbury Press, 2011.

———. *The Collapse of Western Civilization: A View from the Future.* New York: Columbia University Press, 2014.

Oreskes, Naomi, and John Krige, eds. *Science and Technology in the Global Cold War.* Cambridge, MA: MIT Press, 2014.

Pope Francis. *Encyclical on Climate Change and Inequality.* Melville Press, 2015. https://www.mhpbooks.com/books/encyclical-on-climate-change-and-inequality/.

Posner, Richard A. *A Failure of Capitalism: The Crisis of '08 and the Descent*

378

into Depression. Unknown edition. Cambridge, MA: Harvard University Press, 2011.

Proctor, Robert. *Value-Free Science?: Purity and Power in Modern Knowledge.* Cambridge, MA: Harvard University Press, 1991.

Prothero, Stephen. *Religious Literacy: What Every American Needs to Know— And Doesn't.* Reprint edition. New York: HarperOne, 2008.

Reeder, Richard, and Faqir Bagi. "Federal Funding in Rural America Goes Far Beyond Agriculture." *USDA ERS*, 2008. https://www.ers.usda.gov/amber-waves/2009/march/federal-funding-in-rural-america-goes-far-beyond-agriculture/.

Shapin, Steven. *A Social History of Truth: Civility and Science in Seventeenth-Century England.* 1st edition. Chicago: University of Chicago Press, 1995.

"Shaping Tomorrow's World: Our Values." Accessed August 30, 2017. http://www.shapingtomorrowsworld.org/values4stw.htm.

Siegrist, Michael, George T. Cvetkovich, and Heinz Gutscher. "Shared Values, Social Trust, and the Perception of Geographic Cancer Clusters." *Risk Analysis* 21, no. 6 (2001): 1047–54. http://onlinelibrary.wiley.com/doi/10.1111/0272– 4332.216173/full.

Stern, Nicholas. *The Economics of Climate Change: The Stern Review.* Cambridge: Cambridge University Press, 2007.

Webb, Brian S., and Doug Hayhoe. "Assessing the Influence of an Educational Presentation on Climate Change Beliefs at an Evangelical Christian College." *Journal of Geoscience Education* 65, no. 3 (August 1, 2017): 272–82. https://doi.org/10.5408/16– 220.1.

Weber, Max. "Science as a Vocation." *Daedalus* 87, no. 1 (1958): 111–34. https://doi.org/10.2307/20026431.

Zycher, Benjamin. "The Absurdity That Is the Paris Climate Agreement." *American Enterprise Institute*, May 25, 2017. http://www.aei.org/publication/the-absurdity-that-is-the-paris-climate-agreement/.

第三章

Aaserud, Finn. "Sputnik and the 'Princeton Three': The National Security Laboratory That Was Not to Be." *Historical Studies in the Physical and*

Biological Sciences 25, no. 2 (1995): 185–239.

Brewer, P. *From Fireplace to Cookstove: Technology and the Domestic Ideal in America.* Syracuse, NY: Syracuse University Press, 2000.

Bridger, S. *Scientists at War: The Ethics of Cold War Weapons Research.* Cambridge, MA: Harvard University Press, 2015.

Busch, J. "Cooking Competition: Technology on the Domestic Market in the 1930s." *Technology and Culture* 24, no. 2 (April 1983): 222–45.

Cartwright, Nancy. *Hunting Causes and Using Them: Approaches in Philosophy and Economics.*

Cambridge: Cambridge University Press, 2007.

Cloud, J. "Imaging the World in a Barrel: CORONA and the Clandestine Convergence of the Earth Sciences." *Social Studies of Science* 31, no. 2 (April 2001): 231–51.

Cowan, R. C. *More Work for Mother: The Ironies of Household Technology from the Hearth to the Microwave.* New York: Basic Books, 1983.

Crawford, E. "Internationalism in Science as a Casualty of the First World War." *Social Science Information* 27 (1988): 163–201.

Dobbs, Betty Jo Teeter. *The Foundations of Newton's Alchemy or "The Hunting of the Greene Lyon."* Cambridge: Cambridge University Press, 1975.

Edgerton, David. *The Shock of the Old Technology and Global History since 1900.* New York: Oxford University Press, 2006.

Engber, Daniel. "The Grandfather of Alt-Science: Art Robinson Has Seeded Scientific Skepticism within the GOP for Decades. Now He Wants to Use Urine to Save Lives." Fivethirtyeight.com, October 12, 2017, https://fivethirtyeight.com/features/the-grandfather-of-alt-science/.

Engdahl, E., and Lidskog, R. "Risk, Communication and Trust: Towards an Emotional Understanding of Trust." *Public Understanding of Science* 23, no. 6 (2014): 703–17.

Fauque, D.M.E. "French Chemists and the International Reorganisation of Chemistry after World War I." *Ambix* 58, no. 2 (July 2011): 116–35.

Freire, Olival. "Science and Exile: David Bohm, the Cold War, and a New Interpretation of Quantum Mechanics." *Historical Studies in the Physical*

380

and Biological Sciences 36, no. 1 (September 2005): 1–34.

Galison, P. "Removing Knowledge." *Critical Inquiry* 31, no. 1 (Autumn 2004): 229–43.

Gusterson, Hugh. *Testing Times: A Nuclear Weapons Laboratory at the End of the Cold War*. Stanford: Stanford University Press, 1992.

Haraway, D. "Situated Knowledges: The Science Question in Feminism and the Privilege of Partial Perspective." *Feminist Studies* 14, no. 3 (1988): 575–99.

——. *Modest−Witness@Second−Millennium.FemaleMan−Meets− OncoMouse*. New York: Routledge, 1997.

Hofstadter, R. *Anti-Intellectualism in American Thought*. New York: Knopf, 1963. Mitchell, M. X. *Test Cases: Reconfiguring American Law, Technoscience and Democracy in the Nuclear Pacific*. PhD dissertation, University of Pennsylvania, 2016.

Moore, Kelly. 2008. *Disrupting Science: Social Movements, American Science and the Politics of the Military, 1945–1975*. Princeton, NJ: Princeton University Press, 2008.

Pisano R., and Busati P. "Historical and Epistemological Reflections on the Culture of Machines around the Renaissance: How Science and Technique Work?" *Acta Baltica Historiae et Philosophiae Scientiarum* 2, no. 2 (Autumn 2014).

Probstein, Ronald F. "Reconversion and Non-Military Research Opportunities." *Astronautics and Aeronautics* (October 1969): 50–56.

Radin, J. *Life on Ice: A History of New Uses for Cold Blood*. Chicago: University of Chicago Press, 2017.

Richmond, M. L. "A Scientist during Wartime: Richard Goldschmidt's Internment in the U.S.A. during the First World War." *Endeavor* 39, no. 1 (2015): 52–62.

Sagan, Carl. *The Demon-Haunted World: Science as a Candle in the Dark*. New York: Random House, 1995.

Selya, Rena. *Salvador Luria's Unfinished Experiment: The Public Life of a Biologist in a Cold War Democracy*. PhD Dissertation, Harvard University, 2002.

Shapin, Steven. "What Else Is New? How Uses Not Innovations Drive Human Technology." *New Yorker*. May 14, 2007.

―――. "The Virtue of Scientific Thinking." *Boston Review*. January 20, 2015.

Smocovitis V. B. "Genetics behind Barbed Wire: Masuo Kodani, Emigre Geneticists, and Wartime Genetics Research at Manzanar Relocation Center." *Genetics* 187 (2011): 357–66.

Wang, J. *American Science in an Age of Anxiety: Scientists, Anti-Communism and the Cold War*. Chapel Hill: University of North Carolina Press, 1999.

―――. "Physics, Emotion, and the Scientific Self: Merle Tuve's Cold War." *Historical Studies in the Natural Sciences* 42, no. 5 (November 2012): 341–88.

Wynne, Brian. *Risk Management and Hazardous Wastes: Implementation and the Dialectics of Credibility*. Berlin: Springer, 1987.

回應

Bloor, David. *The Enigma of the Aerofoil: Rival Theories in Aerodynamics, 1909–1930*. Chicago: University of Chicago Press, 2011.

Cook, John, Peter Ellerton, and David Kinkead. "Deconstructing Climate Misinformation to Identify Reasoning Errors." *Environmental Research Letters* 13, no. 2 (2018): 024018. https://doi.org/10.1088/1748– 9326/ aaa49f.

Forman, Paul. "Behind Quantum Electronics: National Security as Basis for Physical Research in the United States, 1940–1960." *Historical Studies in the Physical and Biological Sciences* 18, no. 1 (1987): 149–229. https://doi. org/10.2307/27757599.

Layton, Edwin. "Mirror-Image Twins: The Communities of Science and Technology in 19th-Century America." *Technology and Culture* 12, no. 4 (1971): 562–80. https://doi.org/10.2307/3102571.

Oppenheimer, Michael, Naomi Oreskes, Dale Jamieson, Keynyn Brysse, Jessica O'Reilly, Matthew Shindell, and Milena Wazeck. *Discerning Experts: The Practices of Scientific Assessment for Environmental Policy*. First edition. Chicago: University of Chicago Press, 2019.

Oreskes, Naomi. *Science on a Mission: American Oceanography from the Cold War to Climate Change*. Chicago: Chicago University Press, 2020.

"Perceptions of Science in America." *The Public Face of Science*. American Academy of Arts and Sciences, 2018. https://www.amacad.org/publication/perceptions-science-america.

Wazeck, Milena. *Einstein's Opponents: The Public Controversy about the Theory of Relativity in the 1920s*. Translated by Geoffrey S. Koby. 1st edition. Cambridge: Cambridge University Press, 2014.

第四章

Descartes, Rene. *Meditations on First Philosophy* (1641). Cambridge: Cambridge University Press, 1988.

Galilei, Galileo. *Two New Sciences* (1638). Translated by Stillman Drake. Madison: University of Wisconsin Press.

Goodman, Nelson. *Fact, Fiction, and Forecast*. Fourth edition. Cambridge, MA: Harvard University Press, 1983.

Hoffman, Andrew. "Climate Science as Culture War." *Stanford Social Innovation Review*, 2012. https://ssir.org/articles/entry/climate science as culture war.

Horowitz, Alana. "Paul Broun: Evolution, Big Bang 'Lies Straight from the Pit of Hell.'" *HuffPost*, 2012. http://www.huffingtonpost.com/2012/10/06/paul-broun-evolution-big-bang n 1944808.html.

Hume, David. *A Treatise of Human Nature* (1739). Oxford: Clarendon, 1978.

———. *An Enquiry Concerning Human Understanding* (1748). Indianapolis: Hackett, 1977.

Kuhn, Thomas. *The Structure of Scientific Revolutions* (1962). 50th anniversary edition.

Chicago: University of Chicago Press, 2012.

Lange, Marc. "Would Direct Realism Resolve the Classical Problem of Induction?" *Nous* 38 (2004): 197–232.

———. "Hume and the Problem of Induction." In *Handbook of the History of Logic, Colume 10: Inductive Logic*, edited by Dov Gabbay, Stephen Hartmann, and John Woods. Amsterdam: Elsevier/North Holland, 2011,

43–92.

———.*Because without Cause: Non-Causal Explanations in Science and Mathematics*. New York: Oxford University Press, 2016.

Laudan, Larry. "A Confutation of Convergent Realism." *Philosophy of Science* 48 (1981): 604–15.

———. "The Demise of the Demarcation Problem." In *Physics, Philosophy, and Psychoanalysis*, edited by Robert S. Cohen and Larry Laudan. Dordrecht: Reidel, 1983, 111–27.

Meli, Domenico Bertoloni. "The Axiomatic Tradition in Seventeenth-Century Mechanics." In *Discourse on a New Method*, edited by Mary Domski and Michael Dickson. La Salle, IL: Open Court, 2010, 23–41.

Newport, Frank. "In U.S., 46%Hold Creationist View of Human Origins." Gallup.com, http://www.gallup.com/poll/155003/Hold-Creationist-View-Human-Origins.aspx.

Palmerino, Carla Rita. "Infinite Degrees of Speed: Marin Mersenne and the Debate over Galileo's Law of Free Fall." *Early Science and Medicine* 4 (1999): 268–328.

Sextus Empiricus. *Against the Logicians*. Translated by R. G. Bury. Loeb edition. London: W. Heinemann, 1935.

Sellars, Wilfrid. "Empiricism and the Philosophy of Mind." In Sellars, *Science, Perception and Reality*. London: Routledge and Kegan Paul, 1963, 127–96.

———. "Some Reflections on Language Games. In Sellars, *Science, Perception and Reality.* London: Routledge and Kegan Paul, 1963, 321–58.

第五章

Beck, Ulrich. *Risk Society: Towards a New Modernity*. London: Sage, 1992.

Edenhofer, Ottmar, and Kowarsch, Martin. "Cartography of Pathways: A New Model for Environmental Policy Assessments." *Environmental Science & Policy* 51 (2015): 56–64.

Intergovernmental Panel on Climate Change. *Climate Change 2014— Mitigation of Climate Change: Contribution of Working Group III to the Fifth Assessment Report of the Intergovernmental Panel on Climate Change,* edited by O. Edenhofer, R. P. Pichs-Madruga, Y. Sokona, E.

Farahani, S. Kadner, and K. Seyboth. Cambridge: Cambridge University Press, 2014.

Koch, N., G. Grosjean, S. Fuss, and O. Edenhofer. "Politics Matters: Regulatory Events as Catalysts for Price Formation under Cap-and-Trade." *Journal of Environmental Economics and Management*, 78 (2016): 121–39. doi: 10.1016/j.jeem.2016.03.004.

Kowarsch, Martin. *A Pragmatist Orientation for the Social Sciences in Climate Policy: How to Make Integrated Economic Assessments Serve Society. Boston Studies in the Philosophy and History of Science* 323. Switzerland: Springer International Publishing, 2016.

Kowarsch, Martin, Jason Jabbour, Christian Flachsland, Marcel T. J. Kok, Robert Watson, Peter M. Haas, et al. "A Road Map for Global Environmental Assessments." *Nature Climate Change* 7, no. 6 (2017): 379–82.

Putnam, Hilary. *The Collapse of the Fact/Value Dichotomy and Other Essays.* Cambridge, MA: Harvard University Press, 2004.

Sarewitz, Daniel. "How Science Makes Environmental Controversies Worse." *Environmental Science & Policy* 7, no. 5 (2004): 385–403.

回應

Oppenheimer, Michael, Naomi Oreskes, Dale Jamieson, Keynyn Brysse, Jessica O'Reilly, Matthew Shindell, and Milena Wazeck. *Discerning Experts: The Practices of Scientific Assessment for Environmental Policy.* First edition. Chicago: University of Chicago Press, 2019.

Oreskes, Naomi, and Erik M. Conway. *Merchants of Doubt: How a Handful of Scientists Obscured the Truth on Issues from Tobacco Smoke to Global Warming.* Reprint edition. New York: Bloomsbury Press, 2011.

Pope Francis. *Encyclical on Climate Change and Inequality.* Melville Press, 2015. https://www.mhpbooks.com/books/encyclical-on-climate-change-and-inequality/.

Proctor, Robert N. *Value-Free Science?: Purity and Power in Modern Knowledge.* Cambridge, MA: Harvard University Press, 1991.

第六章

Baker, Monya. "Biotech Giant Publishes Failures to Confirm High-Profile Science." *Nature* 530, no. 7589 (2016). https://www.nature.com/news/biotech-giant-publishes-failures-to-confirm-high-profile-science-1.19269.

Barone, Michael. "Why Political Polls Are So Often Wrong." *Wall Street Journal*, November 11, 2015. https://www.wsj.com/articles/why-political-polls-are-so-often-wrong-1447285797.

Bem, D. J. "Feeling the Future: Experimental Evidence for Anomalous Retroactive Influences on Cognition and Affect." *Journal of Personality and Social Psychology* 100, no. 3 (2011): 407–25. doi: 10.1037/a0021524.

Bhattacharjee, Yudhijit. "The Mind of a Con Man." *New York Times*, April 26, 2013.http://www.nytimes.com/2013/04/28/magazine/diederik-stapels-audacious-academic-fraud.html?pagewanted =all.

Carey, Benedict. "Many Psychology Findings Not as Strong as Claimed, Study Says." *New York Times*, August 27, 2015. https://www.nytimes.com/2015/08/28/science/many-social-science-findings-not-as-strong-as-claimed-study-says.html.

Carey, Benedict, and Pam Belluck. "Doubts about Study of Gay Canvassers Rattle the Field." *New York Times*, May 25, 2015. https://www.nytimes.com/2015/05/26/science/maligned-study-on-gay-marriage-is-shaking-trust.html.

Festinger, Leon. *A Theory of Cognitive Dissonance*. Evanston, IL: Row, Peterson and Company, 1957.

Freedman, David H. "Lies, Damned Lies, and Medical Science." *Atlantic*, November 2010. https://www.theatlantic.com/magazine/archive/2010/11/lies-damned-lies-and-medical-science/308269/.

Freedman, Leonard P., Iain M. Cockburn, and Timothy S. Simcoe. "The Economics of Reproducibility in Preclinical Research." *PLOS Biology* 13, no. 6 (2015). doi: 10.1371/journal.pbio.1002165.

Ioannidis, John P. A. "Why Most Published Research Findings Are False." *PLOS Medicine* 2, no. 8 (2015): e124. https://doi.org/10.1371/journal.pmed.0020124.

Jennions, M. D., and A. P. Moller. "Relationships Fade with Time: A Meta-analysis of Temporal Trends in Publication in Ecology and Evolution." *Proceedings of the Royal Society of London. Series B. Biological Sciences* 269, no. 1486 (2002): 43–48.

John, Leslie K., George Loewenstein, and Drazen Prelec. "Measuring the Prevalence of Questionable Research Practices with Incentives for Truth Telling." *Psychological Science* 23, no. 5 (2012): 524–32.

Koricheva, Julia, and Jessica Gurevitch. "Uses and Misuses of Meta-analysis in Plant Ecology." *Journal of Ecology* 102, no. 4 (2014): 828–44.

LaCour, Michael J., and Donald P. Green. "When Contact Changes Minds: An Experiment on Transmission of Support for Gay Equality." *Science* 346, no. 6215 (2014): 1366–69. doi: 10.1126/science.1256151.

Lehrer, Jonah. "The Truth Wears Off." *New Yorker*, December 5, 2010. https://www.newyorker.com/magazine/2010/12/13/the-truth-wears-off.

Lehrer, Jonah, and Ed Vul. "Voodoo Correlations: Have the Results of Some Brain Scanning Experiments Been Overstated?" *Scientific American*, January 20, 2009. https://www.scientificamerican.com/article/brain-scan-results-overstated/.

Lord, C. G., L. Ross, and M. R. Lepper. "Biased Assimilation and Attitude Polarization: The Effects of Prior Theories on Subsequently Considered Evidence." *Journal of Personality and Social Psychology* 37, no. 11 (1979): 2098–109. http://dx.doi.org/10.1037/0022-3514.37.11.2098.

Mathews, David. "Papers in Economics 'Not Reproducible.'" *Times Higher Education*, October 21, 2015. https://www.timeshighereducation.com/news/papers-in-economics-not-reproducible.

Miller, Arthur G., John W. McHoskey, Cynthia M. Bane, and Timothy G. Dowd. "The Attitude Polarization Phenomenon: Role of Response Measure, Attitude Extremity, and Behavioral Consequences of Reported Attitude Change." *Journal of Personality and Social Psychology* 64, no. 4 (1993): 561–74. http://dx.doi.org/10.1037/0022-3514.64.4.561.

Open Science Collaboration. "Estimating the Reproducibility of Psychological Science." *Science* 349, no. 6251 (2015). http://science.sciencemag.org/content/349/6251/aac4716.

Prinz, Florian, Thomas Schlange, and Khusru Asadullah. "Believe It or Not:

How Much Can We Rely on Published Data on Potential Drug Targets?" *Nature Reviews Drug Discovery* 10, no. 712 (2011). doi: 10.1038/nrd3439-c1.

Reicher, Stephen, and S. Alexander Haslam. "Rethinking the Psychology of Tyranny: The BBC Prison Study." *British Journal of Social Psychology* 45 (2006): 1–40. doi: 10.1348/014466605X48998.

Vazire, S., L. J. Jussim, J. A. Krosnick, S. T. Stevens, and S. Anglin. In preparation. "A Social Psychological Model of Suboptimal Scientific Practices." University of California, Davis.

Vul, Edward, Christine Harris, Piotr Winkielman, and Harold Pashler. "Puzzlingly High Correlations in fMRI Studies of Emotion, Personality, and Social Cognition." *Perspectives on Psychological Science* 4, no. 3 (2009): 274–90. https://www.edvul.com/pdf/VulHarrisWinkielmanPashler-PPS-2009.pdf.

Walter, Patrick. "Call to Arms on Data Integrity." *Chemistry World*, July 18, 2013. https://www.chemistryworld.com/news/call-to-arms-on-data-integrity/6390.article.

Yong, Ed. "A Failed Replication Draws a Scathing Personal Attack from a Psychology Professor." *Discover*, March 10, 2012. https://www.nationalgeographic.com/science/article/failed-replication-bargh-psychology-study-doyen.

Zimbardo, Philip. "The Stanford Prison Experiment: A Simulation Study of the Psychology of Imprisonment." Stanford University, Stanford Digital Repository.

回應

Alberts, Bruce, Ralph J. Cicerone, Stephen E. Fienberg, Alexander Kamb, Marcia Mc-Nutt, Robert M. Nerem, Randy Schekman, et al. "Self-Correction in Science at Work." *Science* 348, no. 6242 (June 26, 2015): 1420–22. https://doi.org/10.1126/science.aab3847.

Bishop, Dorothy V. M. "What Is the Reproducibility Crisis in Science and What Can We Do about It?" University of Oxford, August 30, 2005. https://dx.plos.org/10.1371/journal.pmed.0020124.

Brainard, Jeffrey, and Jia You. "What a Massive Database of Retracted Papers Reveals about Science Publishing's 'Death Penalty.'" *Science*, October 18, 2018. https://www.sciencemag.org/news/2018/10/what-massive-database-retracted-papers-reveals-about-science-publishing-s-death-penalty.

Brandt, Allan. *The Cigarette Century: The Rise, Fall, and Deadly Persistence of the Product That Defined America.* 1st reprint edition. New York: Basic Books, 2009.

———. "Inventing Conflicts of Interest: A History of Tobacco Industry Tactics." *American Journal of Public Health* 102, no. 1 (January 2012): 63–71. https://doi.org/10.2105/AJPH.2011.300292.

Brown, Nicholas J. L., Alan D. Sokal, and Harris L. Friedman. "The Complex Dynamics of Wishful Thinking: The Critical Positivity Ratio." *American Psychologist* 68, no. 9 (December 2013): 801–13. https://doi.org/10.1037/a0032850.

———. "The Persistence of Wishful Thinking." *American Psychologist* 69, no. 6 (September 2014): 629–32. https://doi.org/10.1037/a0037050.

Cook, John, Stephan Lewandowsky, and Ullrich K. H. Ecker. "Neutralizing Misinformation through Inoculation: Exposing Misleading Argumentation Techniques Reduces Their Influence." *PLOS ONE* 12, no. 5 (May 5, 2017): e0175799. https://doi.org/10.1371/journal.pone.0175799.

Darrah, Thomas H., Robert B. Jackson, Avner Vengosh, Nathaniel R. Warner, Colin J. Whyte, Talor B. Walsh, Andrew J. Kondash, and Robert J. Poreda. "The Evolution of Devonian Hydrocarbon Gases in Shallow Aquifers of the Northern Appalachian Basin: Insights from Integrating Noble Gas and Hydrocarbon Geochemistry." *Geochimica et Cosmochimica Acta* 170 (December 1, 2015): 321–55. https://doi.org/10.1016/j.gca.2015.09.006.

Dugan, Andrew. "In U.S., Smoking Rate Hits New Low at 16%." Gallup.com, July 24, 2018. https://news.gallup.com/poll/237908/smoking-rate-hits-new-low.aspx.

Fanelli, Daniele. "How Many Scientists Fabricate and Falsify Research? A Systematic Review and Meta-Analysis of Survey Data." *PLOS ONE* 4, no. 5 (May 29, 2009): e5738. https://doi.org/10.1371/journal.pone.0005738.

Fang, Ferric C., R. Grant Steen, and Arturo Casadevall. "Misconduct Accounts for the Majority of Retracted Scientific Publications." *Proceedings of the National Academy of Sciences* 109, no. 42 (October 16, 2012): 17028–33. https://doi.org/10.1073/pnas.1212247109.

Forman, Paul. "Behind Quantum Electronics: National Security as Basis for Physical Research in the United States, 1940–1960." *Historical Studies in the Physical and Biological Sciences* 18, no. 1 (1987): 149–229. https://doi.org/10.2307/27757599.

Franta, Benjamin, and Geoffrey Supran. "The Fossil Fuel Industry's Invisible Colonization of Academia." *Guardian*, March 13, 2017, sec. Environment. https://www.theguardian.com/environment/climate-consensus-97-per-cent/2017/mar/13/the-fossil-fuel-industrys-invisible-colonization-of-academia.

Frederickson, Barbara L., and Marcial F. Losada. "'Positive Affect and the Complex Dynamics of Human Flourishing': Correction to Fredrickson and Losada (2005)." *American Psychologist* 68, no. 9 (December 2013): 822.

Friedman, Harris L., and Nicholas J. L. Brown. "Implications of Debunking the 'Critical Positivity Ratio' for Humanistic Psychology: Introduction to Special Issue." *Journal of Humanistic Psychology* 58, no. 3 (May 1, 2018): 239–61. https://doi.org/10.1177/0022167818762227.

Godlee, Fiona, Ruth Malone, Adam Timmis, Catherine Otto, Andrew Bush, Ian Pavord, and Trish Groves. "Journal Policy on Research Funded by the Tobacco Industry." *Thorax* 68 (2013): 1091.

Gonzales, Joseph, and Corbin A. Cunningham. "The Promise of Pre-Registration in Psychological Research." *American Psychological Association*, August 2015. http://www.apa.org/science/about/psa/2015/08/pre-registration.aspx.

Hill, Austin Bradford. "The Environment and Disease: Association or Causation?" *Proceedings of the Royal Society of Medicine* 58 (1965): 295–300. https://www.edwardtufte.com/tufte/hill.

Kennedy, Caitlin. "Why Did Earth's Surface Temperature Stop Rising in the Past Decade?" NOAA, September 1, 2018. https://www.climate.gov/news-features/climate-qa/why-did-earth's-surface-temperature-stop-rising-past-decade.

Lewandowsky, Stephan, Kevin Cowtan, James S. Risbey, Michael E. Mann, Byron A. Steinman, Naomi Oreskes, and Stefan Rahmstorf. "The 'Pause' in Global Warming in Historical Context: (II). Comparing Models to Observations." *Environmental Research Letters* 13, no. 12 (2018): 123007. https://doi.org/10.1088/1748– 9326/aaf372.

Lewandowsky, Stephan, James S. Risbey, and Naomi Oreskes. "The 'Pause' in Global Warming: Turning a Routine Fluctuation into a Problem for Science." *Bulletin of the American Meteorological Society* 97, no. 5 (September 14, 2015): 723–33. https://doi.org/10.1175/BAMS-D-14– 00106.1.

———. "On the Definition and Identifiability of the Alleged 'Hiatus' in Global Warming." *Scientific Reports* 5 (November 24, 2015): 16784. https://doi. org/10.1038/srep16784.

Lewandowsky, Stephan, Naomi Oreskes, James S. Risbey, Ben R. Newell, and Michael Smithson. "Seepage: Climate Change Denial and Its Effect on the Scientific Community." *Global Environmental Change* 33 (July 1, 2015): 1–13. https://doi.org/10.1016/j.gloenvcha.2015.02.013.

Lewandowsky, Stephan, Toby Pilditch, Jens Koed Madsen, Naomi Oreskes, and James S. Risbey. "Seepage and Influence: An Evidence-Resistant Minority Can Affect Scientific Belief Formation and Public Opinion." *Cognition*, Forthcoming.

Linden, Sander van der, Anthony Leiserowitz, Seth Rosenthal, and Edward Maibach. "Inoculating the Public against Misinformation about Climate Change." *Global Challenges* 1, no. 2 (2017): 1600008. https://doi. org/10.1002/gch2.201600008.

Linden, Sander van der, Edward Maibach, John Cook, Anthony Leiserowitz, and Stephan Lewandowsky. "Inoculating against Misinformation." *Science* 358, no. 6367 (December 1, 2017): 1141–42. https://doi.org/10.1126/ science.aar4533.

Markowitz, Gerald, and David Rosner. *Deceit and Denial: The Deadly Politics of Industrial Pollution*. 1st paperback printing edition. Berkeley: University of California Press, 2003.

———. *Lead Wars: The Politics of Science and the Fate of America's*

Children. 1st edition. Berkeley: University of California Press, 2013.

McHenry, Leemon B. "The Monsanto Papers: Poisoning the Scientific Well." *International Journal of Risk & Safety in Medicine* 29, no. 3–4 (January 1, 2018): 193–205. https://doi.org/10.3233/JRS-180028.

Michaels, David. *Doubt Is Their Product: How Industry's Assault on Science Threatens Your Health.* 1st edition. Oxford: Oxford University Press, 2008.

Michaels, David, and Celeste Monforton. "Manufacturing Uncertainty: Contested Science and the Protection of the Public's Health and Environment." *American Journal of Public Health* 95, no. S1 (July 1, 2005): S39–48. https://doi.org/10.2105/AJPH.2004.043059.

Mooney, Chris. "Ted Cruz Keeps Saying That Satellites Don't Show Global Warming. Here's the Problem." *Washington Post*, January 29, 2016. https://www.washingtonpost.com/news/energy-environment/wp/2016/01/29/ted-cruz-keeps-saying-that-satellites-dont-show-warming-heres-the-problem/.

Myers, John Peterson, Frederick S. vom Saal, Benson T. Akingbemi, Koji Arizono, Scott Belcher, Theo Colborn, Ibrahim Chahoud, et al. "Why Public Health Agencies Cannot Depend on Good Laboratory Practices as a Criterion for Selecting Data: The Case of Bisphenol A." *Environmental Health Perspectives* 117, no. 3 (March 2009): 309–15. https://doi.org/10.1289/ehp.0800173.

Nosek, Brian A., and D. Stephen Lindsay. "Preregistration Becoming the Norm in Psychological Science." *APS Observer* 31, no. 3 (February 28, 2018). https://www.psychologicalscience.org/observer/preregistration-becoming-the-norm-in-psychological-science.

Oransky, Author Ivan. "Retracted Seralini GMO-Rat Study Republished." *Retraction Watch* (blog), June 24, 2014. http://retractionwatch.com/2014/06/24/retracted-seralini-gmo-rat-study-republished/.

Oreskes, Naomi. "Reconciling Representation with Reality: Unitisation as an Example for Science and Public Policy." *The Politics of Scientific Advice: Institutional Design for Quality Assurance*, January 1, 2011, 36–53. https://doi.org/10.1017/CBO9780511777141.003.

Oreskes, Naomi, Daniel Carlat, Michael E. Mann, Paul D. Thacker, and Frederick S. vom Saal. "Viewpoint: Why Disclosure Matters."

Environmental Science & Technology 49, no. 13 (July 7, 2015): 7527–28. https://doi.org/10.1021/acs.est.5b02726.

"Oxford Reproducibility Lectures: Dorothy Bishop." *NeuroAnaTody*. Accessed January 1, 2019. http://neuroanatody.com/2017/11/oxford-reproducibility-lectures-dorothy-bishop/.

"Perceptions of Science in America." *The Public Face of Science*. American Academy of Arts and Sciences, 2018. https://www.amacad.org/publication/perceptions-science-america.

Phillips, Lee. "The Female Mathematician Who Changed the Course of Physics—but Couldn't Get a Job." *Ars Technica*, May 26, 2015. https://arstechnica.com/science/2015/05/the-female-mathematician-who-changed-the-course-of-physics-but-couldnt-get-a-job/.

Pickrell, John. "How Fake Fossils Pervert Paleontology." *Scientific American*. Accessed January 14, 2019. https://www.scientificamerican.com/article/how-fake-fossils-pervert-paleontology-excerpt/.

———. *Golden Holocaust: Origins of the Cigarette Catastrophe and the Case for Abolition*. 1st edition. Berkeley: University of California Press, 2012.

"Retraction Watch." *Retraction Watch*. Accessed January 14, 2019. https://retractionwatch.com/.

Richardson, Valerie. "Climate Change Whistleblower Alleges NOAA Manipulated Data to Hide Global Warming 'Pause.'" *Washington Times*, February 5, 2017. https://www.washingtontimes.com/news/2017/feb/5/climate-change-whistleblower-alleges-noaa-manipula/.

Risbey, James S., Stephan Lewandowsky, Clothilde Langlais, Didier P. Monselesan, Terence J. O'Kane, and Naomi Oreskes. "Well-Estimated Global Surface Warming in Climate Projections Selected for ENSO Phase." *Nature Climate Change* 4, no. 9 (September 2014): 835–40. https://doi.org/10.1038/nclimate2310.

Risbey, James S., Stephan Lewandowsky, Kevin Cowtan, Naomi Oreskes, Stefan Rahmstorf, Ari Jokimaki, and Grant Foster. "A Fluctuation in Surface Temperature in Historical Context: Reassessment and Retrospective on the Evidence." *Environmental Research Letters* 13, no. 12 (2018): 123008. https://doi.org/10.1088/1748–9326/aaf342.

Saal, Frederick S. vom, Benson T. Akingbemi, Scott M. Belcher, David A. Crain, David Crews, Linda C. Guidice, Patricia A. Hunt, et al. "Flawed Experimental Design Reveals the Need for Guidelines Requiring Appropriate Positive Controls in Endocrine Disruption Research." *Toxicological Sciences* 115, no. 2 (June 2010): 612–13. https://doi.org/10.1093/toxsci/kfq048.

Siegel, Donald I., Nicholas A. Azzolina, Bert J. Smith, A. Elizabeth Perry, and Rikka L. Bothun. "Methane Concentrations in Water Wells Unrelated to Proximity to Existing Oil and Gas Wells in Northeastern Pennsylvania." *Environmental Science & Technology* 49, no. 7 (April 7, 2015): 4106–12. https://doi.org/10.1021/es505775c.

Steen, R. Grant, Arturo Casadevall, and Ferric C. Fang. "Why Has the Number of Scientific Retractions Increased?" *PLOS ONE* 8, no. 7 (July 8, 2013): e68397. https://doi.org/10.1371/journal.pone.0068397.

Taylor, James. "Global Warming Pause Extends Underwhelming Warming." *Heartland Institute*, August 8, 2014. https://www.heartland.org/news-opinion/news/global-warming-pause-extends-underwhelming-warming.

Tollefson, Jeff. "Earth Science Wrestles with Conflict-of-Interest Policies." *Nature News* 522, no. 7557 (June 25, 2015): 403. https://doi.org/10.1038/522403a.

Wolfe, Robert M., and Lisa K. Sharp. "Anti-Vaccinationists Past and Present." *BMJ (Clinical Research Ed.)* 325, no. 7361 (August 24, 2002): 430–32.

Yong, Ed. "Psychology's Replication Crisis Is Running out of Excuses." *Atlantic*, November 19, 2018. https://www.theatlantic.com/science/archive/2018/11/psychologys-replication-crisis-real/576223/.

後記

"Age-Specific Relevance of Usual Blood Pressure to Vascular Mortality: A Meta-Analysis of Individual Data for One Million Adults in 61 Prospective Studies." *Lancet* 360, no. 9349 (December 14, 2002): 1903–13. https://doi.org/10.1016/S0140-6736(02)11911-8.

Bastasch, Michael, and Ryan Maue. "Take a Look at the New 'Consensus' on Global Warming." Cato Institute, June 21, 2017. https://www.cato.org/

publications/commentary/take-look-new-consensus-global-warming.

Becker, Katie. "10 American Beauty Ingredients That Are Banned in Other Countries." *Cosmopolitan*, November 8, 2016. https://www.cosmopolitan.com/style-beauty/beauty/g7597249/banned-cosmetic-ingredients/.

Cancer Council Australia. "Position Statement—Sun Exposure and Vitamin D—Risks and Benefits—National Cancer Control Policy." *National Cancer Control Policy.* Accessed January 20, 2019. https://wiki.cancer.org.au/policy/Position_statement-Risks and benefits of sun exposure# ga =2.15137 2857.1466774130.1547753555– 1991479126.1547753555.

Cancer Council Australia. "SunSmart." *Cancer Council Australia.* Accessed January 20, 2019. https://www.cancer.org.au/policy-and-advocacy/position-statements/sun-smart/.

Carey, Kevin. "A Peek Inside the Strange World of Fake Academia." *The New York Times*, December 22, 2017.

CFR—Code of Federal Regulations, Title 21, Sec. 352.10. Accessed January 19, 2019. https://www.accessdata.fda.gov/scripts/cdrh/cfdocs/cfcfr/cfrsearch.cfm?fr =352.10.

Consensus Development Panel. "National Institutes of Health Summary of the Consensus Development Conference on Sunlight, Ultraviolet Radiation, and the Skin. Bethesda, Maryland, May 8–10, 1989." *Journal of the American Academy of Dermatology*, no. 24 (1991): 608–12.

C-SPAN. *Sen. James Inhofe (R-OK) Snowball in the Senate.* Accessed January 19, 2019. https://www.youtube.com/watch?v =3E0a 60PMR8.

Downs, C. A., Esti Kramarsky-Winter, Roee Segal, John Fauth, Sean Knutson, Omri Bronstein, Frederic R. Ciner, et al. "Toxicopathological Effects of the Sunscreen UV Filter, Oxybenzone (Benzophenone-3), on Coral Planulae and Cultured Primary Cells and Its Environmental Contamination in Hawaii and the U.S. Virgin Islands." *Archives of Environmental Contamination and Toxicology* 70, no. 2 (February 1, 2016): 265–88. https://doi.org/10.1007/s00244-015-0227-7.

Gabbard, Mike, Donna Mercado Kim, Laura Thielen, Les Ihara, Clarence Nishihara, and Brickwood Galuteria. *Relating to Water Pollution, SB2571 SD2 HD2 CD1 § (2021).* https://www.capitol.hawaii.gov/Archives/measure

indiv Archives.aspx?billtype =SB& billnumber =2571& year =2018.

Ghosh, Amitav. *The Great Derangement: Climate Change and the Unthinkable*. 1st edition. Chicago: University of Chicago Press, 2017.

Gross, Paul R., and Norman Levitt. *Higher Superstition: The Academic Left and Its Quarrels with Science*. Reprint edition. Baltimore: Johns Hopkins University Press, 1997.

"IARC Monographs Volume 112: Evaluation of Five Organophosphate Insecticides and Herbicides." *IARC Monographs*. International Agency for Research on Cancer, March 20, 2015.

Jacobsen, Rowan. "Is Sunshine the New Margarine?" *Outside Online*, January 10, 2019. https://www.outsideonline.com/2380751/sunscreen-sun-exposure-skin-cancer-science.

Jacobson, Louis. "Did Trump Say Climate Change Was a Chinese Hoax?" *Politifact*. June 3, 2016. https://www.politifact.com/truth-o-meter/statements/2016/jun/03/hillary-clinton/yes-donald-trump-did-call-climate-change-chinese-h/.

Lindqvist, P. G., E. Epstein, K. Nielsen, M. Landin-Olsson, C. Ingvar, and H. Olsson. "Avoidance of Sun Exposure as a Risk Factor for Major Causes of Death: A Competing Risk Analysis of the Melanoma in Southern Sweden Cohort." *Journal of Internal Medicine* 280, no. 4 (2016): 375–87. https://doi.org/10.1111/joim.12496.

Mooney, Chris. "Ted Cruz Keeps Saying That Satellites Don't Show Global Warming. Here's the Problem." *Washington Post*. Accessed January 19, 2019. https://www.washingtonpost.com/news/energy-environment/wp/2016/01/29/ted-cruz-keeps-saying-that-satellites-dont-show-warming-heres-the-problem/.

Oberhaus, Daniel. "Hundreds of Researchers from Top Universities Were Published in Fake Academic Journals." *Vice*, August 14, 2018.

Oppenheimer, Michael, Naomi Oreskes, Dale Jamieson, Keynyn Brysse, Jessica O'Reilly, Matthew Shindell, and Milena Wazeck. *Discerning Experts: The Practices of Scientific Assessment for Environmental Policy*. First edition. Chicago: University of Chicago Press, 2019.

"Oxybenzone—Substance Information." *ECHA*. Accessed January 19, 2019.

https://echa.europa.eu/substance-information/-/substanceinfo/100.004.575.

Perez, Marco I., Vijaya M. Musini, and James M. Wright. "Effect of Early Treatment with Anti-Hypertensive Drugs on Short and Long-Term Mortality in Patients with an Acute Cardiovascular Event." *Cochrane Database of Systematic Reviews*, no. 4 (October 7, 2009): CD006743. https://doi.org/10.1002/14651858.CD006743.pub2.

Pomerantsev, Peter. "Why We're Post-Fact." *Granta Magazine* (blog), July 20, 2016. https://granta.com/why-were-post-fact/.

"Predatory Conference." Wikipedia. Accessed April 19, 2019. en.wikipedia.org/w/index.php?title =Predatory conference& oldid =893730268.

Rudwick, Martin J. S. *The Great Devonian Controversy: The Shaping of Scientific Knowledge among Gentlemanly Specialists*. Chicago: University of Chicago Press, 1988.

Schneider, Samantha L., and Henry W. Lim. "Review of Environmental Effects of Oxybenzone and Other Sunscreen Active Ingredients." *Journal of the American Academy of Dermatology* 80, no. 1 (January 1, 2019): 266–71. https://doi.org/10.1016/j.jaad.2018.06.033.

Smith, Tara C. "Vaccine Rejection and Hesitancy: A Review and Call to Action." *Open Forum Infectious Diseases* 4, no. 3 (July 18, 2017). https://doi.org/10.1093/ofid/ofx146.

"Sunscreen Fact Sheet." *British Association of Dermatologists*. Accessed January 20, 2019. http://www.bad.org.uk/for-the-public/skin-cancer/sunscreen-fact-sheet# sun-safety-tips.

"Tobacco Companies Ordered to Place Statements about Products' Dangers on Websites and Cigarette Packs." Campaign for Tobacco-Free Kids, January 5, 2018. www.tabaccofreekids.org/press-releases/2018 05 01 correctivestatements.

Trump, Donald J. "The Concept of Global Warming Was Created by and for the Chinese in Order to Make U.S. Manufacturing Non-Competitive." Tweet. *@realDonaldTrump* (blog), November 6, 2012. https://twitter.com/realDonaldTrump/status/265895292191248385.

"United States v. Philip Morris (D.O.J. Lawsuit)." Public Health Law Center. Accessed May 29, 2019. http://publichealthlawcenter.org/topics/tobacco-control/tobacco-control-litigation/united-states-v-philip-morris-doj-lawsuit.

Wang, Jiaying, Liumeng Pan, Shenggan Wu, Liping Lu, Yiwen Xu, Yanye Zhu, Ming Guo, and Shulin Zhuang. "Recent Advances on Endocrine Disrupting Effects of UV Filters." *International Journal of Environmental Research and Public Health* 13, no. 8 (August 2016). https://doi.org/10.3390/ijerph13080782.

"Where Is Glyphosate Banned?" *Baum Hedlund Aristei Goldman* (blog), November 2018. https://www.baumhedlundlaw.com/toxic-tort-law/monsanto-roundup-lawsuit/where-is-glyphosate-banned/.

Zurcher, Anthony. "Does Trump Still Think It's All a Hoax?," *BBC News*, June 2, 2017, sec. US and Canada. https://www.bbc.com/news/world-us-canada-40128034.

索引

11-15 畫

文獻與書籍

1-5 畫

6-10 畫

412

414

為何信任科學：科學的歷史、哲學、政治與社會學觀點

作　　者　娜歐蜜・歐蕾斯柯斯（Naomi Oreskes）
譯　　者　李宛儒
選 書 人　王正緯
責任編輯　王正緯
校　　對　童霈文
版面構成　張靜怡
封面設計　兒日設計
行銷總監　張瑞芳
行銷主任　段人涵
版權主任　李季鴻
總 編 輯　謝宜英
出 版 者　貓頭鷹出版 OWL PUBLISHING HOUSE
事業群總經理　謝至平
發 行 人　何飛鵬
發　　行　英屬蓋曼群島商家庭傳媒股份有限公司城邦分公司
　　　　　115 台北市南港區昆陽街 16 號 8 樓
　　　　　劃撥帳號：19863813 ／戶名：書虫股份有限公司
城邦讀書花園：www.cite.com.tw　購書服務信箱：service@readingclub.com.tw
購書服務專線：02-2500-7718~9（週一至週五 09:30-12:30；13:30-18:00）
24 小時傳真專線：02-2500-1990~1
香港發行所　城邦（香港）出版集團／電話：852-2508-6231 ／ hkcite@biznetvigator.com
馬新發行所　城邦（馬新）出版集團／電話：603-9056-3833 ／傳真：603-9057-6622
印 製 廠　中原造像股份有限公司
初　　版　2024 年 4 月
定　　價　新台幣 660 元／港幣 220 元（紙本書）
　　　　　新台幣 462 元（電子書）
I S B N　978-986-262-683-2（紙本平裝）／ 978-986-262-682-5（電子書 EPUB）

有著作權・侵害必究
缺頁或破損請寄回更換

讀者意見信箱　owl@cph.com.tw
投稿信箱　owl.book@gmail.com
貓頭鷹臉書　facebook.com/owlpublishing

【大量採購，請洽專線】02-2500-1919

城邦讀書花園
www.cite.com.tw

本書採用品質穩定的紙張與無毒環保油墨印刷，以利讀者閱讀與典藏。

國家圖書館出版品預行編目資料

為何信任科學：科學的歷史、哲學、政治與社會學
觀點／娜歐蜜・歐蕾斯柯斯（Naomi Oreskes）
著；李宛儒譯. -- 初版. -- 臺北市：貓頭鷹出版：
英屬蓋曼群島商家庭傳媒股份有限公司城邦分
公司發行, 2024.04
　　面；　公分.
譯自：Why trust science?
ISBN 978-986-262-683-2（平裝）

1. CST：科學哲學

301　　　　　　　　　　　　　　　　113001609